装备科技译著出版基金

含能材料译丛

含能材料燃烧模拟

Simulation of Energetic Materials Combustion

[俄罗斯]Vladimir Zarko　Lev Gusachenko　Mahadev Talawar　著

赵凤起　徐司雨　李　猛　裴江峰　译

国防工业出版社

·北京·

著作权合同登记　图字：军－2015－247号

图书在版编目(CIP)数据

含能材料燃烧模拟/(印)马哈德夫·塔拉沃尔，(俄)弗拉基米尔·泽科，(俄)列夫·哥萨申科著；赵凤起等译．—北京：国防工业出版社，2017.7

书名原文：Simulation of Energetic Materials Combustion

ISBN 978-7-118-11392-1

Ⅰ.①含…　Ⅱ.①马…　②弗…　③列…　④赵…　Ⅲ.①固体推进剂火箭发动机－功能材料－燃烧试验　Ⅳ.①V435

中国版本图书馆CIP数据核字(2017)第176943号

※

国防工业出版社出版发行

(北京市海淀区紫竹院南路23号　邮政编码100048)

腾飞印务有限公司印刷

新华书店经售

*

开本 710×1000　1/16　**印张** 16¾　**字数** 327千字

2017年7月第1版第1次印刷　**印数** 1—2000册　**定价** 98.00元

(本书如有印装错误，我社负责调换)

国防书店：(010)88540777　　发行邮购：(010)88540776

发行传真：(010)88540755　　发行业务：(010)88540717

译　者　序

含能材料是一类含有爆炸性基团或含有氧化剂和可燃物,在一定的外界能量刺激下能独自进行氧化还原反应,并释放出大量能量(通常伴有大量气体和热)的化合物或混合物。含能材料是武器装备实现远程高效毁伤和精确打击的动力源和威力源,具有高温、高压、高速的反应特征和瞬间一次性效应的特点。当前,含能材料燃烧特性及机理研究现状已经与武器装备对火药装药提出的更高性能指标要求不相匹配,出现了诸如燃烧稳定性差、燃烧机理不明、燃烧控制方法缺乏等问题,采用大量火药配方制备和实验观察相结合的方式进行设计,造成了研制周期长、成本高、人力物力浪费。

含能材料燃烧模拟主要是通过对燃烧过程中复杂的物理化学过程进行建模并求解,详细描述燃烧过程中燃烧波、火焰、气相及凝聚相元素化学变化等信息,是含能材料燃烧特性研究的一种手段,且随着燃烧模拟技术的进一步发展,使预测含能材料的异常燃烧行为、优化新型推进剂配方组成将成为可能。

本书系统全面介绍了国外在含能材料燃烧模拟方面的研究成果,具有理论意义和实践价值。国外对含能材料气相燃烧过程研究开展较多,并获得了大量的研究成果;相对来说,凝聚相燃烧过程研究较少,俄罗斯在这一领域进行了开创性工作并取得了举世瞩目的成果。本书中对单元和双基推进剂的稳态燃烧和不稳定燃烧模拟现状进行了总结;对含能材料燃烧模拟模型验证方法进行了介绍,进一步对实验数据开展分析,为新的综合理论模型提供了基础;书中最后指出,建立模型关键是要考虑实验事实和观察到的实验规律。译者相信,本书将成为含能材料技术工作者很有价值的参考书。

本书共五章。第 1 章介绍了均质凝聚相体系稳态燃烧的阶段分区和燃烧模型;第 2 章总结了环状硝胺、HNF、ADN、AP、GAP 等单元推进剂及典型双基推进剂的燃烧模拟研究情况;第 3 章论述了单氧化剂、均相及非均相异质凝聚相体系的稳态燃烧模型;第 4 章阐述了多组分分散的非均质体系的稳态燃烧行为及燃烧模型;第 5 章论述了准稳态的气相准均质推进剂的瞬态燃烧、瞬间熔化及非均质凝聚相系统的瞬态燃烧。由于原著中各章节内容长短不同,为保持原著风格,各章节参考文献格式上有所差异,对于内容短的章节,参考文献统一排列在章末;对于内容较长的章节,参考文献排布在各小节末;译著沿用原著中参考文献排布形式,未做调整。期望本书能为从事火药及装药研究的学者提供有价值的信息。

本书第1章由赵凤起翻译,第2章由徐司雨翻译,第3章和第4章由裴江峰翻译,第5章由李猛翻译;全书由赵凤起和徐司雨校对。

本书中译本出版之际,特别感谢国防工业出版社“装备科技译著出版基金”和燃烧与爆炸技术重点实验室的大力支持。同时,要感谢国防工业出版社肖志力编辑对本书译稿的出版付出的辛勤劳动。另外,还要感谢姚二岗、李恒、张建侃、姜菡雨、郝海霞、裴庆、安亭等同志在译稿整理和校对中给予的帮助。

由于翻译和校稿者水平有限,加之燃烧模拟研究专业性很强、原书语言又较难翻译,译著中难免有不妥甚至错误之处,恳请读者不吝指正。

译者

2017年3月

目　　录

引　　言

自远古时代以来,燃烧就与人类的日常生活息息相关。然而对于燃烧这一复杂现象真正进行科学探究的历史却相对较短,且还远没有完成。目前,在燃烧领域研究最多的是气相燃烧过程,该过程产生了大量的科学研究成果。有关燃烧的基本概念和理论方法可参见 1980 年 Zeldovich 等[1]和 1985 年 Williams[2]出版的两本专著。

目前,有关凝聚相体系燃烧过程的研究相对较少,主要是由于实验相对复杂,并且缺乏这种燃烧现象的合适描述,该燃烧过程包含着一些复杂的物理和化学过程。尽管如此,仍有许多研究团队在凝聚相体系的燃烧机理方面开展了卓有成效的研究工作。其研究的动力主要来源于燃烧过程可将含能材料所储存的能量通过不同的技术手段转换为可供实际使用的能量,而这一过程具有很强的现实意义。从整个凝聚相材料体系来看,真正对人类有用的含能材料主要是在燃烧过程中可产生和放出大量气体和热,同时可在惰性介质中持续燃烧的一类凝聚相材料,这些内容在本书中都会涉及。这个定义适用于特定的凝聚相含能材料,如固体推进剂、炸药和烟火药等。深入理解掌握含能材料的燃烧控制规律,是在不同应用领域发挥其最大效能的先决条件。

燃烧机理通常可通过更为复杂的模拟来获得,一般在模拟初期主要进行一些理想化的物理化学变化假设来建立一组微分方程,随后通过算法的不断改进以对这一数学问题进行求解。燃烧模拟或数学建模主要为现有含能材料或新研制的含能材料燃烧特性预估提供一种手段,同时通过燃烧模拟与化学和弹道学相结合,可有效减少实验量和实验次数。随着燃烧模拟技术的不断发展,使预测含能材料的异常燃烧行为、帮助寻求新型有效组分也将成为可能。

对凝聚相燃烧理论贡献最大的当属 Zeldovich,在 20 世纪 40 年代初,他奠定了含能材料燃烧模拟的数学基础。在莫斯科的苏联科学院化学物理研究所开展的实验研究,对含能材料燃烧物理概念的发展有很大的影响。Frolov[3]编著的书籍中收集整理了苏联科学家在 1930—1950 年间发表的相关研究论文,进一步证明了苏联在这一领域取得的令人瞩目的成果。

以目前化学动力学、传热传质学和热力学等学科的发展水平,使研究人员通过模拟的方法揭示含能材料的燃烧过程成为可能。然而,对于燃烧过程更为详细的描述还存在许多难以克服的困难，最主要的是缺乏含能材料燃烧过程中在火焰区和凝聚相区元素化学变化的可靠信息。因此，在含能材料燃烧模拟领域，广义的热分析方法已被接受，这意味着使用热释放速率实验数据计算总的燃烧速率成为可能。当然，在缺乏实验数据时，计算结果是近似的。

在本书中，我们试图去查找在文献中可获得的方法来处理含能材料稳态燃烧过程模拟。一方面，概括一些模型进展；另一方面，阐明理论发展途径。在实验数据可以获得的情况下，对计算结果和实验结果进行对比。文献中模型的提出是根据从简单到复杂这样一个递进原则。本书采用了一种特殊的嵌套结构来表述，同时也增加了认知价值。文献资料分析表明，实际含能材料几乎没有公认的理论模型能够完全反映实验观察到的燃烧行为。通常提出的一些理论方法，主要是基于不同的初始假设，或许有着相同的计算精度，解释了燃速与压强和初始温度的依赖关系。表明数学模型具有高的“灵活性”，通常是由于许多系数存在的缘故，这些系数来源于与实验结果符合较好的计算条件。在限定范围内，如果程序可以提供根据燃烧状态改变参数的功能，那么它就是一个适用的模型。当不靠近模型的源系数区间时需要使用外推法，应该使用由不同实验条件或不同区域得到的匹配系数。本说明可以参考双基推进剂燃烧模型的相关实例。

Zeldovich[4]基于分析易挥发炸药的燃烧得出了双基推进剂燃烧机理的假设，进行了开创性的研究工作。该假设认为，凝聚相的热几乎没有释放，给定压强下燃烧表面的恒温由于沸腾过程被建立起来。因此其遵循气相反应控制燃烧速率的逻辑，燃烧速度取决于火焰的放热强度。二十多年来，该观点被广泛用于含能材料燃烧过程的理论与实践研究，但现有研究表明，其与当代双基推进剂稳态燃烧理论处理方法实验数据相违背，Novozhilov 对 Zeldovich 原始假设的燃烧机理所产生的这些矛盾进行了详细的分析，编写于论述“含能材料不稳定燃烧”的著作中[5]。

20 世纪五六十年代，根据 Pokhil[3] 开展的实验研究结论，基于含能材料亚表面层机械破坏的假设，提出了含硝化甘油火药的稳态燃烧过程。在理论研究中[6,7]，燃速的关系式基于很好地描述典型双基推进剂 N 的燃烧行为的假设而得到，包括硝化棉、硝化甘油、二硝基甲苯，以及单元推进剂聚乙烯醇硝酸盐，在这种假设下考虑了实际的分散程度和分散程度控制方程。理论计算的重要结论是在分散被完全抑制的情况下（通过燃烧表面凝聚相的完全汽化来实现），燃速提高两个数量级以上。然而，在惯性力存在的情况下测量燃速时，其结果表明，分散相对于惯性力来说，其影响燃烧过程是可以忽略的[8-11]。后来通过实验研究了负压条件下（0.01 ~ 1atm）分散对单元和双基推进剂燃烧的影响，结果表明,分散并不起决定性的作用,至少在大气压强或更高压强条件下,这是因为在这些条件下,分散度是可以忽略不计的(小于1%)[12,13]。分散问题重新引起关注是由于新的实验证明液体表面层破坏是形成分散颗粒的原因(参见二硝酰胺铵燃烧数据[14])。然而,火焰中0.1mm相对粗的颗粒观测结果与分散度并没有直接的关系,Merzhanov[6]的燃烧机理与Williams[2]提出的不相符合。上述例子说明理论方法不正确,其主要原因是没有一个可靠的实验背景,不符合含能材料燃烧波的理化性质。事实上,燃速计算数据与总体经验燃烧规律之间并没有达成一致,多数情况下,允许质疑初始假设和理论概念的有效性。因此,寻求提高推进剂组成性能和控制弹道性能的方法可能出现了方向性错误。

所建立的模型的验证主要基于分析各种可用的实验信息和假设的直接证据。亟需获得燃烧温度详细分布数据实验方法、燃烧波中的组分浓度分布以及不同温度和压强下的瞬态燃烧。对现有的实验数据进行分析比较可以为新的综合理论模型提供足够的背景。

实际上,当前燃烧理论模型对当代含能材料燃速数值预估还没有精确到3%或更小[15,16]。因此,建立模型关键是要考虑实验事实和观察到的实验规律。由于本书的作者大多是在含能材料燃烧领域开展研究,其内容很大程度上反映了"用户"的理论观点和对数学建模目标的理解。这意味着理论模型的数学处理不属于本书的范畴。感兴趣的读者可参见其他适当的出版物[17]。

本书综述了单元和双基推进剂燃烧模拟相关模型。本书部分内容在苏联老版书中已有体现。现在的版本对其进行了更新和扩展,包含了作者最近公开的一些资料。

回顾与众多俄罗斯以及国外同仁富有成效的讨论,促进了本人对复杂燃烧模拟问题的理解。作者期望本书能为从事化学推进研究的学生和研究者提供有价值的信息。

参考文献

1. Zeldovich Ya.B., Barenblatt G.I., Librovich V.B., Makhviladze, G.M. Mathematical theory for combustion and explosion // Moscow: Nauka, 1980.

2. Williams F.A. Combustion Theory // 2nd Edition. Boulder, USA: Westview Press, 1985.-704 pp.

3. Theory of the combustion of powders and explosives (Frolov Yu., Ed.) // Moscow: Nauka, 1982. – 336 pp.

4. Zeldovich Ya.B. On the theory of combustion for powders and explosives // Journal of Experimental and Theoretical Physics (Russian), 1942. - Vol.12. - pp. 498-510.
5. Novozhilov B.V. Unsteady combustion of solid rocket propellants // Moscow: Nauka, 1973. – 176 pp.
6. Merzhanov A.G. On the role of dispersion during combustion of propellants // Reports of the USSR Academy Sciences, 1960. - Vol. 135. - pp. 1439- 1441 (R).
7. Yukhvid V.I, Maksimov E.I, Merzhanov A.G., et al. Mechanism of the action of mass forces on the combustion of disperse condensed substances // Combustion, Explosion, and Shock Waves, 1974. - Vol. 10, No.1. pp. - 22-26.
8. Serkov B.B., Maksimov E.I., Merzhanov A.G., Combustion of condensed systems in a mass-force field // Combustion, Explosion, and Shock Waves, 1968. - Vol. 4, No. 4. - pp. 349-352.
9. Maksimov Yu.M., Maksimov E.I. Laws of combustion of condensed systems in a field of mass forces at average pressures // Combustion, Explosion, and Shock Waves, 1972. - Vol. 8, No. 4. - pp. 424-428.
10. Margolin A.D., Krupkin V.G. Influence of condensed admixtures on the powder combustion rate in an acceleration field // Combustion, Explosion, and Shock Waves, 1975. - Vol. 11, No.5. - pp. 600-605.
11. Margolin A.D., Krupkin V.G., Khubayev V.G., et al. Laws governing the combustion of ballistic compositions with overloads // Combustion, Explosion, and Shock Waves, 1978. - Vol. 14, No.6. - pp. 716-722.
12. Zarko V.E., Zyryanov V.Ya., Chertishchev V.V., et al. Experimental study of dispersion in combustion of condensed systems // Proceedings of the IV All-Union symposium on combustion and explosion, Moscow: Nauka, 1977. - pp. 226-230.
13. Zarko V. E., Zyryanov V. Ya. Surface Layer Destruction During Combustion of Homogeneous Powders // Progress in Astronautics and Aeronautics, AIAA, 1983. -Vol. 88. - pp. 220-227.
14. Fetherolf B.L., Litzinger T.A. CO_2 laser-induced combustion of ammonium dinitramide (ADN) // Combustion and Flame, 1998. – Vol. 114, No. 3-4. - pp. 515-530.
15. Beckstead M.W. Recent progress in modeling solid propellant combustion // Combustion, Explosion, and Shock Waves, 2006. - Vol. 42, No. 6. - pp. 623-641.

16. Kubota N. Propellants and explosives: thermochemical aspects of combustion // Wiley-VCH GmbH, Weinheim, Germany, 2002.
17. Buckmaster J.D. An Introduction to Combustion Theory // In: Mathematics of Combustion, (Buckmaster J.D., Ed.), Philadelfia, USA: Society for Industrial Mathematics, 1987. - pp. 3-46.
18. Gusachenko L.K., Zarko V.E., Zyryanov V.Ya., Bobryshev V.P. Mathematical Simulation of Solids Combustion // Novosibirsk: Nauka, (Science), Siberian Branch,1985. - 181 pp.

第1章 均质凝聚相体系的稳态燃烧

1.1 背 景

固体含能材料的燃烧过程由一系列同时发生的多个过程组成,在相对窄小的空间区域,伴随着物质的强烈放热和汽化。燃烧过程包括不同相的转换、凝聚相和气相的化学反应、凝聚相的扩散以及质量和热的传递等过程。由化学反应释放的热,主要作为固体含能材料燃烧的驱动力,燃烧波传播的速率由燃烧区内化学反应的动力学和热传递确定,这早已被 Zeldovich 和 Franck - Kamenetskii[1,2]的研究工作所证实。

从数学的观点来看,燃烧波的传播可由一系列热和质量传递方程以及热源与物质源结合起来进行描述。其问题的本质是热或物质源条件具有极强的非线性。这些源条件与温度呈指数关系,决定了含能材料燃烧的特殊行为。下面将特别强调几个与自持燃烧波相关的问题。对确定燃烧波自主传播的可能性而言,定量的准则是可得到的。基于物理考虑,它们可被表达为[3,4]

$$\sigma = RT^* / E \ll 1 \ , \gamma = \beta c T^* / Q \ll 1 \tag{1.1}$$

式中,T^* 为过程的特征温度;R 为普适气体常数;E 和 Q 分别为反应的活化能和热效应;c 为比热容。

方程(1.1)的物理意义如下:在过程达到特征温度时,燃烧反应的活化能一定远远高于分子热运动的能量;放热量的大小,一定超过某一热临界值。同时可看出,对于自持燃烧波存在的情况,方程(1.1)给出了所在条件的上限估算值。特别要注意的是,这些准则未包括相关反应发生的直接信息,因此当比较不同的燃烧过程时,燃烧反应的化学本质实际上是不同的。

下面考虑燃烧波一维稳态传播的热传导方程,该方程的条件是在均匀介质的无限空间中。

$$\lambda \mathrm{d}^2 T / \mathrm{d}x^2 - mc\mathrm{d}T / \mathrm{d}x + \Phi(T) = 0 \tag{1.2}$$

式中,x 为坐标尺寸;λ 为热导率;$\Phi(T)$ 为热释放的源函数;m 为质量燃速。

方程(1.2)是基于火焰前沿的运动坐标体系而得到的。实际上边界条件是自然存在的,在其终点假定反应已完成,而在其起点,假定反应尚未开始,于是有

$$x \to -\infty, T \to T_0; x \to +\infty, T \to T_m = T_0 + Q/c \tag{1.3}$$

在方程(1.2)和方程(1.3)中,质量燃速 m 的值起着一个特征值的作用。为了保证能够对能量方程求解,方程(1.2)存在 $\Phi(T_m)=0$ 和 $\Phi(T_0)=0$ 的附加条件,条件 $\Phi(T_m)=0$ 适合于物质完全被消耗掉的情况。无论如何,条件 $\Phi(T_0)=0$ 对一般的初始温度 T_0 来说是不满足的,因为从化学动力学来看,$T_0>0$ 时,$\Phi(T_0)\sim\exp(E/RT_0)$ 不等于0。

因此,方程(1.2)以 $\Phi(T_0)=0$ 的形式不能解决真实条件($T_0>0$)下的稳态燃烧问题。由于多数化学反应活化能较大,$\Phi(T)$ 和 $d\Phi(T)/dT$ 的值在 $T\to T_0$ 时接近于0。因此,在 T_0 附近,函数 $\Phi(T)$ 可以人为地进行改进,所以,$\Phi(T_0)=0$ 的条件得到了认可。实际上,在温度靠近 T_0 的范围内,设定函数 $\Phi(T)$ 等于零是可行的。

$$\Phi(T)\equiv 0,\quad T_0\leqslant T\leqslant T_1$$
$$\Phi(T)>0,\quad T_1\leqslant T\leqslant T_m$$

另外,从 Kolmogorov[5] 和 Zeldovich[6] 所进行的研究工作可看出,上述问题求解的独特性在于,在源函数中附加一个求极限项,即 $(d\Phi/dx)_{T=T_0}\leqslant 0$。

在 $T_0\sim T_m$ 范围内,Merzhanov 等[7] 直接计算了质量燃速 m 与 T_1 以及随着 T_1 改变的关系值。结果是在不靠近 T_m 时,m 值与 T_1 存在微弱的依赖关系。假定 σ 和 γ 之间的关系式为

$$\gamma-\sigma=\Gamma=cRT_0T_m/QE<0.1 \tag{1.4}$$

为了求解方程(1.4),假定 $T^*=T_m$、$Q=c(T_m-T_0)$,即新参数 Γ 用温度 T_m 和 T_0 时的反应速率比来表征,即:$\Phi(T_m)/\Phi(T_0)=\exp(1/\Gamma)$。当参数 Γ 超过0.1时,则稳态燃烧波不存在。$T=0.1$ 这个临界值对应于足够高的 $\Phi(T_m)/\Phi(T_0)$ 比值,即 $\Phi(T_m)/\Phi(T_0)\backsimeq 10^4$。

不等式(1.4)表达了依据 E 和 Q 大小对热释放源的要求,主要是为了保障支持燃烧的存在。换句话说,在初温时,放热反应的活化能一定要远远高于分子热运动能($E\gg RT_0$),初温时的反应热效应一定要不小于系统的焓值($Q\geqslant cT_0$)。

1.2　阶段燃烧概念

燃烧模拟的目标是要计算燃速值,它与外界条件(压强、温度和重力等)的改变密切相关。发生在燃烧波中的各种过程数目巨大,关系复杂,因此极有必要发展近似的燃烧模型。

如前所述,燃烧波的传播速率与化学动力学紧密相关。但就目前而言,发生在实际凝聚相体系燃烧波中全部的化学反应及其详细的描述很难获得。因此,

在描述燃烧波时,常常使用总包反应,即反应按照某些有效的热释放和活化能来处理。除此之外,当建立含能材料燃烧模型时,以不同的方式来模拟物理化学过程尤为方便。在某种情况下,这使得整个燃烧过程的描述更加紧凑、更加真实。

值得注意的是,燃烧波传播既可用 Lagrange 方法,也可用 Euler 方法来处理。在 Lagrange 方法框架内,人们已掌握瞬时材料比例的变化,如果可能,材料随时间的行为能够被分成几个显著的变化阶段,这些阶段可由物质不同的物理化学状态来表征。对于 Euler 方法,燃烧表面是固定的,纯净原材料流向其固定位置。在这种情况下,上述燃烧过程的几个阶段可被认为是燃烧波的不同空间区域。

在固体物质的燃烧波中,物质转变的物理顺序为数学描述不同空间区域化学过程提供了一个合理的方法。在这种情况下,对独立的燃烧阶段可以构建数学模型。阶段划分最自然的方法就是依据其相态的差异。通常假定几个总反应发生在凝聚相、几个反应发生在气相。这些反应可以完全在独立的空间区域中进行,并可出现部分重叠的情况。例如,分散均匀的含能材料在亚表面层中燃烧,凝聚相的反应和气相火焰的反应是空间交叉重叠的,因为在表面喷射出颗粒,使得凝聚相反应是连续的。

在有限的情况下,从燃烧波中选择燃速控制阶段是可能的。根据定义,这种燃烧控制阶段决定了体系的燃速,因此,独立阶段的数学表达,为得到接近真实燃速和对燃烧条件依赖关系提供了一种方法,该方法可不考虑在这阶段之外的燃烧过程的一些特殊特性。燃速控制阶段的数学模型称为基本燃烧模型。

1.2.1 各阶段之间的相互关联

改变环境条件(压强、温度和重力)会导致每个阶段的功能发生变化,尤其是燃速控制阶段步骤可能改变,相反亦然。其结果是,燃烧波传播由另一个基本燃烧模型描述,燃速对环境因素的依赖关系发生了改变。燃速控制步骤改变的原因与不同阶段的反应速度受环境条件影响的敏感度有关。特别是,如果放热反应既发生在凝聚相又发生在气相,则压强的增加可能导致燃速控制作用由气相向凝聚相转变,尽管燃烧表面温度对压强十分依赖,而气相反应速率受压强影响较弱。此时,凝聚相反应对燃烧表面热平衡的贡献比来自气相的热反馈要大。无论如何,应该记住这些限定条件在燃烧模拟中极为重要。对来自燃烧表面的所有类型反应的描述,包括异相反应在内,均可广泛适用。

在分段燃烧中,对不同区域已有 Khaykin 等[8] 和 Merzhanov 等[9] 进行了研究。他们检查了燃烧波传播最简单的情况,即气体具有两个连续化反应的情况。其关注点是控制规律的分析和分类。主要结果可描述如下。

假定燃烧波在均相气体介质中以两个连续的反应 A→B→C 稳定地传播，则认为所有组分的双向扩散系数是相同的，并且与热扩散系数相同。因此，连续反应的热效应被设定为 Q_1(A→B)和 Q_2(B→C)，其相应的反应活化能等于 E_1 和 E_2。

当 $Q_2>0$ 为真，除了要求 Q_1+Q_2 为正值且高于某个极限值(如 $Q_1+Q_2>cT_0$)外，对 Q_1 没有任何特殊的要求。因此，燃烧温度的最大值 $T_2=T_0+(Q_1+Q_2)/c$，相应地仅通过第一个反应的温度 $T_1=T_0+Q_1/c$，$Q_1>0$ 的情况在很多情况下都得到了证实。现在介绍一些变量：

$u_1(T_1)$——燃烧波在第一个反应时的传播速率，此时最高温度为 T_1，热效应为 Q_1；

$u_1(T_2)$——第一个反应进行过程中最高温度为 T_2 时的传播速率，此时，热效应为 Q_1+Q_2；

$u_2(T_2)$——第二个反应进行过程中最高温度为 T_2 时的传播速率，此时热效应为 Q_2(气相的起始温度 $T_1=T_0+Q_1/c$)。

传播速率 $u_i(T_i)$ 的值由近似的 Zeldovich－Frank－Kamenetskii 公式(1.5)来计算，而真实的传播速率 u 用数值方法来计算：

$$u_i(T_i)\sim \text{const}(cRT_i^2/Q_iE_i)\times\exp(-E/2RT_i) \tag{1.5}$$

根据分析验证和数学计算，文献[8,9]的作者确认了三阶段燃烧区的存在，并对应着主导、连接和融合模式(这种分类将在下面给出解释)。数值计算表明，燃速 u 在宽范围内输入参数获得的计算值与阶段传播速率 $u_i(T_i)$ 的某个值非常接近。换句话说，当改变输入参数时，发生从一个燃烧区到另一个燃烧区的转变。如图 1.1 所示，该图表明了无量纲的速度 ω 与无量纲的活化能之间的依赖关系。在所有情况下，第一和第二阶段的质量流率一定是相等的，并且等于稳定的质量燃速。

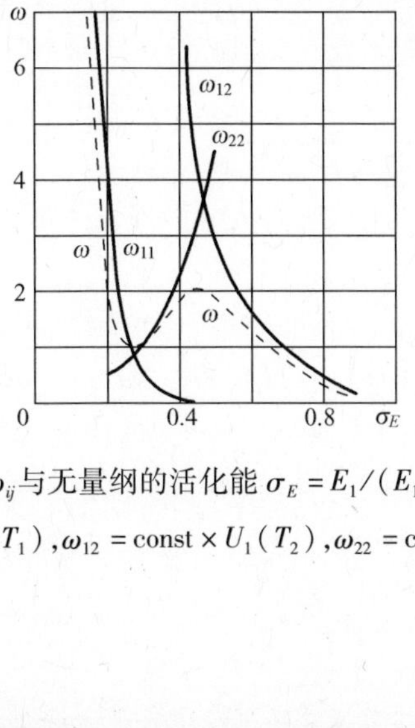

图 1.1　无量纲的燃速 ω_{ij} 与无量纲的活化能 $\sigma_E=E_1/(E_1+E_2)$ 之间的变化关系；
$\omega_{11}=\text{const}\times U_1(T_1)$，$\omega_{12}=\text{const}\times U_1(T_2)$，$\omega_{22}=\text{const}\times U_2(T_2)$[8]

在不同的燃烧区中，建立的燃烧波结构可以给出如下解释：如果 $u_1(T_1) > u_2(T_2)$，则第一阶段的燃烧波前移，而第二阶段的燃烧波不影响第一阶段的燃烧波参数，即它以自点火方式进行反应。空间上，有两个独立的热释放速率最大值，第一阶段的最大值大于第二阶段的值（如图 1.2 中的斜率）。在这种情况下，第一阶段可能被称为燃速控制阶段，$U = u_1(T_1)$，这种燃烧区域属于独立燃烧模式。

如果 $u_2(T_2) > u_1(T_1)$，则第二个高温阶段的燃烧要比第一阶段燃烧波传播快得多，温度分布曲线不包括“平台”特征区，并且两个反应热释放的最大值互相靠近，第一阶段的热释放速率最大值幅度小于第二阶段。

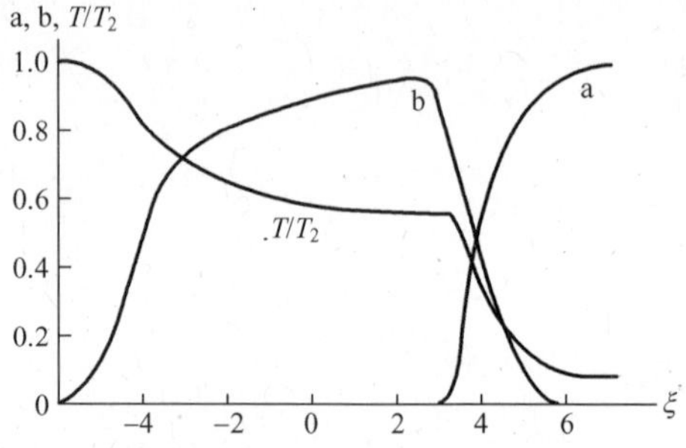

图 1.2　在独立模式燃烧区，温度和浓度的空间分布（反应物[a]和[b]对应着反应 1 和 2）

来自第二阶段的热流，在第一阶段结束后增加了温度，使之达到 T^* 值，这为稳定燃烧提供了可能。因满足了条件 $u_1(T^*) = u_2(T_2)$，所以该燃烧行为称作主导模式。这意味着，第二阶段控制着第一个阶段的速率，且 $U = u_2(T_2)$。

在两个连续进行的反应中，第一阶段的动力学快于第二阶段；否则相反，第二阶段的动力学快于第一阶段，此时等式 $u_1(T_1) = u_2(T_2)$ 在 $T_1 \sim T_2$ 温度范围内均不成立。因此，燃速受第一阶段限制，$U = u_1(T_2) < u_2(T_2)$。仅有燃烧波中的热释放达到极大值，且中间燃烧产物 B 的浓度相对较小时，上式才成立。这个燃烧区称为融合模式区。

基于上述不同阶段燃烧区（$Q_1 > 0$ 的情况）的解释，以及 $u_2(T_2) > u_2(T_1)$ 永恒成立，可做如下定义：

$$\begin{cases} U = u_1(T_1);u_1(T_2) > u_1(T_1) > u_2(T_2) & \text{（燃烧区分开），属于独立模式} \\ U = u_2(T_2);u_1(T_2) > u_2(T_2) > u_1(T_1) & \text{（第二区为燃速控制区），为主导模式} \\ U = u_1(T_2);u_2(T_2) > u_1(T_2) > u_1(T_1) & \text{（区域内合并），为融合模式} \end{cases} \tag{1.6}$$

当独立阶段的参数符合已知不等式、方程成立的条件时，二阶段燃烧过程测得的燃速，相当于中部位置的燃速值[见方程(1.6)]。

如果第一反应是吸热的，$Q_1<0$，则有下列不等式方程：

$$\begin{cases} U=u_2(T_2);u_1(T_2)>u_2(T_2) \\ U=u_1(T_1);u_2(T_2)>u_1(T_2) \end{cases} \tag{1.7}$$

在这种情况下，真实的燃速接近单阶段的燃速，且有最小值。即：对燃烧区实现的条件是主导模式或融合模式[见方程(1.6)]。

1942年Zeldovich[10]首次提出了由凝聚相处理阶段燃烧行为的双基推进剂燃烧模型。该模型认为凝聚相的反应实际上是不存在的，或仅有微弱的放热量，含能的气体分解产物从凝聚相快速释放出来，在气相发生反应，释放出80%～90%的热量。这种燃烧机理非常类似于Belvaev[11]建立的易挥发炸药的燃烧机理。气相释放的部分热被用于凝聚相的气化与升温，即从初温T_0升到表面温度T_s。向推进剂表面的热反馈影响着气化的质量流速，该质量流速与气相的质量流速几乎相等。依据上述介绍，这种燃烧过程以气相主导模式进行。对于双基推进剂的质量燃速，可写成类似于气相燃烧波传播速率的表达式：

$$m^2=2n!(cRT_m^2/QE)^{n+1}(\lambda\rho^n/c)k_0\exp(-E/RT_m) \tag{1.8}$$

式中，n为反应级数；λ,c,ρ分别为热导率、比热容和气体密度；k_0和E分别为指前因子和活化能；Q为气相反应的热效应；$T_m=T_0'+Q/c$为最大燃烧温度；$T_0'=T_0+Q_1/c_1$为等价初温；T_0为初温；Q_1为凝聚相气化热效应。

燃速与压强P和初温T_0的关系可近似由下列系数表征：

$$v=\partial\ln m/\partial\ln p=n/2,\quad \beta=\partial\ln m/\partial T_0=E/2RT_m^2$$

对于在凝聚相和气相发生几个连续反应的情况，Vilyunov[12]对Zeldovich方法提出了改进。如果不考虑一般的规则，当反应在两阶段进行时，其最简单的情况为：

第一阶段被认为发生在凝聚相($x<0$)，第二阶段发生在气相($x>0$)。因此，燃烧波稳定传播可被描述为一系列质量和能量转换方程。

$-\infty<x<0$（第一阶段，下标为1）

$$\lambda_1\mathrm{d}^2T/\mathrm{d}x^2-c_1m_1\mathrm{d}T/\mathrm{d}x=Q_1m\mathrm{d}a_1/\mathrm{d}x=-Q_1(a_1,T)\cdot Q_1 \tag{1.9}$$

$x=-\infty,T=T_0,a_1=1;x=0,T=T_s,a_1=0$

$0<x<\infty$（第二阶段，下标为2）

$$\lambda_2\mathrm{d}^2T/\mathrm{d}x^2-c_2m\mathrm{d}T/\mathrm{d}x=Q_2(m\mathrm{d}a_2/\mathrm{d}x-\rho D\mathrm{d}^2a_2/\mathrm{d}x^2)=-Q_2\Phi_2 \tag{1.10}$$

$x=0,T=T_s,\lambda_2(\mathrm{d}T/\mathrm{d}x)=c_1m(T_s-T_0)-Q_1m=c_1m(T_s-T_{s1})$

$a_2=1,\ \mathrm{d}a_2/\mathrm{d}x=-(c_1m/\lambda_2)(T_s-T_{s1})/(T_2-T_s)$

$x\to\infty,T\to T_2,a_2\to0$

式中，T_0为初温；$T_{s1}=T_0+Q_1/c_1$为凝聚相表面温度，是指仅有第一个反应发生时的情况；Q_i为热效应；c_i和λ_i分别为比热容和热导率；α_i为浓度；ρ为密度；D为气体扩散系数。表面温度T_s在求解过程中得到。

假定对凝聚相$\rho_1=\text{const}$，$D_1=0$，并且对气相反应$Q_2>0$，则$\alpha_2(x=0)=1$对应于“火焰驻点”的情况，此时气相中的扩散不改变靠近表面的α_2值。对$\mathrm{d}\alpha_2/\mathrm{d}x$的边界条件可近似表示成温度和浓度分布曲线相类似的情况：

$$a_2(x)/a_2(0)=(T_2-T)/(T_2-T_s)$$

对凝聚相和气相两个燃烧阶段计算质量流率，其近似表达式可表示为

$$m_1^2=2\rho_1 k_1\,(2T_s-T_{s1}-T_0)^{-1}(RT_s^2/E_1)k_{01}\exp(-E_1/RT_s) \tag{1.11}$$

$$m_2^2=(2n!\,z\lambda_2/c)(RT_2^2/E_2)^{n+1}(T_2-T_{s1})^{-1}(T_2-T_s)^{-n}\exp(-E_2/RT_2) \tag{1.12}$$

式中，$z=k_{02}\mu(p/RT_2)^n$；μ为摩尔质量；p为压强；R为普适气体常数；n为反应级数；E和k_0分别为Arrhenius反应速率方程中的活化能和指前因子；$k_1=\lambda_1/c_1\rho_1$。

注意，方程(1.11)代表的是Merzhanov公式[13]，它基于凝聚相反应计算质量燃速，但是可以容易地从方程(1.8)推导得出方程(1.12)，描述气相的质量燃速。

在上述表达式中，T_s值是未知参数，但是由于在稳定燃烧中，$m_1=m_2=m$，则方程(1.11)和方程(1.12)可被考虑为一系列未知变量m和T_s的方程。在特殊情况下，当燃烧以“独立”模式进行时，即气相反应非常慢（火焰驻点很长），则燃速由凝聚相反应确定，即凝聚相起到了控制燃速的作用，在此情况下，燃速值由基础方程(1.11)计算，$T_s=T_{s1}(Q_1>0)$。

1.2.2 燃速控制步骤的确定

在均相气体介质中，阶段火焰扩散的数值分析表明，燃烧行为的改变发生在极窄参数量值的范围内。在这样的条件下，确定速率控制步骤是可能的。遴选控制步骤的方法如下：在燃速数值上，实际的燃速接近某阶段的速率值，这个速率值按照与特定阶段的关系来计算，并且在最小和最大燃速值之间有一个中间幅度值。

当模拟凝聚相体系燃烧时，选择燃速控制步骤变得更加复杂，比一种气体燃烧的情况更不清晰。尤其困难的是如何正确描述化学转换，因为过程中同时还伴随着燃烧波的产生，以及物质物理状态从固相和气相结合的亚表面层到气相的改变。

根据已有数据，在双基和复合推进剂的燃烧过程中，化学反应在凝聚相开始，并且连续不断地从固体推进剂表面喷射出弥散性的颗粒。另外，化学反应也在凝聚相表面层的气泡中进行，之后在火焰中进行。随着环境条件的变化，不同

空间区域的燃速控制作用也发生着改变。

在已知固体推进剂的燃烧模型分析中，一般存在着化学过程与燃烧波中物质输运的物理过程不能很好关联的问题。不幸的是，这些数据极其有限。在高压下，文献中缺少在固体推进剂表面上泡沫区形成的有关数据，以及亚表面凝聚相层如何破坏的实验数据。因此，必须要记住，在流动的燃烧产物中颗粒的浓度相对较低。这是因为推进剂从凝聚态到气态转变燃烧产物的体积显著增加，介质密度降低了数十倍到上百倍。因此，在一维燃烧描述中，必须仔细地处理好热力学参数和燃烧产物两相流中的热释放平衡。

最简单的情况是，不考虑燃烧表面烟气区来自凝聚相扩散粒子的反应，模拟含能材料的燃烧时，则有以下两种情况存在。第一种情况是假定凝聚相中反应总的热效应等于零（或为吸热），显然速率控制步骤不在凝聚相，而在气相存在速率控制步骤的区域，当火焰温度为 T_2 时，气相反应决定了燃速。当反应在凝聚相发生且温度接近 T_2 时，出现了各阶段的气相融合区。为了简化，假定在气相的反应变为一个阶段，那么如上所述，这种方法容易被推导到设定的多个阶段。

第二种情况是放热变换也发生在凝聚相。除了考虑上述提到的那些区域外，还应考虑各阶段的独立性区域，此时气相中的反应诱导期极短。应注意，上述两种情况下，各阶段几乎不可能形成融合区。对于含能材料真实的气化过程，如此高的凝聚相表面温度，还没有发现实例。

已知的大多数的理论模型，均建立在化学转换过程的窄区概念的基础上，而在硝酸酯基和硝胺基含能材料的燃烧过程中，其属于典型的宽区燃烧，对此阶段燃烧的理论分析还有待于进一步深化。

当研究含能材料燃烧波的速率控制步骤时，对控制效应在一个或另一个空间区域的控制程度与距离燃烧表面的关系应定量地进行考虑。基于直觉的判断[13]，引入了“影响区”的概念，即空间主导区，超过了该区域范围，则对燃速不产生影响。从气相热传导方程来看，在无限远处的边界条件下（$x \to -\infty$，$q = 0$），可得到热流进入凝聚相的表达式为

$$q_s = \int_0^{\infty} \Phi(x)\exp(-c\rho ux/\lambda)\,dx \tag{1.13}$$

式中，$\phi(x)$ 为气相的热释放。

依照方程（1.13），来自气相不同热释放区的热反馈“效率”是比较低的。此外，文献[14]特别强调，这个控制区在距离燃烧表面不远的区域。

真实含能材料速率控制步骤的研究有时基于直观的物理特性考虑。在这种情况下，对控制燃烧过程的规律实施定量分析不能连贯进行，但是可以重点分析

过程中的定性规律，如燃速对 p 和 T_0 的依赖关系。其结果可能有多种情况出现，对于同类型的含能材料，不同的作者处理燃烧机理可能会得到相反的观点。例如，按照文献[15,16]，硝胺炸药燃烧过程中，在 100atm 以下的速率控制步骤在气相；然而，根据文献[17,18]，该种控制步骤是发生在凝聚相的。同时，有足够的观点证实，在这样的压强范围内这些组分的燃烧过程中，人为地把燃速控制分成不同步骤是不可取的，无论是气相还是凝聚相都应被考虑进去[19]。

上述讨论表明，在含能材料凝聚相燃烧中，确定燃速控制步骤的理论方法研究较少，相比之下，气相系统燃烧研究得较多。因其有更多复杂的物理和化学过程，尤其困难的是对异质含能材料燃烧的描述。因此，在含能材料燃烧中，速率控制步骤主要是用于燃烧过程的定性分析，而对于含能材料燃烧的定量模型应建立在考虑所有的实际因素之上，并在研究中表征清楚其产生的现象。

1.2.3 在燃面具有蒸发特征的均质推进剂分阶段燃烧

本节将讨论均质单元推进剂（RDX、HMX、ADN、HNF 等）燃烧模拟问题，这些单元推进剂在燃烧表面上会发生熔化、部分分解和蒸发现象。对高压下的含能材料燃烧来说，要得到有代表性的实验数据尚有技术难度。文献[20－22]总结了关于温度分布的某些实验数据，而反应中间产物浓度的数据极其有限[23,24]。

当开发综合性的燃烧模型时，燃烧波中的温度分布信息极为重要，尤其是分析已知阶段燃速控制作用时。在一个稳定燃烧范围内，燃烧表面的热平衡表明，使凝聚相物质从初始温度升至表面温度所需的热，由气相和凝聚相的放热反应所释放的热来提供，即

$$q_{sc} + q_{ch} = m\Delta H \tag{1.14}$$

式中，$q_{sc} = \lambda(\mathrm{d}T/\mathrm{d}x)_{sc}$ 为热流量，是指透过燃面进入凝聚相体系的热量；$q_{ch} = mQ_c$，为凝聚相反应中释放的热；$m = \rho u$ 为质量燃速；Q_c 为反应的热效应；$\Delta H = [c(T_s - T_0) + Q_m]$，为凝聚相从 T_0 被加热到 T_s 的焓变；Q_m 为潜在的熔化热。为简化起见，假定比热容 c 为常数。注意，透过燃面的热流量 q_{sc} 等于到达表面的热流量 $q_{sg} = \lambda(\mathrm{d}T/\mathrm{d}x)_{sg}$ 与推进剂蒸发部分 $(1-\alpha)$ 的热损失之差（α 为分解分数）；$q_{sc} = q_g - Lm(1-\alpha)$，其中 L 为蒸发潜热。

如果 $q_{ch} < q_{sc}$，亦即

$$q_{ch} \ll \lambda\,(\mathrm{d}T/\mathrm{d}x)_{sc} \approx m\Delta H$$

此种情况下，气相的放热反应是燃速的控制步骤。这意味着凝聚相反应对热平衡方程而言可忽略不计，燃速可由气相反应特征参数来计算，并且误差

很小。

在相反的情况下，即 $q_{sc} < q_{ch}$时，凝聚相的反应是燃速控制步骤，这大多数可由表面上无蒸发现象而是直接汽化的物质来判断。对于在燃烧表面熔化和蒸发的物质而言，有必要从气相提供最少量的热反馈，以便蒸发一定比例的最初物质。事实上，不等式

$$q_{sc} \ll q_{ch} \approx m\Delta H \tag{1.15}$$

意味着，凝聚相反应完全提供了加热凝聚相材料使之升到表面温度 T_s的热量。在满足方程(1.15)的条件下，这种燃烧状态也称为“自持燃烧”，即固体材料总的升温热量由凝聚相反应提供。显然，这种燃烧状态对几个重要的实用含能材料极具典型特色，它们的燃烧模型有其特殊性(详见 2.8 节)。

实际上不可能测定 q_{sc}值，其困难在于如何验证方程(1.15)。考虑到 $q_{sc} = q_g - Lm(1-\alpha)$的关系式，可以用下列方程来代替方程(1.15)进行分析：

$$q_g = q_{sc} + Lm(1-\alpha) \ll m\Delta H \tag{1.15*}$$

假定分解物质的分子通过扩散、形成气泡或气体喷射离开凝聚相，则所述过程可能不会消耗额外的能量。可看出方程(1.15*)是方程(1.15)的近似形式，其优点是 q_g的大小可以由实验来测定(而 q_{sc}却不能)。由方程(1.15*)可测得气相的温度梯度$(\mathrm{d}T/\mathrm{d}x)_{sg}$和表面温度 T_s。显然，λ_g、c 和 Q_m属于已知量，它们可用于方程(1.14)和方程(1.15*)的求解中。

1.3　单阶段燃烧模型

在放热燃烧理论的框架内，含能材料燃烧模拟的最大困难是如何描述不同的物理过程，这些过程伴随着固相物质向气相物质转变。这些过程包括：含能材料的蒸发，由于材料软化引起的物质发泡和大量气体溢出，反应气体的解离和扩散，反应层分散等。对不同的含能材料，这些过程所起的作用不同，并且随着燃烧条件的变化而改变。在燃烧波中，含能材料物理状态的转换导致其性能(密度、热导率和比热容等)改变，这往往伴随着热效应产生。含能材料表面层的分散意味着有某一比例的凝聚相发生了分解反应，其产物进入气相火焰中。这改变了凝聚相物质所产生的单位质量反应热效应，最终使得燃烧波结构发生改变，导致燃速变化。

历史上，当模拟含能材料燃烧时，假定凝聚相的放热反应起主导作用的方法应用最广泛。凝聚相数学问题经常用占据坐标系一半的方式来解决。在凝聚相表面位置的坐标系上，热和质量输运方程为[25]

$$\lambda \mathrm{d}^2T/\mathrm{d}x^2 - cm\mathrm{d}T/\mathrm{d}x + \rho Q f(\eta) k_0 \exp(-E/RT) = 0 \tag{1.16}$$

$$m\mathrm{d}\eta/\mathrm{d}x - \rho f(\eta)k_0\exp(-E/RT) = 0 \tag{1.17}$$

$$x\to-\infty, \eta\to0, T\to T_0 \quad x=0, \eta=\eta_s, T=T_s \tag{1.18}$$

式中,η 为凝聚相物质消耗程度;ρ 为凝聚相的密度;Q 为凝聚相反应热效应;$f(\eta)$为考虑了反应速率对非消耗物质浓度依赖关系的动力学函数;T_s为表面温度,该值由计算确定;下标 s 指与表面有关的参数值。

方程(1.16)可用下面积分式表示为

$$\lambda\mathrm{d}T/\mathrm{d}x = q_s + m[Q(\eta_s-\eta) - c(T_s-T)] \tag{1.19}$$

式中,$q_s = \lambda(\mathrm{d}T/\mathrm{d}x)_{x=0}$为来自凝聚相表面的热流量。

假定 T 和 η 是独立的变量,从方程(1.16)和方程(1.19)中可以消去 x,相对于变量 x 从 $-\infty$ 到 0 进行积分,则得到极限内的如下关系式:

$$\frac{\lambda\rho k_0}{m}\int_{T_0}^{T_s}\exp(-E/RT)\mathrm{d}T = \int_0^{\eta_s}[q_s + mQ(\eta_s-\eta) - cm(T_s-T)]\frac{\mathrm{d}\eta}{f(\eta)} \tag{1.20}$$

如果 $E/RT_s \gg 1$,则预热层比反应区更宽,即浓度 η 的显著变化发生在亚表面层,此时温度接近 T_s。因此,如果引入的误差不大,方程(1.20)右侧在必要项保留情况下,完全能够假设$(T_s-T)=0$,重新对左侧的式子进行积分,可近似得到下列方程式:

$$\int_{0_0}^{T_s}\exp(-E/RT)\mathrm{d}T \cong (RT_s^2/E)\exp(-E/RT_s) \tag{1.21}$$

从方程(1.20)可得

$$m^2 = (\rho\lambda/QJ_0)(RT_s^2/E)k_0\exp(-E/RT_s) \tag{1.22}$$

$$J_0 = (q_s/mQ)\int_0^{\eta_s}(\mathrm{d}\eta/f(\eta)) + \int_0^{\eta_s}(\eta_s-\eta)(\mathrm{d}\eta/f(\eta))$$

如果$f(\eta)=1-\eta$,则 $J_0 = \eta_s + [1-\eta_s - q_s/mQ]\ln(1-\eta_s)$;如果$f(\eta)=1$,则 $J_0 = (q_s\eta_s/mQ) + \eta_s{}^2/2$。

方程(1.22)中,m 的值被表达成 T_s和 η_s的函数。为了确定它们的解,尚需要其他方程式,其中之一是从方程(1.19)在 $x\to-\infty$($\eta\to0, T\to T_0$)时得到的热平衡方程:

$$T_s = T_0 + (Qh_s/c) + q_s/mc \tag{1.23}$$

另一个方程必须要反映表面形成的物理机制。一般来说,这个方程可写成如下形式:

$$f(\eta_s, T_s, m) = 0 \tag{1.24}$$

燃烧模拟的基本任务之一是确定函数 f 的具体形式。

方程不能基于单阶段凝聚相模型采用 T_s和 T_0表达的热流量 q_s的值,应通过检测在气相中发生的过程来获得该值。从方程(1.13)中可以看出,计算热流量 q_s 的问题实际是要找出在气相火焰中热释放 $\Phi(x)$ 的函数表达式。两个描述 $\Phi(x)$ 的理论方法被广泛应用,即窄反应区模型和气相中均匀热流分布模型。

在气相窄反应区的情况下,可以通过 δ 函数近似表达 $\Phi(x)$:

$$\Phi(x) = \Phi^0 \delta(x - x^*) \tag{1.25}$$

式中,x^* 为含能材料表面与火焰区之间的距离。

像 Spalding[26] 所表示的那样,对于活化能极高的情况,方程(1.25)可足够准确地表达 $\Phi(x)$,将方程(1.25)代入方程(1.13)中,可得

$$q_s = mQ\exp(-mcx^*/\lambda) \tag{1.26}$$

方程(1.26)常用于模拟复合推进剂的燃烧。为了确定 x^* 值,Hermance[27] 建议采用下面的表达式:

$$x^* = v_g \tau = \frac{m}{\rho_g(T_g)}\tau = \frac{m}{[\rho_g(T_g)]^n k_0 \exp(-E/RT_g)} \tag{1.27}$$

式中,v_g 为气体运动的速率(线性运动);τ 为特征反应时间。于是方程(1.26)变为

$$q_s = Qm\exp[-(m^2c/\lambda k_0)(RT_g/\mu p)^n \exp(E/RT_g)] \tag{1.28}$$

热释放函数 $\Phi(x)$ 的空间变化主要由反应物浓度随时间减少和反应速率常数增加之间的竞争过程来确定。在文献[28,29]中,假设获得的反应速率在某一距离范围内 $x_1 \gg \lambda/mc$ 时近似为一常数,这个常数可从含能材料燃烧表面测得。因此,由方程(1.13)可得

$$q_s \approx \lambda\Phi(0)/mc = (\lambda Q/mc)(\mu p/RT_s)^n k_0 \exp(-E/RT_s) \tag{1.29}$$

将方程(1.22)、方程(1.24)及方程(1.29)联立,就可计算质量燃速 m。下面将讨论基于燃烧波中不同物理概念变换产生的特殊燃烧模型。

1.3.1　无限膨胀情况下的泡沫表面反应区

对于大多数固体含能材料,根据多数作者的观察,在燃烧波中的加热过程伴随着无定形物质表面层的熔化或软化,即使在 NC 这样典型的非挥发化合物燃烧期间,其燃烧表面也被一层液体层(或软化层)覆盖。在液化反应层,化学汽化反应将导致发泡,结果导致反应区物质实际的浓度发生了改变。这种情况下,固体部分的热导率也发生了改变。在不同含能材料燃烧期间,许多研究者证实了反应层中存在气泡,RDX 反应可参阅文献[30],关于 DINA 可参阅文献[31]。在 NC 的单元推进剂中,在热分解[32]的条件和在真空燃烧的条件下观察到了带有泡沫的表面[33]。

Maximov 和 Merzhanov[34,35] 建立了带有泡沫反应层物质的燃烧模型,

Grawford 等[36]也解决了类似问题。与文献[34]进行比较,可将有些简化的配方问题予以考虑。这些问题包括固体含能材料的放热转换,即凝聚相开始放热,在两相流中继续放热。基本假设为:凝聚相的热容等于气相的热容;化学反应在一个阶段连续进行,并且与母体物质的浓度呈一级函数关系;在扩散介质中,各个单元的特征尺寸远小于热释放区的宽度,因此,扩散区可被认为是一个准均质的,母体物质和分解气体产物以相同的速率运动,气体产物在凝聚相的溶解性可忽略不计。

做了这些假设后,能量和质量转换方程可写为

$$\mathrm{d}^2 T\lambda/\mathrm{d}x^2 - cm\mathrm{d}T/\mathrm{d}x + \bar{\rho}(1-\eta)Qk_0\exp(-E/RT) = 0 \tag{1.30}$$

$$m\mathrm{d}\eta/\mathrm{d}x + \bar{\rho}(1-\eta)k_0\exp(-E/RT) = 0 \tag{1.31}$$

式中,η 为凝聚相的转换度,与燃烧波中物质的平均密度 $\bar{\rho}$ 密切相关,其关系式为 $\eta = (\rho_g/\bar{\rho}) - (\rho_g/\rho_c)$,如果 $\rho_c/\rho_g \gg 1$,则此式有效(注意:下标 c 和 g 分别代表凝聚相和气相);λ 为两相介质的热导率,在文献[34]中被定为 λ_c 和 λ_g 之间的"重均值",它和各个相区的体积分数相一致;k_0 和 E 分别为凝聚相气化反应的指前因子和活化能;Q 为气化反应的热效应。

在上述假设中,没有考虑扩散介质的形成机理,忽略了气泡形成所消耗的能量(在有泡沫的情况下)或形成消耗的能量(在有扩散的情况下)。对于主要发生物理变化的情况,显然,边界条件是 $\pm\infty$。

$$x \to -\infty, T \to T_0, \eta \to 0 \quad x \to \infty, T \to T_m, \eta \to 1 \tag{1.32}$$

按照 Zeldovich 和 Frank – Kamenetskii 经典近似法,可得到燃速的表达式为

$$m^2 = \frac{2\lambda_g p\mu T_m}{QE} k_0 \exp\left(-\frac{E}{RT_m}\right) \tag{1.33}$$

式中,$T_m = T_0 + Q/c$ 为没有气相反应时的燃烧温度;p 为压强;μ 为摩尔质量。燃速对压强的对数关系为 $v = \mathrm{d}\ln m/\mathrm{d}\ln p = 0.5$;燃速对初温的函数关系为 $\beta = \mathrm{d}\ln m/\mathrm{d}T_0$,等同于 $\beta = E/2RT_m{}^2$。

为了检验所采用的假设和燃烧波结构分析的有效性,文献[34]报道了方程(1.30) – 方程(1.32)的数值计算情况,数值计算的重要结果成为极低密度($\bar{\rho} = 2.5\rho_g$)物质发生基本热释放时的主要结论。

1.3.2 有限泡沫反应层

和在凝聚相产生的无限泡沫模型相比,研究的燃烧表面常被定义为具有快速密度变化区域的末端。这个区的厚度比化学反应区的宽度更小。因此,考虑某些成泡限制问题,即只存在小气泡解离的情况。假定在一个反应层有足够量的小气泡,那么实际上可考虑泡沫状态贯通于整个凝聚相。普遍认为,液体表面

小气泡的扩展并不会导致产生大质量液滴[37,38]，因此，可以忽略扩散相的形成。

当气相反应非常快且又发生在自发点火的体系时，可以参照文献[34,35]，考察各种条件下难挥发物质的燃烧。类似于文献[34]描述燃烧波传播的系列方程如下：

$$(cm\mathrm{d}T/\mathrm{d}x-\lambda \mathrm{d}^2T/\mathrm{d}x^2)/Q=-m\mathrm{d}\eta/\mathrm{d}x=\Phi \tag{1.34}$$

$$\Phi=\rho_c(1-\eta)[1+\eta(\rho_c/\rho_g)-\eta]^{-1}k_0\exp(-E/RT) \tag{1.35}$$

$$x\to-\infty,\eta=0,T=T_0;\quad x=0,\eta=\eta_s=1,T=T_s \tag{1.36}$$

$\eta_s=1$ 的条件表明，凝聚相完全转换成气相，即不存在扩散状态。据此，可考虑燃烧表面上泡沫层和气体之间的结合点。尽管其温度 T_s 尚不清楚，但是容易确定。

从热传导方程(1.34)的一阶微分可得

$$T_s=T_0+Q\eta_s/c=T_0+Q_n^-/c \tag{1.37}$$

该式表明，在所考虑的模型构架内，Q_c 的值一定是变量，并且随压强而变化(更加详细的介绍可见 2.6 节，此节讨论了燃烧过程中 Q_c 值改变的实验证据)。其一般的通式可表示为

$$f(Q_n^-,T_s,m)=0 \tag{1.38}$$

在式(1.36)条件时，联立求解方程(1.34)和方程(1.35)可得

$$m^2=(2\lambda\rho/Q_n^-)(RT_s^2/E)k_0\exp(-E/RT_s) \tag{1.39}$$

联立求解方程(1.35)－方程(1.37)，可以确定 Q_c、T_s 及 m 的值。在方程(1.38)中，函数 f 对应于表面的某一物理状态，并且一定能被单独确定。

液体表面小气泡的扰动过程能够被定量描述[38,39]。据报道，气泡发生凹陷是由相等的两个力共同作用造成的，即破坏力(F_p)和稳定力(F_c)共同作用于气泡壁。作用于气泡壁外表面的气体压强起到了破坏作用，$F_p\approx P_b d^2$，小气泡的动力学可能被忽略。气泡的表面张力是稳定力，$F_s\sim\sigma d'$。此时，$P_b=P_\infty+4\sigma/d$，为小气泡中的气压；P_∞ 为外压；d' 和 d 分别为小气泡外径和内径(见图 1.3)；σ 为表面张力系数。

考虑到气泡壁的厚度 $0.5(d'-d)$ 通常远小于气泡的直径[39]，表面平衡状态方程可写成以下近似形式[40]：

$$F_p/F_c\approx p_b d/\sigma\approx p_\infty d/\sigma=\text{const} \tag{1.40}$$

方程(1.40)也可写成另一种表达方式：

$$p_\infty^{3/\gamma}[m(T_s-T_0)]^{-1}=\text{const} \tag{1.41}$$

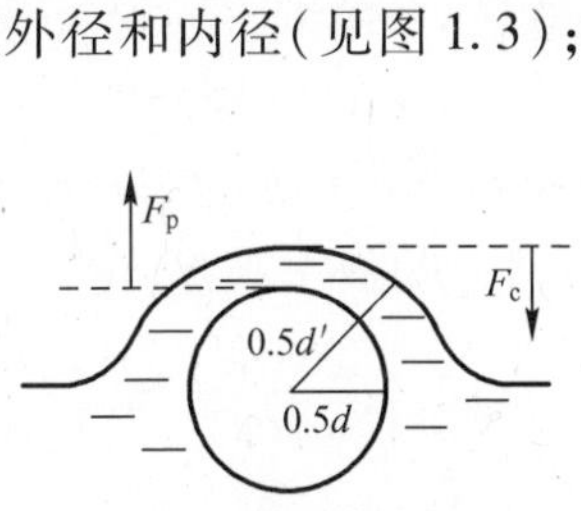

图 1.3　液体表面的小气泡

实际上，在已知含能材料转化度的情况下，每个单独小气泡的直径 d 与坐标

系中样品部分产生的小气泡数目 N 相关，d 和 N 的关系为 $d \sim N^{-1/3}$。外压 P_{∞} 的改变导致质量燃速 m 和泡沫区热流通量 q 改变。根据相转移理论可知，在液体沸腾期间，许多刚开始形成的气泡点与热流量的大小密切相关[37]，呈指数关系 $N \sim q^{\gamma}$。考虑到该事实和关系式 $q \cong cm(T_s - T_0)$，可把方程(1.40)还原成方程(1.41)。当利用方程(1.41)时，可以假设在 T_s 的真正变化范围内，σ 近似为常数。对于大多数有机液体而言，表面张力系数的温度依赖性极低[$\sim 10^{-4}$ J/(m^2 · K)]，温度有数十量级改变，σ 值仅有百分之几的改变。

由方程(1.39)微分，同时联立方程(1.37)和方程(1.41)，可得到燃速对环境条件的依赖关系。例如，压强指数有以下形式($E/RT_s \gg 1, E(T_s - T_0)/RT_s^2 + 2(T_s - T_0)/T_s \gg 1$)：

$$v = \mathrm{dln}m/\mathrm{dln}p \approx 3/\gamma$$

根据文献[41,42]，γ 值近似为 3、$v \cong 1$。因此，通过合理地简化，对 $m(T_0)$ 可得到

$$\beta = \mathrm{dln}u/\mathrm{d}T_0 = (E/RT_s^2)/[1 + (E/RT_s^2)(T_s - T_0)] \cong 1/(T_s - T_0)$$

式(1.41)与文献[43]中得到的 η_s 公式类似(见 1.3.4 节)，该公式是基于固体反应层的分散性而建立的模型：

$$\eta_s = \xi' p/mT_s, \xi' = \mathrm{const} \tag{1.42}$$

实际上，当用 Q' 乘以方程(1.42)(文献[43]中，Q' 为常数)并且设定 $Q'\eta_s = Q = c(T_s - T_0)$，可得出当 T_s 为常数、$\gamma = 3$ 时，方程(1.42)和方程(1.41)完全一致。v 和 β 所讨论的模型与在文献[43]中所报道的模型相同，其表达式也相同。这表明，分散对燃速的影响与发泡对燃速的影响相类似。

1.3.3 液相反应层的分散

"含能材料分散"这一术语是指材料表面反应层被机械力损坏的现象，伴随着粒子的喷射而进入气相区。在凝聚相反应表面层中，单位体积的气体流动对均质含能材料分散产生了驱动力。从物理角度考虑，对于凝聚相具有放热反应的含能材料，分散一定会导致表面燃烧区热流量降低。按照文献[44]的理论分析，分散的程度对燃速的高低有重要的决定作用，而燃速对外界因素的依赖以分散程度改变的特性作为条件。

原则上，含能材料燃烧液滴形成机理有两个不同的分析：①在燃烧表面上由于独立的气泡的膨胀造成的；②随液体亚表面层气体溢出过程中，气体分解产物的空气动力学相互作用造成的。

显然，在燃烧表面独立气泡的膨胀不会导致含能材料显著的表面分散。因此，根据文献[38]对来自液体层液滴产生的有关实验数据分析，气体饱和情况

下,每克溢出气体产生不多于 10^{-4}g 的液滴。液滴是由于小气泡壁破裂形成的。

如果大量气流从液体层吹出,可看到另外的现象。此时,液滴的质量流率在数值上和气体的质量流率相当,这种分散模式称作气动模式。

基于对物理现象的考虑,可以说在表面反应层中通过化学转化的方式(凝聚相→裂解的气相产物)和机械损坏的方式(凝聚相→气溶胶)来获得流体组分,概率很小。机械损坏的分散程度越高,则表面层的损坏越快,化学转换则越慢。利用这种定性的规律,可以给出这种现象合适的定量描述。

采取文献[45,46]的形式来描述分散度:

$$\eta_d = j_d/(\rho_c u_{ch} + j_d) \tag{1.43}$$

式中,j_d代表了燃烧表面产生气溶胶的质量流率,而分母代表了表面单元总的质量消耗速率(u_{ch}是由于化学分解所观察的线性燃速 u 的组成部分;ρ_c是凝聚相的密度)。方程(1.43)中把分母和分子同除以化学反应区的特征宽度 δ 和物质的有效密度 ρ,则可以得到用过程的特征时间表示的 η_d表达式(τ_d与分散过程相对应,而 τ_{ch}与化学分解过程相对应):

$$\eta_d = \tau_d^{-1}/(\tau_{ch}^{-1} + \tau_d^{-1}) \tag{1.44}$$

液层的分散与液体中产生不稳定性的条件相联系。该条件依次包括表面张力的总和,液体组分的特征尺寸,气体和液体之间的惯性因素以及二者之间的相互作用时间。在含能材料反应层分散的情况下,显然,气体喷出的集中相互作用起了重要作用,因为在同样的流体组分上,应考虑来自不同微喷气流的干扰。

在液体扰动的影响下,假设空气动力提供反应层的极限应变。此时,极限应变的形成时间或分散时间 τ_d为[47]

$$\tau_d = \xi'(\delta/\bar{u}_g)\sqrt{\rho_c/\bar{\rho}_g}$$

式中,ξ'为常数;$\bar{u}_g$ 为 δ 的反应层中的平均相对气体速率;$\bar{\rho}_g$ 为气体的平均密度。考虑到 $\tau_{ch} \sim (\delta/u_{ch}) \approx (\delta/\bar{u}_g)[\rho_c/\rho_g(T_s)]$,则方程(1.44)可改写为

$$\eta_d = \left(1 + \xi\sqrt{\rho_g(T_s)/\rho_c}\right)^{-1}, \quad \xi = \text{const} \tag{1.45}$$

由方程(1.45),可得到 η_d对压强的依赖关系:

$$\eta_d \approx 1/(1 + \xi''\sqrt{\rho_g}), \quad \xi'' = \text{const}$$

对 $\eta_d(p)$关系的定性表达式也可从考察反应层机械能的平衡方程中得到。随着起始质量 m_0的火药试样消耗比例$(1-\eta_d)$的变化,形成的气体获得动能 $W = (1-\eta_d)m_0 u_g^2/2$,这些动能部分消耗在产生新的交接面上,即液体层的分散上。形成面积为 Σ 的表面其所做的功可表示为:$W_\Sigma = \sigma\Sigma$,其中 σ 为表面张力。假定从反应区流出的气体能量消耗在分散过程中,并具有某一效率 φ,于是可写成

$$\sigma\Sigma = \varphi(1-\eta_d)m_0u_g^2/2 \tag{1.46}$$

式中，Σ 为从火药质量 $\eta_d m_0$ 中产生的微粒总面积。显然，η_d 值、微粒尺寸 d_0、m 和 Σ 之间关联起来，可得到

$$\eta_d = \rho_c d_0 \Sigma/\sigma m_0 \tag{1.47}$$

根据方程(1.46)和方程(1.47)，可得到

$$\begin{cases} 1/\eta_d = 1 + (a/\varphi d_0)p^{1(1-v)} \\ a = [M/(\rho_c T_s R u_0)]^2 12\sigma/\rho_c, u_0 = up^{-v} = \text{const} \end{cases} \tag{1.48}$$

从方程(1.48)可以明显看出，当 $d_0 \to 0$ 时，分散度 $\eta_d \to 0$。这意味着从反应层中溢出气体的能量不足以形成足够量的小尺寸颗粒。

实验观察已发现，突然取消辐射或卸压，将破坏双基推进剂的亚表面层，伴随有气泡和微小颗粒的形成。文献[48]中开展了压强降 δ_p 的理论估算研究，压强降在稳态和瞬态条件下(如振荡压强)引起液层的分散。

1.3.4 固体反应层的分散

下面考虑含能材料在凝聚相反应层的燃烧情况。

在燃烧波中物质的转换表示成如下的形式[43]：

$$\begin{array}{l} \quad A_1^d \longrightarrow A_2 \\ \nearrow \\ A_1^c \longrightarrow A_2 \end{array} \tag{1.49}$$

式中，A_1^c 为初始凝聚相物质；A_1^d 为在分散状态同样的物质；A_2 为气体反应产物；根据方程(1.49)，发生的一个化学分解反应阶段($A_1 \to A_2$)，在空间可分成两个区域：凝聚相($A_1^c \to A_2$)；分散相($A_1^d \to A_2$)。

根据设定的凝聚相表面坐标体系，能量和物质的转换定律可写成

$$\lambda d^2T/dx^2 - cm(1+\Delta)dT/dx + Qmd\eta/dx = 0 \tag{1.50}$$

$$v_c d\eta/dx - k_0(1-\eta)\exp(-E/RT) = 0 \tag{1.51}$$

式中，$\Delta = z_0\rho_0/\rho_c(1-z_0)$；$z$ 为多孔(或分散)的介质每单位体积内气体的体积分数；z_0 为初始试样的孔隙率；ρ_c 为凝聚相物质的密度；$\rho_0 = \mu p/RT_0$ 为初始状态下多孔物质中惰性气体的密度；T_0 为初温；v_c 为凝聚相的运动速率(对于没有反应部分的试样，$v_c = v_0$)；η 为凝聚相物质的转化程度。另外，要满足如下关系式：

$$z\rho v_g + \rho_c(1-z)v_c = m(1+\Delta) \tag{1.52}$$

$$\rho_c(1-z)v_c = (1-\eta)m \tag{1.53}$$

$$(\pi d^3/6)\rho_c v_c dv_c/dx = 3\mu_0 d_p(v_g - v_c), x>0 \tag{1.54}$$

$$-k_f dp/dx = z(v_g - v_0), x<0 \tag{1.55}$$

式中，ρ 为气体密度；v_g 为气体速率；d_p 为分散颗粒直径；μ_0 为气体的黏性；k_f 为通

过多孔介质气体的过滤因子。

方程(1.50)－方程(1.55)可组成方程组[当 $x>0$ 时,可消去方程(1.55);而当 $x<0$ 时,可消去方程(1.54)],以便求解 6 个未知数:T、η、v_c、v_g、z 和 m。

方程(1.50)－方程(1.55)的边界条件为

$$\begin{cases} x\to-\infty, T=T_0, \eta=0, v_g=v_c=v_0 \\ x\to\infty, \mathrm{d}T/\mathrm{d}x=0, \eta=1, z=1 \end{cases} \tag{1.56}$$

利用方程(1.50)和方程(1.51)积分,可以确定燃烧温度 T_g,同时构建 q、T 和 η 之间的关系:

$$q=\lambda\mathrm{d}T/\mathrm{d}x=cm(1+\Delta)[(T-T_0)-\eta(T_g-T_0)]$$

$$T_g=T_0+Q/[c(1+\Delta)]$$

为了更接近实际情况,必须建立辅助方程。这个方程决定了把分散区和凝聚相分开的界面条件。考虑到界面上存在同等作用力,即气体流动中作用于颗粒上的作用力 F_d,以及凝聚相反应区提供给颗粒之间的黏附力 F_c。如果分散作用是由小雷诺 Re 的气流导致凝聚相的破坏而引起的,即当 $Re=(\rho v_g d/\mu_0)_{x=0}<1$ 时,则在 $x=0$ 时有

$$F_d=F_c=[(\pi d^3/6)/(1-z)][(z/k_f)(v_g-v_0)] \tag{1.57}$$

式中,第一个乘积项(用中括号隔开的部分)为单个粒子的体积;第二个乘积项为作用力,是施加在反应区多孔介质单位体积上的作用力。

由于 F_c、z、d 及 k_f 的值依赖于转化度 η,因此,发生分散的条件可采用如下表达式:

$$m\eta_s\approx\rho_s f(\eta_s),\quad f(\eta_s)=(6/\pi d^3)(1-z)k_f F_c \tag{1.58}$$

此处,不等式 $z_0\rho_0\ll(1-z_0)\rho_c$, $v_0\ll(v_g)_s$ 也被一并考虑。从方程(1.50)－方程(1.56)和方程(1.58)定性的分析(参见文献[43])可看出,能找到这样一个转化度的值 η_s^0,随着 $\eta_s<\eta_s^0$,控制燃烧的规律可由分散区的反应确定(在分散区的速率控制步骤,即控制燃烧的模型)。当 $\eta_s>\eta_s^0$ 时,燃烧控制规律由含能材料凝聚相的反应确定(燃烧步骤的合并模型)。

$m(p,T_0)$ 关系式可由方程(1.58)中 $f(\eta_s)$ 函数和 η_s 的值来确定。假设 $f(\eta_s)=f_0=\text{const}$,并且 $\eta_s>\eta_s^0$,于是可得

$$\begin{cases} m\cong(p\mu f_0/RT_s)[Q/c(T_s-T_0)], T_s\neq T_s(T_0) \\ T_s\cong(E/2R)/\ln[(QR)^{3/2}(\lambda\rho_c k_0)^{1/2}/(4p\mu f_0 c^2\sqrt{E})] \\ v=\mathrm{dln}m/\mathrm{dln}p\cong1-(2RT_s^2/E)/(T_s-T_0) \\ \beta=\mathrm{dln}m/\mathrm{d}T_0\cong1/(T_s-T_0) \end{cases} \tag{1.59}$$

如果 $f(\eta_s)=f_0=\text{const}$,并且 $\eta_s<\eta_s^0$,于是有

$$m = m_d \sqrt{1 + (\rho_s f_0 / m_d)^2}$$

$$v = \frac{1}{2}(1 + \eta_s^2), \eta_s \cong \rho_s f_0 / \sqrt{(f_0 \rho_s)^2 + m_d^2}$$

$$\beta = (1 - \eta_s^2) E / R T_g^2$$

式中，m_d为易分散含能材料单阶段燃烧速率（见1.3.1节）。

如果$f(\eta_s)$不是常数，则对于多数重要的情况下$\eta_s > \eta_s^0$，燃速可按照方程（1.59）计算。表面温度T_s随着T_0的增加而增加，当$\mathrm{d}\ln f / \mathrm{d}\eta_s < 0$时，则结果相反。

$$\partial T_s / \partial T_0 \cong -(2cRT_s^2 / EQ) \mathrm{d}\ln f / \mathrm{d}\eta_s$$

燃速对压强和初温的依赖关系如下：

$$v = 1 - (2RT_s^2 / E)\beta; \beta \cong (T_s - T_0)^{-1} - (c/Q) \mathrm{d}\ln f / \mathrm{d}\eta_s$$

分散过程可以更加系统地考虑，包括由含能材料应力和应变引起的变形行为，及其作用下对固体材料破坏的可能性。含能材料的形变可能由在材料体系中快速的梯度热波的传播而引起。当解决热和机械波传播的共同作用问题时，应该研究分散作用和应变对含能材料点火和燃烧特性的影响[49-51]。

参考文献

1. Ya.B. Zeldovich, D.A. Franck-Kamenetskii. Theory of thermal flame propagation // Journal of Physical Chemistry, 1938. - Vol. 12. - pp. 100-105. (R)

2. Ya.B. Zeldovich, D.A. Franck-Kamenetskii. To the theory of uniform flame propagation // Reports of the USSR Academy of Sciences, 1938. - Vol. 19. - pp. 693-69B. (R)

3. A.G. Merzhanov. Combustion processes in the chemical technology. Chernogolovka, 1978 // Preprint, Institute of Chemical Physics, USSR Academy of Sciences.

4. S.I. Khudyaev. Mathematical theory of combustion and explosion. Chernogolovka, 1980 // Preprint, Institute of Chemical Physics, USSR Academy of Sciences. *See also* S.I. Khudyaev. Threshold phenomena in nonlinear equations. – M.: Fizmatlit, 2003. – 268 pp.

5. A.H. Kolmogorov, I.G. Petrovskiy, N.S. Piskunov. Study of the equation of diffusion, connected with the increase of substance, and its application to one biological problem // Bull. Moscow State University, 1937. - Vol. 1, Sect. A. - No.6.-pp.1-26 (R)

6. Ya.B. Zeldovich. Flame propagation theory // Journal of Physical Chemistry (Russian), 1948. -Vol. 22. - pp. 27-49.
7. A.G. Merzhanov. Thermal waves in chemistry. Chernogolovka, 1978 // Preprint, Institute of Chemical Physics, USSR Academy of Sciences.
8. B.I. Khaikin, E.N. Rumanov. To the Problem of Regimes of Exothermal Reaction in One-Dimensional Gas Flow // Combustion, Explosion, and Shock Waves, 1975. - Vol. 11. - pp. 671-678.
9. A.G. Merzhanov E.N. Rumanov, B.I. Khaikin. Multizone combustion of condensed systems // Journal of applied mechanics and technical physics. - ISSN 1573-8620. 1972. - Vol. 13, No.6. - pp. 845-850
10. Ya.B. Zel'dovich. To the theory of combustion of powders and explosives // Zh. Eksp. Teor. Fiz., 1942. Vol. 12. - pp. 498-524. See also Ya.B. Zeldovich. In the book: Theory of the combustion of propellants and explosives (Frolov Yu.V., Ed.) // M.: Nauka, 1982. - pp. 49-86. (R)
11. A.F. Belyaev. On combustion of explosive materials // Zh. Fiz. Khim., 1938. Vol. 12. - pp. 93-99. (R) *See also* A. F. Belyayev. In the book: Theory of the combustion of propellants and explosives (Frolov Yu.V., Ed) // Moscow: Nauka, 1982. - pp. 35-43. (R)
12. V.N. Vilyunov. To the mathematical theory of stationary combustion of the condensed substance // Reports of the USSR Academy of Sciences (R), 1961. Vol. 136. - pp. 136-139.
13. A.F. Belyaev, N.N. Bakhman. Theory of burning of powders and solid rocket propellants (review) // Combustion, explosion and shock waves, 1966. - Vol. 2, No.4. - pp. 1-10
14. V.D. Barsukov, V.P. Nelayev. On the thermal effect of the zones of chemical transformation on the burning rate of the condensed system // Journal of Engineering Physics, 1975. Vol. 29. -pp. 989-993. (R)
15. D.K Rice, R.J. Ginell. Theory of the Burning of Double-Base Propellants. Rocket Powders // Phys. Coll. Chem., 1950. - Vol. 54. - pp. 885 - 917.
16. K.K. Andreyev, A.F. Belyayev. Theory of Explosives // Moscow, Oborongiz, 1960.
17. P.F. Pokhil, O.I. Nefedova, A.D. Margolin. On the anomalous dependency of the burning rate of propellant on the initial temperature // Reports of the USSR Academy of Sciences, 1962. -Vol. 145. - pp. 860-862.

18. E.V. Konev, S. S. Khlevnoy. Solid propellant burning in the presence of radiant flux // Combustion, Explosion, and Shock Waves, 1966. -Vol. 2, No.4. - pp. 21-25.
19. P.F. Pokhil. Leading stage of burning // Combustion, Explosion, and Shock Waves, 1969. -Vol. 5, No. 3. - pp. 303-304.
20. A.A. Zenin. HMX and RDX: combustion mechanism and influence on modern double-base propellant combustion // JPP, 1995. - Vol. 11, No. 4. - pp.752-758.
21. A.A. Zenin, V.M. Puchkov, S.V. Finjakov. Physics of ADN combustion // 1999, AIAA Paper 99-0595.
22. A.A. Zenin, S.V. Finyakov. Physics of combustion of HTPB / nitramine compositions // Proceedings of 32st international annual conference of ICT, Karlsruhe, FRG, 2001. -V. 8. -24 pp.
23. A.G. Tereschenko, O.P. Korobeinichev, A.A. Paletskii, E.N. Volkov P.A. Skovorodko. Probe method for sampling the combustion products of solid propellant under temperatures and pressures typical for the combustion chamber of solid motor // Combustion, Explosion, and Shock Waves, 2002. - Vol. 38, No 1. - pp. 81-91.
24. B.E. Homan, M.S. Miller, J.A. Vanderhoff. Absorption diagnostics and modeling investigations of RDX flame structure // Combustion and Flame, 2000, Vol. 120. - pp. 301-317.
25. V.A. Strunin. On the condensed combustion zone of explosives // Journal of Physical Chemistry, 1965. - Vol. 39. - pp. 433-435. (R)
26. D.B. Spalding. One-dimensional laminar flame theory for temperature-explicit reaction rates // Combustion and Flame. I957, Vol. 1, No. 3. - pp. 296-307.
27. C.E. Hermance. A Model of Composite Propellant Combustion Including Surface Heterogeneity and Heat Generation // AIAA Journal, 1966. - Vol. 4. - pp. 1629-1637.
28. M.S. Milller, T.P. Coffee. On the Numerical Accuracy of Homogeneous Solid Propellant Combustion Model // Combustion and Flame I983. - Vol. 50. - pp. 75-88.
29. Milller M.S., In Search of an Idealized Model of Homogeneous Solid Propellant Combustion //Combustion and Flame,1982.-Vol. 46.-pp. 5l - 73.
30. E. I. Maksimov, A. G. Merzhanov, Yu. R. Kolesov. Density distribution of substance in the combustion zone of the condensed systems

// Reports of the USSR Academy of Sciences, 1965. -Vol. 162. - pp. 1115-1118. (R)

31 V.V. Aleksandrov, A.V. Boldyreva, V.V. Boldyrev, R. K. Tukhtayev. Combustion of DINA at atmospheric pressure // Combustion, Explosion, and Shock Waves, 1973. - Vol. 9, No.1. - pp. 117-119.

32. V. V. Aleksandrov, N.S. Bufetov. Thermal decomposition of nitroglycerin propellant in vacuo // Combustion, Explosion, and Shock Waves, 1971. - Vol. 7, No.2. - pp. 264-266.

33. P. F. Pokhil. Author's abstract of Dr. Sc. Thesis // Moscow, Institute of Chemical Physics, USSR Academy of Sciences, 1954, see also in the book: Theory of the combustion of propellants and explosives (Frolov Yu.V., Ed.). Moscow: Science, 1982. - pp. 117-140. (R)

34. E.I. Maksimov, A.G. Merzhanov. Theory of combustion of condensed substances // Combustion, Explosion, and Shock Waves, 1966. - Vol. 2, No.1. - pp. 25-31.

35. E.I. Maksimov, A.G. Merzhanov. On one model of the combustion of nonvolatile explosives // Reports of the USSR Academy of Sciences, 1964. - Vol. 157. - pp. 412-415. (R)

36. Crawford B. L, Hugget C, McBrady J. J. Mechanism of the Burning of Double-Base Propellant // J. Phys. Coll. Chem, 1950. - Vol. 54. pp. 854 – 862.

37. E.I. Nesis. Boiling of liquids // Moscow: Nauka, 1973.

38. S. S. Kutateladze, M. A. Styrikovich. Hydrodynamics of gas-liquid systems // Moscow: Energiya, 1976.

39. V. G. Gleim, I. K. Shelomov, B. R. Shidlovsky. On the processes, which lead to the generation of drops with the break of blisters on the interface liquid – gas. // Zhurnal Prikladnoi Khimii, 1959. - Vol. 32. - pp. 218-222. (R)

40. V. Ya. Zyryanov. Author's abstracts of PhD thesis // Novosibirsk: Institute of Chemical Kinetics and Combustion, 1980. (R)

41. R. Gertner, D. Westuener. Problems of physics of boiling // Moscow: Mir, 1964. (R)

42. K. Nishikawa, K. Jamagata. On the correlation of nucleate boiling heat transfer // Int. J. Heat Mass Transfer, 1960. - Vol. 1. - pp. 219-235.

43. B. I. Khaykin, A. G. Merzhanov. On the combustion of substances with a solid reaction layer // Reports of the USSR Academy of Sciences, 1967. - Vol. 173. - pp. 1382-1385. (R)

44. A. G. Merzhanov. On the role of dispersion upon combustion of propellants // Reports of the USSR Academy of Sciences, 1960. - Vol. 135. - pp. 1439-1441. (R)

45. Zarko V. E., Zyryanov V. Ya., Surface Layer Destruction During Combustion of Homogeneous Powders // Progress in Astronautics and Aeronautics, AIAA, l983. - Vol. 88. -pp. 220-227.

46. V.E. Zarko, V.Ya. Zyryanov, V.V. Chertischev. Dispersion of the Surface Layer during Combustion of Homogeneous Propellants // AIAA Paper 96-0814 (34th Aerospace Sciences Meeting, Reno, 1996).

47. Physical Background of the Working Process in the Combustion Chamber of Ramjet Engine. B.V. Rauschenbach, S. A. Belyi, I. V. Bespalov, et al. // Moscow: Mashinostroyeniye, 1964.

48. Gusachenko L.K. Dispersion in the nonsteady combustion of solid fuels // Combustion, Explosion, and Shock Waves, 1991. -Vol. 27, No. 1. - pp. 58-61.

49. A.G. Knyazeva. Velocity of the simplest solid-phase chemical reaction front and internal mechanical stresses // Combustion, Explosion, and Shock Waves, 1994. - Vol. 30, No. 1. -pp. 43-53

50. Knyazeva A.G., Zarko V.E. Modeling of combustion of energetic materials with chemically induced mechanical processes // Journal of Propulsion and Power, 1995. - Vol. 11, No. 4. - pp. 791-803.

51. A.G. Knyazeva, E.A. Dyukarev. A model of autowave propagation of solid-phase low-temperature chlorination of butyl chloride // Combustion, Explosion, and Shock Waves, 1998. - Vol. 34, No. 5. - pp. 556-565.

第2章 单元和双基推进剂燃烧模拟

本章阐述了均相组分真实燃烧过程的模拟结果,均相组分包括单个化合物——单元推进剂(GAP和硝胺等)及多种复杂组分的均匀混合物——由多种物质混合组成的双基(DB)推进剂。基于发展的燃烧理论,本章一开始即讨论了凝聚相反应区模拟的某些特殊问题。

2.1 凝聚相反应区模拟

大部分均相含能材料的燃烧过程,是从初始的固态转变成液态直至最终的气态。因此,这些含能材料的燃烧模型具有典型简单物理模型的特征,包括一维线性传热、扩散和化学反应。气相中出现的组分在凝聚相中经历着复杂过程,一些物质很可能发生晶型改变,并伴随着热胀冷缩引起的碎裂过程,这些过程必定影响含能材料燃烧过程的动态特性。然而,在稳态条件下,含能材料可能很少呈现热燃烧机理。对于广泛应用的AP、RDX和HMX等材料[1,2],它们较多呈现的是液相化学反应,但较弱的固相化学反应确实存在。根据含能材料的热燃烧机理,燃速控制步骤是唯一能提供凝聚相燃烧所需热量的区域,如在相变过程中,向表面的传热是正消耗。文献[1]中假设,对于AP在20~100atm压强范围是液相反应区,所需的约70%的热量在此释放;对于HMX和RDX在5atm下气相火焰区和70~90atm下的液相反应区是燃速控制步骤。采用热电偶测试燃烧波温度分布可看出[3],在20atm时可对气相和凝聚相的作用进行比较,对于DINA(二硝氧乙基硝胺)常压下亦可确定控制步骤[4]。因此,对现实中一些重要含能材料的燃烧模拟,一定要描述其液相区所发生的详细反应过程。

1. 初始含能材料纯度

在研究含能材料(EM)燃烧时,初始物质的纯度很重要。产物不可避免地含有杂质,有时基于某些目的加入的物质表现出了与基体含能材料不同的性质,在初始均相含能材料燃烧波中产生了特定的非均相组分。在双基推进剂燃烧表面区,NG比其他组分更易于蒸发和分解而消耗;相反,不挥发物和惰性杂质(催化剂和碳等)初始含量约为1%~2%,几乎形成固体覆盖在燃面。

一系列单质及双基含能材料[5,6]均有类似的现象，事实上许多含金属元素材料在燃烧表面皆存在金属富集。在研究黑索今(RDX)燃烧时，应该考虑所用RDX中含有10%奥克托今(HMX)，可以预期的是，即使初始RDX样品中包含有一小部分HMX，也足以使燃烧表面覆盖着一层耐热稳定的HMX液相层(与RDX[7]相比)。为证明这一点，可对熄火试样表面层进行化学分析，如果气相作用控制燃速，则稳态燃速几乎不受这些杂质的影响，而非稳态燃烧特性可能很大程度上与初始物质中杂质部分密切相关。

2. 两相区密度

对于非挥发性含能材料，提出了燃烧速率控制区为泡沫区的稳态燃烧模型[8]，在这个区中由于一阶放热反应以相同速率随两相移动，液体含能材料转化成气体，无需特殊条件即可形成泡沫气溶胶界面。在移动过程中从凝聚相到气相的密度连续变化，且横向一致。文献[9-11]提出的模型是基于两相介质一维运动的一般方程(也伴有“不规整”的燃烧表面)建立的。文献[8]相比文献[9]，描述了不同相之间在Marangoni效应作用下产生的相对运动带动了泡沫“进入”燃烧表面。在不同情况下，两相之间的相互作用及其运动性质需人为判定，特别是模型中的两个极端的变量式需讨论。

在第一个变量式中，认为整个两相区中的质量流率是均值，而真实情况是变化的[10]。例如，两相中任意一相都存在 $u_c\rho_c = u_g\rho_g = m^*$。由于液相的密度 ρ_c 没有变化，u_c 被以均值对待，液相以准固相的方式运动。在界面处理上，由于加热作用气相密度 ρ_g 减小，气相速度增大。这个变量对应于喷射模型中气体通过体系“纵向”孔从深处向表面释放。液相在“横向”扩散瞬间分解成气相产物，形成了气孔，当孔隙的数量很小或很多的情况下，可以忽略“横向”组分的液相速度。值得注意的是，速度越高的液相越接近于固相。

在第二个变量式中，黏度完全抑制了不同相之间的相对运动[8]，$u_g = u_c = m^*/\rho$ 成为充分条件，$\rho = \rho_g\alpha + \rho_c(1-\alpha)$ 为两相混合物的密度，α 为孔隙率(气体体积分数)。据报道[11]，使用第一变量模型很容易使硝胺的实验数据与计算结果吻合。文献[12]的实验数据证实了某些双基推进剂表面反应层中，在低压强下气体可能类似喷嘴区喷射的效果；另外，表面上的碳骨架可能也会增强这种效果。

在适当的情况下，可以使用带“浮动”参数的半经验方法来描述[10]：$u_c = (1-s\alpha)m^*/\rho_c$，$u_c = (1-s\alpha+s)m^*/\rho_g$。尤其是当 $s\to\infty$ 时，气体从表面的液相自发地“纵向”溢出受限的情况下，气体的快释放不仅能通过气泡而且还能通过一个相当薄的液体膜层扩散，此时可认为 $u_g\to\infty$。由于气体质量流量是有限的，在深度 x 至 $\rho_g u_g \alpha = \int_x^{\infty} w \mathrm{d}x$ 处其值是相等的（w 为液相中生成气体的质量速度），式中 $\alpha \to 0$。因此，在这种情况下，液相的线速度于接近表面处逐渐减小，可认为 $\rho = \rho_c$。在稳态情况下，可得 $\rho_c u_c \alpha = m^* - \int_x^{\infty} w \mathrm{d}x$。文献［13，14］指出了液相分解出的气相产物溶解在液相中的状态，并且传输过程中密度不变，这些概念仅适用于分解程度偏弱的过程。

3. 亚表面汽化

研究含能材料蒸发时的燃烧，应考虑气泡和液滴所有交界面处的相变。在文献［10］中，液滴区和气泡区与文献［15，16］中整个两相区的方程，可用于表达单位面积界面蒸发过程中非平衡质量速度。

$$m^* = \rho_g u^{\downarrow} [p_v(T)/p - n_v] \tag{2.1}$$

式中，$\rho_g u^{\downarrow}$ 为界面处单位面积蒸气分子的质量流量；$p_v(T)$ 为平衡态下的饱和蒸气压；n_v 为表面上方蒸气的摩尔分数。

当温度接近沸点时，使用方程（2.1）非常正确。事实上，当 $u^{\downarrow}$ 达到声速级时，源于 $p_v(T)/p - n_v = m^*/\rho_g u^{\downarrow}$ 平衡值的相对分压偏差也达到了马赫数量级。当爆燃时，这个值比单位值小得多，因此，蒸气压可以被视为一个平衡量。考虑到这种小偏差可能导致模型出现微小变化，换言之，在计算过程中，计算 m^* 时方程（2.1）不应发挥关键作用（该方程在取代过程中，微小的相对误差即可导致很大的差异）。当忽略这样的修正时，该方程可关联起 T、p 和 n_v。为此，方程可改为如下形式：

$$p_v(T)/p = n_v + m^*/\rho_g u^{\downarrow}$$

4. 热传导通过气泡的特殊性

所有可用的技术文件中，泡沫的热传递采用“有效”的热传导系数表达式，构建时与密度和热容量相似，具有可加和性：$\lambda = (1-\alpha)\lambda_c + \alpha\lambda_g$，其中 λ_c 在数值上超过 λ_g 或与其相当。然而，在强蒸发生成气泡的情况下，热传递不遵循傅里叶机理。可以表述为，每一个气泡强烈汽化后形成了一个微型热管道。根据文献［17，18］可知，伴有汽化和冷凝作用的热管道的有效导热系数比金大 1000 倍，在这种情况下，更适合的热传导模型是机械混合式的“接力赛”模型：$1/\lambda = (1-\alpha)\lambda_c + \alpha/\lambda_b$，其中 λ_b 为泡沫的有效导热系数；假设 $\lambda_b \gg \lambda_c$，可得到 $\lambda \approx \lambda_c/(1-\alpha)$。

5. 气态分解产物溶解度的影响分析

这种影响已经在均相含能材料燃烧模型中[19]有所考虑。根据含能材料燃烧散布存在时间高度一致的特性，假定燃烧表面（实际上是分散体表面）处于气态分解产物在液相溶解度极限部位，用燃烧表面处平衡溶解度作为限制边界（触发事件）条件，这在文献[20]中也有报道。

研究认为，含能材料燃烧过程中，在凝聚相反应层内产生的气泡是形成燃烧表面的充分条件。为了在形式上“单纯”地分析溶解度的影响，假设燃烧速度控制阶段是在凝聚相反应区。当 $x=0$ 时，表面形成的条件记为 $\alpha=\alpha_s$，在给定条件下此处溶解度值最大。凝聚相分解释放的热量用于含能材料升温，使其从初始温度 T_0 升至表面温度 T_s。文献[19]在分析燃烧过程时做了如下假设：

$$C(T_s-T_0)=\varepsilon\alpha_s \tag{2.2}$$

式中，α_s 与 T_s 呈指数关系、与 p 呈线性关系。

$$\alpha_s\approx p\exp(L/RT_s) \tag{2.3}$$

式中，L 为溶解热；ε 为比例系数。

将式(2.3)代入式(2.2)中，可得到 T_s 的计算方程：

$$\pi c(T_s-T_0)=p\exp(L/RT_s),\pi=\text{const}$$

表面温度值 T_s 决定了凝聚相反应控制燃烧速度的模型。在这种情况下，有

$$\begin{cases}v=\mathrm{d}\ln u/\mathrm{d}\ln p=\beta(T_s-T_0),\beta=\mathrm{d}\ln u/\mathrm{d}\ln T_0=(E/2RT_s^2)/(1+A)\\A=(L/RT_s^2)(T_s-T_0)\end{cases} \tag{2.4}$$

如果 $A\gg1$，则 $v=E/2L,\beta=v/(T_s-T_0)$。

文献[21]通过数值方法，研究了常用组分气体产物的溶解度对燃烧规律的影响。利用该方法，虽无法确定燃烧速度控制区位置，但从数值分析结果可知，只有在溶解度和溶解热相对较高时，遵循上述方法比较有效（$L\geqslant E/2$，E 为凝聚相分解活化能）。在其他情况下，两相区（泡沫区）是燃烧速度控制步骤。由于溶解气体浓度的高速增加，在分析时应考虑到液相超饱和的可能性，这样结果才能更准确。文献[22]中讨论了模型非稳态的变量情况。

6. 分析溶解产物扩散的影响

通过分析参数变化区域及外部条件，含能材料的燃烧机制，可能是液相分解的气态产物在液相中溶解，通过分子扩散而并非气泡的形式传输到燃烧表面，以致液体层内燃烧产物浓度分布达到最大值。已知在液相中，扩散系数 D 依赖于温度。在特殊情况下，D 值很小，且扩散作用可有效地从液相薄膜中驱除溶解的气体。文献[23]开展了金属盘表面加热聚合物薄膜实验，当薄膜厚度小至 10～20μm 时，加热至 430℃时未观察到气泡。由于含能材料燃烧液相反应区厚度与上述实验在同一量级，燃烧机制很可能是由扩散引起。文献[23]中分析了气体

的影响，假定气泡尺寸 $d \approx 3\text{nm}$，溶解的气体分子 $d \approx 0.3 \sim 0.5\text{nm}$[24]，因此，分子以扩散方式传输，从表面上消除的速度远比气泡快。换言之，扩散作用并不会消除薄层中的气泡，它只是抑制了气泡的产生。

对厚度 x^* 的液相区中潜在的泡沫与压强间关系分析可知，溶解的气相反应产物扩散移除的时间 $(x^*)^2/D$ 一定小于在该区液相反应的时间 x^*/u_c。因此，气泡消失的条件为 $D(T_s) > x^* u_c$。使用表达式 $D(T) \sim \exp(-E_D/RT)$ 和 Clayperon－Clausius 的表面关系式 $\exp(-\mu L/RT_s) \sim p$（μL 为汽化热），预估不同压强的依赖关系，处理后可得到 $D(T_s) \sim p^a$，同时 $a = E_D/\mu L$。对于硝胺类含能材料，$\mu L \sim (20 \sim 30)10^3\text{cal/mol}$。关于 E_D 的数值信息的报道非常有限。作为参考，实验得到了氧在聚醋酸乙烯酯中扩散的 E_D 值约为 14500cal/mol[24]，可以说 $D(T_s)$ 是非常依赖于 p 的，指数 $a > 0.5$，而 $x^* u_c$ 值的对数依赖于压强。既然 E_D 的极大增加与 p 的依赖性较强，可得出结论，在如此高的压强下观察不到气泡。

7. 气泡的形成和相互作用

当分解产物的浓度超过溶解极限时，液相反应区内出现的气泡破坏了一维燃烧模式。由于不可避免浓度不均匀性，气核分散地出现，而不是均匀地分布在某些平面。在这种情况下，扩散把溶解的中间产物带到气泡上，从而降低饱和度，防止附近气泡再次出现。

下面讨论气泡在空间和时间上的变化，以及变量局部平均的可能性和方法。在燃烧的泡沫中，因为气泡有尺寸分布，大气泡会伴随着小气泡同时出现。汽化是两个过程（液相分解和汽化）的成因。研究气泡的液相元素，很容易想象气泡通过生长与汽化来保护自身的形状和数量，直到其接触到邻近的气泡。此后，两相介质生成多层泡沫。随着气泡数量增加，气体进一步侵入，使气泡沿着正常的燃烧表面伸长，这与表面能量最小原理相矛盾。以这个原则产生新的气泡，大气泡间出现新的小气泡，这与接近表面泡沫温度升高相关。在放热反应和火焰供热作用下，使温度升高，导致在“平台通道”处气体生成速率增加。例如，气泡之间形成厚的液体，这一厚度在较小的反应速率时，将通过扩散将气相反应产物输运到邻近气泡，致使更多新的气泡在“通道”处出现。根据文献[8]中讨论，假设泡沫运动和胀大没有明显的界面运动，这是典型的“真实”多层泡沫，在每个气泡中温度降低相对较小。当气泡尺寸与整个反应区相当时，就改变了气泡形态，并成为不同相之间相对运动的原因之一。这表明，液体的黏度和表面张力 $\mu\sigma$ 依赖于温度。由 Marangoni 效应可知，气泡向降低 σ 的方向运动。当 σ 沿气泡表面无明显变化时，这种运动不会改变其外形；在外形变化时，按照 Laplace 公式，泡沫将成为“梨形”。

当μ也沿气泡表面显著变化时，随着更多的气体进入，它将伸向黏度更低的部位，即“梨”的长端将更快地移向燃烧表面。这种情况类似于喷射机制，而与其不同的是，细长的燃烧气泡存在脉冲行为。

8. 气泡诱导混合

在泡沫的“热”边界，每个泡沫最终破裂。这引发液体脉动，即在表面张力作用下，局部的自由区环境按照直径破裂大小的顺序快速运动。因此，泡沫破裂可以对泡沫区进行混合。混合的第二个原因是在 Marangoni 效应和阿基米德力作用下气泡向表面运动所致（见文献[25]）。在这种情况下，存在的不同尺寸的气泡，极大提高了混合中快速传热和传质作用。特别是对流扩散，可以有效地去除反应区内液相中溶解的气体，从而有效地抑制气泡的形成和生长。如同文献[26]，上述论点是基于均质推进剂建立的，其容易产生不均匀性的熔融表面通道，并加剧液相反应区湍流效应。文献[6]显示，燃烧中DINA熔融层有对流，即层流层内靠近固相或非传输的亚表面部分有湍流。在文献[6]中，气泡尺寸小于混合区尺寸，因此，对难熔的含能材料（如奥克托今），高压下传输作用相对于重力可以忽略，其燃烧表面燃烧特性对方向的依赖，可采用连续法处理。然而，这种情况下，由于连续计算基础薄弱，模拟中还存在一定的问题。压强增加会导致气泡尺寸 R_b 大幅减小，因为液相反应区尺寸在几十个大气压下有量级上的减小。在 Marangoni 力（$\sim R_b$）和阿基米德力（$\sim R_b^2$）作用下，随 R_b 减小，气泡运动速度也减小。由于表面附近气泡消失的强度低于液相，气泡生长并破裂，实际上气泡增加的线速度远高于燃烧速度（气泡传输速度受燃烧表面处液相影响）。因此，在泡沫区后期无气泡形成，只呈现出“单层”泡沫。在这种情况下，最大气泡厚度等于反应区厚度，这暴露出了连续假设的有效性问题。对于 AP 也类似，基于一定限制和一维稳态方法，忽略了气泡后可得到有效的燃烧模型。在文献[10]中同样也采用一维模型，但是，其中气泡的大小为两相区厚度。

9. 混合估计

假定燃烧表面不同位置的模式不同，不同位置处随时间转变，泡沫在一个特定区域（圆形、方形），直径由特定大小直至破灭。由于上述原因，此气泡仅向燃烧表面处生长，使气泡直径与从燃烧表面至气泡原点的距离重合。在这种情况下，忽略“凸出”在表面上方气泡的相对大小，扩散系数可被视为脉动面积大小与其周期的比例，可得 $D_c \sim \bar{x}^2/\bar{t}$。脉动频率的$\bar{t}^{-1}$被作为所研究区域（区域$\sim \bar{x}^2$）的第二容积气体流量与气泡体积$\sim \bar{x}^3$之比，即$\bar{t}^{-1} \sim \bar{x}^2 \bar{V}/\bar{x}^3 \sim \bar{V}/\bar{x}$，其中，$\bar{V}$为每平方厘米表面上气体体积流速（泡沫），单位 cm/s。进而，再建立 D_c 与坐标系的关系，即距离$\bar{x}$处D_c的衰减，可得到$D_c \sim \bar{x}\bar{V}$。比较D_c传输系数对流加和作用与液相中“分子”温度扩散，可得$(\lambda/C\rho)_c \approx 0.001\text{cm}^2/\text{s}$。对于有效反应，$V$值是亚表面处分解出的表面气体线性流速。根据文献[11]，对于黑索今或奥克托今，常压下该值可能是几十厘米/秒。在该种情况下，厚度 10μm 处表面泡沫破裂引起的对流热传导系数，比分子导热系数效率高几十倍。然而，随着压强升高，$\bar{x}$和$\bar{V}$随液相反应区热效率减小而降低。因此，高压下最高温度可能出现在液相反应区，并呈现出不稳定现象[14]。

10. 表面平衡条件

在液相多组分混合情况下，各组分表面间的化学势或相逸度f可用如下方程表示[28]：

$$f_{i,\text{g}} = \varphi_i x_{i,\text{g}} p = f_{i,\text{liq}}；\quad f_{i,\text{liq}} = \gamma_i x_{i,\text{liq}} p_{i,\text{liq}}；\quad \sum x_{i,\text{g}} = 1；\quad \sum x_{i,\text{liq}} = 1 \tag{2.5}$$

式中，$x_{i,\text{g}}$和$x_{i,\text{liq}}$分别为近界面处气体和液体组元的摩尔分数；φ和γ分别为非理想气体混合物和溶液相关的逸度和活度系数。高压和低温条件下，系数φ和γ存在统一的偏差，为简化起见，可以取$\varphi = \gamma = 1$。此外，可以假设液相压强约等于其组成的饱和蒸气压，计算$p_{i,\text{liq}} \sim B_i \exp(L_i/RT)$。这忽略了液相层中气体原子核形成的能量消耗，并适用于液相表面反冲力的作用。液相表面的力学平衡方程可以从式(2.5)中得到：

$$\sum x_{i,\text{g}} (p_{i,\text{liq}})^{-1} = p^{-1} \tag{2.6}$$

因$p_{i,\text{liq}}$对温度的依赖性强，除了对应的最高沸点温度外，可忽视表达式(2.6)左侧其余项。

压强变化，沸点温度也变化，考虑到对压强的依赖，组分的温度量级随位置而改变。因此，压强变化可导致液相混合物组成的改变，决定了混合物的沸点。

若在双组分系统中使用式(2.5)，如果密闭容器中部分填充双组分混合物，气相容易达到平衡状态，如双组分混合物的摩尔分数分别为$x_{1,\text{liq}}$和$x_{2,\text{liq}} = 1 - x_{1,\text{liq}}$，则

$$x_{1,\text{g}} p = x_{1,\text{liq}} p_{1,\text{liq}},\ x_{2,\text{g}} p = x_{2,\text{liq}} p_{2,\text{liq}} \tag{2.5*}$$

当容器呈开放状态，使参数p'、$x'_{1,\text{g}}$和$x'_{2,\text{g}}$的混合气体在液体表面上方流动。可见，薄的亚表面内组分参数开始调整，转向气体参数和温度重排过程，浓度分布将遍及液体内部。这一过程的速度在对流作用下显著增强。在这个过程中，“多余”组分被传送到表面并蒸发，而“缺乏”的组分从气相浓缩并转入材料之中。文献[29]提出了在亚表面层悬浮的热气流中，多组分液滴内易挥发组分体积减少机制。这导致液滴中心核过热，可能会引起如实验观察到的气流中液滴

破裂现象。

类似的现象也会发生在熔融的含能材料的燃烧中,但在这种情况下,可以观察到稳定的液相参数变化的波形。与上述情况对比,不同侧面的气相和液相成分间参数的差异,是由于火焰反应、向燃烧表面的热量和质量反馈引起。这意味着对于一些容易熔化的含能材料,在较厚的液相层中伴随有宏观尺度的对流现象[4]。

应该强调的是,式(2.5)可以写成另一种式(2.6)的形式[30],即

$$\sum x_{i,\mathrm{liq}} p_{i,\mathrm{liq}} = p \tag{2.7}$$

当已知 $x_{i,\mathrm{liq}}$ 值,如在亚表面层没有反应和扩散作用情况下,该公式使用很方便。然而,当存在化学和物理作用情况时,使用式(2.7)是有问题的。此外,在含有易挥发组分的混合物中,使用式(2.7)很困难,使得 $0\times\infty$ 型不确定性易导致计算中的误差较大。当液体扩散区($0, z_\mathrm{d}$)内的反应可以忽略时,使用式(2.6)代替式(2.7),对气相反应控制的燃烧速度较有优势。如果再假设这个区域相对较薄(扩散弛豫时间 $t_\mathrm{d} = z_\mathrm{d}/u$ 小于热弛豫时间 $t_\mathrm{th} = \lambda_\mathrm{c}/c\rho_\mathrm{c} u^2$),对凝聚相过程的处理可不考虑液相扩散区的热量和物质通量的变化。在气相,$x_{i,\mathrm{g}}$ 值可用溶解描述 $z<0$ 区域内的反应、扩散和热传播问题,此时,也可以使用表面($z=0$)处的热平衡边界条件。

$$-\lambda_\mathrm{g}\frac{\partial T_\mathrm{g}}{\partial z}(-0) = -\lambda_\mathrm{g}\frac{\partial T_\mathrm{c}}{\partial z}(+0) + m\sum x_{i,\mathrm{liq}}(+0)Q_i \tag{2.8}$$

质量通量平衡($z=0$)

$$-mx_{i,\mathrm{g}}(-0) - D_\mathrm{g}\frac{\partial x_{i,\mathrm{g}}}{\partial z}(-0) = -mx_{i,\mathrm{liq}}(+0) \tag{2.9}$$

式中,m 为质量流率;Q_i 为汽化热,这接近于蒸发热的实验值。

式(2.5)的具体表达形式目前尚不需要,因为实际上稀薄液体中扩散区组分比例几乎不变,并接近理论组成,唯一需要计算的是组分最高沸点温度的蒸气压。

式(2.8)和式(2.9)未包括非均匀热释放和多组分扩散,这对于组分分子量差异大的气体混合物是很重要的。在凝聚相,该问题被认为是没有扩散的热传播。如果不能忽视液相扩散层中反应和热松弛的影响,这个表达式必须要扩展。在这种情况下,式(2.9)取如下形式:

$$-mx_{i,\mathrm{g}}(-0) - D_\mathrm{g}\frac{\partial x_{i,\mathrm{g}}}{\partial z}(-0) = -mx_{i,\mathrm{liq}}(+0) - D_\mathrm{liq}\frac{\partial x_{i,\mathrm{liq}}}{\partial z}(+0) \tag{2.10}$$

在研究特定问题时应考虑式(2.10)。

参 考 文 献

1. C. Guirao, F.A. Williams. A model for ammonium perchlorate deflagration between 20 and 100 atm // AIAA Journal, 1971. - No.7. - pp. 1345-1356.

2. Yu.Ya. Maksimov. Trudy MKhTI // Proceedings of the Moscow Chemical Technology Institute, Moscow, Vol. 53, 73 (R).

3. A.A. Zenin. HMX and RDX: combustion mechanism and influence on modern double-base propellant combustion // Journal of Propulsion and Power, 1995. - Vol.11, No.4. -pp. 752-758.

4. V.V. Aleksandrov, A.V. Boldyreva, V.V. Boldyrev, R.K. Tukhtaev. Combustion of DINA at atmospheric pressure // Combustion, Explosion, and Shock Waves, 1973. - No.1.- pp. 117-119.

5. A.G. Arkhipov, A.P. Denisyuk. Effects of catalysts on the temperature cofficient of the burning rate for condensed systems based on nitrocellulose // Combustion, Explosion, and Shock Waves, 1990. - No.5. - pp. 554-557.

6. R.K.Tukhtaev. Study of the mechanism of the action of catalytic additives. PhD Thesis // Novosibirsk, IKhTIMS, 1976. (R).

7. E.Yu. Orlova. Chemistry and tecnology of high explosives // Leningrad,"Khimiya", 1973. (R).

8. E.I. Maksimov and A.G. Merzhanov. Theory of combustion of condensed substances // Combustion, Explosion, and Shock Waves, 1966. - No.1. - pp. 25-31.

9. S.B. Margolis, F.A. Williams, R.C. Armstrong. Influences of two-phase flow in the deflagration of homogeneous solids // Combustion and Flame, 1987. - Vol.67, No.3. - pp. 249 - 258.

10. S.C. Li, F.A. Williams, S.B. Margolis. Effects of two-phase flow in a model for nitramine deflagration // Combustion and Flame, 1990. - Vol.80, No.3. - pp. 329-349.

11. S.B. Margolis, F.A. Williams. Effect of two-phase flow on the deflagration of porous energetic materials // Journal of Propulsion and Power, 1995. Vol.11, No.4. -pp.759-768.

12. V.E. Zarko, V.Ya. Zyryanov, K.P. Koutzenogii. Combustion mechanism of double base propellants under subatmospheric pressures // Archivum Combustionis, 1984. - Vol.4, No.2. -pp. 121-130.

13. V.E. Zarko, L.K. Gusachenko, A.D. Rychkov. Simulation of combustion of melting energetic materials // Defense Science Journal (India), 1996. -Vol.46, No.5. - pp. 425-433.

14. L.K.Gusachenko, V.E.Zarko, A.D.Rychkov. Instability of a combustion model with surface vaporization and overheat in the condensed phase // Combustion, Explosion, and Shock Waves, 1997. - vol 33, No.1. - pp. 34-40.

15. Y.-C. Liau, V. Yang. Analysis of RDX monopropellant combustion with two-phase subsurface reactions // Journal of Propulsion and Power, 1995. Vol.11, No.4. -pp. 729-739.

16. J. Davidson, M. Beckstead. Improvements to RDX combustion modeling // 1996. AIAA Paper 96-0885.

17. P. Dan, D. Ray. Heat tubes // Moscow: Energiya, 1979. – 272 pp. (R)

18. Physical encyclopedic dictionary. M., Sovetskaya Entsiklopediya, 1983. - pp.745 (R).

19. A. D. Margolin, P. F. Pokhil. Effect of pressure on the rate of processes in a reaction layer of the condensed phase of the burning propellant // Reports of the USSR Academy of Sciences, 1963. - Vol. 150. - pp. 1304-2306 (R).

20. F.A. Williams. Combustion Theory, 2nd Edition. The Benjamin/ Cummings Publishing Company, Inc., 1985.

21. O.B. Yakusheva, E.I. Maksimov, and A.G. Merzhanov. Effect of solubility of gaseous decomposition products on laws of combustion of condensed substances // Combustion, Explosion, and Shock Waves, 1966. No.3. -pp. 76-78.

22. L.K. Gusachenko. On the problem of nonsteady-state combustion rate // Ingenerno Fizicheskii Zhurnal, 1966. - Vol. 11, No. 4. (R).

23. O.F. Shlenskii and D.N.Yundev. The effect of a decrease in the intensity of nucleus formation in thin liquid films and its application for studying the properties of overheated substances // Teplofizika Vysokikh Temperatur, 1994. Vol.32, No.1. –pp. 139-141 (R).

24. D.W. Van Krevelen. Properties of polymers. 3rd edition, Elsevier Science Publishers, Amsterdam, Oxford, New York, 1990. - pp. 875

25. L.K. Gusachenko and V.E. Zarko. The Marangoni effect in combustion of energetic materials with a liquid surface layer Combustion, Explosion, and Shock Waves, 1996, No.2, pp. 239-240

26. V.Ya. Zyryanov, V.M. Bolvanenko, O.G. Glotov, and Y.M. Gurenko. Turbulent model for the combustion of a solid fuel composite // Combustion, Explosion, and Shock Waves, 1988. No.6. - pp. 652-660.
27. V.E. Zarko, L.K. Gusachenko, A.D. Rychkov. The effect of phase transitions on combustion stability of melted energetic materials. In: Combustion and Detonation (Proceedings of 28th Int. Annual Conf. of ICT). 1997. Karlsruhe, FRG, Pap. Vol. 13, 16.
28. M.Kh. Karapet'yants. Chemical Termodynamics, Moscow, Khimiya, 1975. - pp. 141-148 (R)

29. C.K. Law. Internal Boiling and Superheating in Vaporizing Multicomponent Droplets, // AIChE Journal, 1978. Vol. 24, No. 4.

30. L.K. Gusachenko, V.E. Zarko, V.Ya. Zyryanov et al., Modeling the Combustion Processes Processes of Solid Propellants. Novosibirsk, Nauka, 1985. - pp. 60-63 (R).

2.2　环状硝胺燃烧

2.2.1　热分解动力学

长期以来硝胺炸药用于采矿、弹药和建筑等领域，随着火炮和火箭发动机用火药配方的发展，硝胺炸药表现出了较多优势。作为固体推进剂组分，硝胺炸药有较多的有益性能，如高密度、燃烧产物的低特征性能等。由于新的实际需求，最近向多种加热速率下热分解详细机理研究发展，包括燃烧波中物质热速率对比，这需要较多努力去发展有效的动力学研究方法。在硝胺炸药分解方面，燃烧化学机理的研究取得了极大进展，开展了化学输运的基础研究。值得一提的是，与其他单元推进剂（可自持独立燃烧的物质）相比，硝胺炸药化学结构相对简单。然而，由于存在重大技术难题，硝胺炸药热分解机理尚不明晰，这方面工作还在进行。

大多可用信息需要归纳分析，文献[1－3]开展了部分工作。然而，自从这些文献公开后，得到了较多新的实验数据。因此，总结当前硝胺炸药热分解动力学的发展是很有价值的尝试。针对这个主题，本书选择了实际应用最广的环状硝胺炸药 RDX 和 HMX 进行了分析。

1. 物理性能

表 2.1 列出了源于不同文献[4－10]报道的物化特性，其中，ΔH_f^0 为 298K 时的

生成焓,kcal/mol;Q_m为熔解热,kcal/mole;T_m为熔点(带分解的熔化),K;ρ_{20}为20℃时密度,g/cm^3;$c_{p,l}$为液相比热容,cal/(g·K);$c_{p,s}$为凝聚相比热容,cal/(g·K);λ_s为固相的热导率,cal/(cm·sec·K)。显然,虽然采用精确测量技术,但生成焓较为分散[10]。

表2.1 RDX和HMX的热物理特征

性能 炸药	ΔH_f^o	Q_m	T_m	ρ_{20}	$C_{p,l}$	$C_{p,s}$	λ_s
RDX	20.1[4]	8.52[6]	478[5]	1.816[5]	0.45[4]	0.32-0.45[4]	0.0004[7]
	21.3[5]	—	477[3]	1.806[2]	—		—
	14.71[9]		—		—		—
HMX	17.9[4]	11.4[6]	554[4]	1.91[4]	—	0.43[4]	0.0009[7]
	17.1-17.9[5]		553[8]	1.92[8]	—	—	—
	11.3[9]				—		
注:表中参考文献资料序号写于[ ]中							

RDX凝聚相和液相比热容与温度间依赖关系式为:$c_{p,s}=0.0389+0.0007T$[11];$c_{p,s}=0.235+0.00068(T-273)$[12];$c_{p,l}=0.258+0.00086(T-273)$[12]。

假设纯硝胺表面蒸气压遵守Clausius-Clapeyron法则:$\lg p_s=A-L/(4.575T_s)$,其中A为常数,p_s为物质表面平衡蒸气压,L为升华潜热(或$T_s>T_m$时的蒸发热),T为表面温度。相转移潜热如文献[13]所描述。

$$L_{subl}=L_m+L_{vap} \tag{2.11}$$

宽温度范围内,由于硝胺炸药高温下分解猛烈,实验确定的p_s是基础技术难题。L_{subl}值可准确确定,L_{vap}值可由式(2.11)估算。应注意,在高表面温度下,热分解产物溶解在熔化层中减小了硝胺蒸气压。因此,这表明每个温度下的蒸发热接近沸点,故不能精确测得,实测值可见表2.2。

表2.2 由蒸发方程$\lg p_s=A-L/4.575T_s$所得到的参数

物质	T_s/K	A	L/(kcal/mol)	区域	文献出处
RDX	329-413	14.4	31.5	Subl.	[15]
	329-413	14.4±0.6	31.5±0.5	≫	[17]
	328-371	14.2	31.1	≫	[19]
	<470	14.9	32.0	≫	[3]
	505-520	10.6	20.3	Evap.	[18]
	>478	10.3±0.6	22.5±0.5	≫	[16]

（续）

物质	T_s/K	A	L/(kcal/mol)	区域	文献出处
	<550	14.9	38.4	Subl.	[3]
HMX	370 - 487	17.6	44.3	≫	[15]
	370 - 402	16/2	41.9	≫	[19]
	370 - 487	17.6 ±1.9	44.3 ±0.7	≫	[17]
	>555	13.9	27.9	Evap.	[20]
	>553	11.1 ±1.9	27.6 ±1	≫	[16]

1940 年，Belyaev 首次研究确定了炸药的蒸发热。最近文献[15]作者报道了 RDX 的蒸发热和沸点最可能值，分别为 26kcal/mol 和 340℃（p = 1atm），但这些数据既不充分也不可靠。Maksimov 等[6]报道了精确研究结果，对于 RDX，T_b = 664 ±33K（T_b为沸点），蒸发热 L_{vap} = 22.5 ±0.5kcal/mol；对于 HMX，T_b = 744 ±37K（T_b为沸点），蒸发热 L_{vap} = 27.6 ±1kcal/mol。

已知 HMX 有四种晶型变化（α、β、ν 和 δ 型）[2]，分别在 T = 115 ~ 156℃，20 ~ 115℃，≈156℃和 170 ~ 279℃等区间是稳定的。HMX 不同晶型的密度列于表 2.3。

表 2.3　HMX 不同晶型密度变化

晶型	β	α	γ	δ
ρ/(g/cm^3)[2]	1.903	1.87	1.82	1.78
ρ/(g/cm^3)[8]	1.92	1.87	1.82	1.76

显然，正确确定 RDX 和 HMX 蒸发方程中参数较难，在低温区更难。例如，RDX 室温下（298K）的蒸气压为 2×10^{-11} Pa。根据 Brady 等（J. E. Brady. Estimating ambient vapor pressures of low volatility explosives by rising temperature thermogravimetry, Propellants Explos. Pyrotech., 2012, 37, pp. 215 - 222）的报道，上述化合物在各温度下的升华焓接近熔化焓，分别为 30.3kcal/mol 和 40.9kcal/mol。

HMX 在 T = 175 ~ 200℃和 p = 0.1 ~ 6.9MPa 时，相转变的热动力学参数为：$\Delta H_{\beta\to\delta}$ = 2.41kcal/mol，$\Delta S_{\beta\to\delta}$ = 5.59cal/mol。文献[21]给出了固体 RDX（α、β、δ 晶型变化）的 $p - T$ 相图。根据文献[21]报道，在 p < 30000atm 下，固体 RDX 主要为 α 型，室温下的密度为 1.806g/cm^3。

2. 硝胺低于沸点时的固相热分解

Suryanarayana 等[22]研究了 T = 230、254 和 285℃温度时 HMX 的热分解，其 NO_2基团有 99% N^{15}。在 230℃下采用质谱检测到了如下主要组分：N_2O（40%）、NO（9.9%）、N_2（9.6%）、HCN（4.5%）、CH_2O（22.9%）、CO_2（8.5%）和

CO(4.1%),含氮化合物主要以$^{14}N^{15}NO$、^{15}NO、$^{14}N^{15}N$和$HC^{14}N$形式出现。

文献[23]给出了已标定的(如含^{15}N原子)HMX、RDX的分解产物组成。热分解在$T=230\sim285$℃、$p=40$torr、体积380cm^3的反应器中进行,样品质量为50mg。表2.4列出了热分解产物中含给定类型氮原子的化合物[23]。从Suryanarayana等[22,23]实验信息可得出如下线索:C－N键断裂难于N－N键,NO由NO_2氮组分中的N形成,在N_2O和N_2形成过程中几乎无硝胺N－N键断裂,HCN是由氮环形成的。

表2.4 硝胺分解产物中含^{15}N化合物含量[23]

物质	T/℃	$^{14}N^{15}NO$	$^{14}N^{15}NO$	^{15}NO	$HC^{14}N$
HMX	230	98	93－100	93－100	100
HMX	254	98	92	95－100	100
HMX	285	98	95	95－100	100
RDX	190	99	99	95－100	100

文献[22]提出的HMX的分解机理包括4个C－N键断裂、4个CH_2NNO_2分子形成,然后分解成CH_2O和N_2O。Goshgarian[24]研究了高于或低于熔点温度下HMX和RDX的热分解性能,研究是在真空或$p=1$atm流动的热氦气中进行。在$T=240\sim290$℃热流反应中,HMX热分解后质谱记录到的强峰有:m/e＝30(CH_2O, NO)、44(N_2O, CO_2, CH_2NO)、28(N_2, CO, H_2CN)、27(HCN)、18(H_2O)和46(NO_2),同时在温度为$T=270\sim290$℃检测到了m/e＝70(C_2H_2NNO, $C_2H_2N_2O$)和75(CH_2NHNO_2, CH_3NNO_2, CH_2NNO_2H)。观测到的大分子质量的分子碎片有:$M=120$($CH_2N_3O_4$)、128($C_3H_4N_4O_2$)和148($C_2H_4N_2N_2O_4$)。这些碎片的出现与HNO_2有很大联系。m/e＝175、128和81峰的出现,说明可能是源于RDX、HMX的$M=222$的HONO的消失所产生的。文献[24]认为碎片$M=128$是由$M=222$碎片形成的。

Goshgarian[24]假设了硝胺炸药分解的几种途径:低温下HMX分解导致CH_2NH_2和NO_2(M＝176)溢出;高温下与RDX相似,CH_2NNO_2消除是主导谱线。对于RDX,假设NO_2在低温下消除,环上CH_2NNO_2($M=148$)的消除裂解在高温下进行。Schroeder[25]检验了RDX的分解方案,有N－NO_2键裂解,伴随着NO_2和RDX碎片生成,之后碎片分解生成CH_2N^*和$H_2C-N-NO_2$。

Farber和Srivastava[26,27]研究了硝胺炸药在$p=10^{-5}\sim10^{-3}$atm下的分解和升华。RDX在220℃下的热分解过程中,观测到的m/e峰值有m/e＝28、30、40、44、46、56、74、82、83、102、120、128、132和148。峰值m/e＝74和148被指认为

是 RDX 生成 CH_2NNO_2 的起始碎片。峰值 m/e = 128、82 和 83，标志 RDX 从分子上消除 NO_2 和 H 的一个竞争过程，峰值 m/e = 102 和 56 与接下来的 M = 148 碎片，与 NO_2 消除是有联系的。碎片中 NO_2 的迁移引起了 CH_2N 的消除，解释了 m/e = 120 峰值的生成。HMX 在 175 ~ 375℃下主要分解产物之一是 $C_2H_4N_4O_4$（M = 148）。下列 m/e 峰值也被测到：m/e = 222、128、120、102、74、56、46、32、30、28 和 18。

m/e = 120（$CH_2N_3O_4$）和 128 处的峰属于气相产物与固相产物反应。Srivastava[27] 也测试到了峰 m/e = 249 和 250，认为有亚硝酸 HNO 或 NO_2 生成。m/e = 120 峰最初被假设为分子中有饱和键的 NO_2 基团的迁移[28]。HMX 被划分成两个相等的 m/e = 148 的组分。Morgan 和 Bayer[29] 使用电子自旋共振技术（ESR）在 260℃下探测到了大量 H_2CN 和 NO_2 基团，随熔点温度增加，H_2CN^* 浓度急剧减小。

在热分解相关文献中，广泛讨论了实验条件对动力学结果的影响。样品质量、几何尺寸和密闭体积中壁面反应的差异，导致了所谓的“补偿效应”。例如，对于一个给定物质，不同研究者获得的活化能和指前因子有以下规律：活化能越高，指前因子也越高。文献[30]给出了双甲基硝胺炸药均相分解动力学补偿效应的例子，对此效应无可用的理论基础，因为在相对窄的温度区，能可靠确定出平均反应速率常数。在计算化学反应速率时，超出窄温度区外推动力学数值，导致明显的误差。

Oxley 等[31] 尝试了消除硝胺炸药分解边界影响研究，研究了 HMX（189 ~ 289℃）和 RDX（200 ~ 240℃）在低于 1% 浓度的丙酮溶液中溶解的绝热分解。该分解条件阻止了中间自由基反应和自催化反应。为了对比，采用 0.2g 粉状样品对 RDX 在 200 ~ 250℃和 HMX 在 210 ~ 270℃进行了热分解研究。有趣的是，低溶解度下，硝胺炸药分解气相产物摩尔分数比粉状分解时小 3 ~ 4.5 倍。特定实验表明，RDX 凝聚相起始分解可由一阶反应方程描述。固定温度下凝聚相和溶液分解速率相似，分解产物组成和数量上的明显差异，是由于不同反应路径造成的。特别是，溶解后 RDX 分解出单亚硝基的数量比粉状物分解量多 3 ~ 4 倍，对动力学数值和分解产物成分分析，可得出如下结论：RDX、HMX 起始分解步骤包括 N − NO_2 键均裂；除此之外，氢的分子内转移发挥了重要作用，这些反应步骤的共同作用导致了硝胺炸药环的分解。

有意思的是，Oxley 等[31] 在 RDX 和 HMX 全部分解产物中未探测到 NO 和 NO_2，然而，这些路径在文献[31 − 34]中有记录。Rauch 和 Fanelli[32] 假设了 RDX 的起始分解机理，在 212℃探测出了熔化 RDX 分解中有少量 NO_2，但 NO_2 的量并不随样品质量增加而成比例增大。主要产物产率不随样品质量和反应体积变化而变化，这表明 NO_2 在气相分解中生成，主要产物在液相中生成，作者总结 $N-NO_2$ 键裂解主要在气相中进行。

对比不同作者关于硝胺炸药液相分解气体产物的信息，具体对比列于表 2.5 中。

表 2.5　每摩尔硝胺炸药分解出的气相分解产物组成

	α/%	T/℃	成分								文献出处
			N_2	N_2O	NO	H_2CO	CO	CO_2	HCN	NO_2	
RDX	100	206	1	0.95	0.98	痕量	0.76	0.89	0.23	—	[34]
	19	212	1.08	1.22	0.23	痕量	0.41	0.54	0.03	痕量	[32]
	93	212	0.99	1.36	0.45	0.97	0.52	0.61	—	痕量	[32]
	100	240	1.37	1.24	—	—	0.88	0.86	—	—	[31]
	100*	240	0.49	0.04	—	—	0.26	0.15	—	—	[31]
	30*	240	0.39	0.13	—	—	0.22	0.13	—	—	[31]
HMX	100	285	0.93	1.6	1.2	0.86	0.42	0.3	—	—	[23]
	100	300	0.8	1.72	2.4	1.44	0.24	0.16	—	—	[33]

注：α 为硝胺损耗度；星号表示 RDX 在丙酮中溶解 0.75%。

表 2.5 显示，RDX 与 HMX 中气相产物量随起始物质分解度增加而增大，温度、样品量（所用最小样品量[31]）和容器几何尺寸，影响了产物质量组成。

表 2.6 给出了 RDX 在 195℃下实验测得的热分解产物组成[35]，其中也出现了 NO_3、NO_2 和 H_2O。

表 2.6　在 195℃下 RDX 气相分解产物组成与容器体积 *V* 和反应度 α 间的关系

V/cm^3	α/%	成分/(mol/mol)									
		N_2	N_2O	NO	H_2CO	CO	CO_2	HCN	NH_3	HCOOH	总计
150	5	0.83	1.4	0.86	1.1	0.2	0.5	痕量	0.83	0.93	6.65
868	9	0.65	0.92	1.3	1.2	0.16	0.3	痕量	0.69	0.6	5.82
150	92	1.26	1.08	0.51	1.04	0.36	0.7	痕量	0.34	0.37	5.66

反应速率研究中，样品体积变化 10 倍不会改变定常体积的分解速率。然而，分解速率与反应器体积成正比。研究结论是，RDX 初始阶段的气相分解很重要。

Cosgrove 和 Owen[36] 研究了 RDX 的气相组分对分解的影响，N_2、N_2O、H_2O 和 CO 表现出有抑制 RDX 分解的作用，与其他气体相比，NO 减慢了分解，CH_2O

加速了分解。

Robertson[37]测量了液相 RDX 在 225℃和 267℃氮气中的分解产物（采用 60mmHg 压强来抑制蒸发过程）。N_2、CO_2、N_2O、NO、CO 和 H_2 的量降序排列，也明显测量到了 CH_2O 和 H_2O。

HMX 在 280℃发现了同样的产物，但未观测到 NO_2 生成。CH_2O 和 N_2O 的量很大，在机理中包括了 O 原子从相邻的 CH_2 基团转移、CH_2O 消除的有利证据。

3. 硝胺高温分解

Rocchio 和 Hajnal - Tuhasz[38]检测了 HMX 加热至 $T = 271 \sim 800$℃区间的热分解的产物：N_2（17.4）、N_2O（17.1）、NO（23.1）、CO（3.6）、CO_2（4.2）、HCN（19.2）和 H_2O（15.4）。在 350℃温度下，括号中表示气体混合物的相对百分含量。

Axworthy 等[33]研究了 HMX 和 RDX 在 300 ~ 1000℃氦气流中的高温热分解，分析了 CH_2O、N_2O、NO、N_2、HCN、CO 和 CO_2 量随温度的变化。在 $T \approx 300$℃时，N_2O 和甲醛为主要分解产物。N_2O 和甲醛的量减少，而 NO 和 HCN 的量随温度升高而增加。在 $T \approx 600$℃时，N_2O、NO 和 HCN 量约为 20% ~ 30%，甲醛的量约为 5%。在 $T \approx 800$℃时，HCN 的量约为 25%。Axworthy 等[33]解释了高温下 CH_2O 含量低的原因：

（1）起始分解产物中形成了少量 CH_2O；

（2）二次反应中包含有 CH_2O；

（3）CH_2O 的热分解。

Flanigan 和 Stokes[39]采用铜（铂）丝快速加热法，研究了 HMX 和 RDX 的分解产物，检测到了 NO_2 和 N_2O。由于 HMX 和 RDX 谱图类似，Schroeder[25]提出了统一的硝胺五步分解机制：

（1）自由基 NO_2 形成；

（2）环的快速分裂；

（3）亚硝胺 $CH_2 = N - NO_2$ 和 CH_2N^* 自由基的形成；

（4）不稳定 CH_2NNO_2 转换成 CH_2O 和 N_2O；

（5）NO_2、N_2O 与 CH_2O 反应生成 CO、CO_2、N_2、H_2O 和 NO，CH_2N^* 与其余组分反应生成 HCN。

Fifer[3]参考多种研究数据，提出了硝胺通用的分解步骤。根据 Fifer[3]研究结果，由 HMX 形成的 $M = 222$ 碎片与 RDX 的 $M = 148$ 和 102 碎片不对应。该步不包括大碎片之间的双分子反应和 NO_2、HCN、CH_2O 等产物之间的反应。

应该考虑到 NO_2 具有较高的反应活性，因为亚硝酸以路线 2HONO = NO +

NO_2+H_2O 迅速消耗形成 NO_2。由于对 HONO 形成没有清楚的认识，因此，NO_2 的存在或消失，无法证明 $N-NO_2$ 键的断裂情况。

NO_2 的存在只代表可能有 $N-NO_2$ 键断裂或 HONO 消除，显然，C－N 键的键能大于 $N-NO_2$ 键能。因此，根据 Shaw 和 Walker 的报道[40]，RDX 的 $N-NO_2$ 键能 $E(N-N)=66$kcal/mol，HMX 的 $N-NO_2$ 键能 $E(N-N)=46.2$kcal/mol。

RDX 的 C－N 键能约为 85kcal/mol，HMX 的 C－N 键能约为 60kcal/mol。因此，硝胺的热分解可认为是 NO_2（或 HONO）先分裂，立即伴随 CH_2N 从硝胺分子消除，或 HCN 先消除后伴有一个或多个 CH_2NNO_2 分子损失。

20 世纪 90 年代，在硝胺热分解方面的研究[41-47]，对硝胺在温度较低或比熔点稍高时低加热速率、绝热条件下的热分解机理认识，做出了重大贡献。从技术上讲，这些研究非常复杂，这在获得实验数据上需要特别的花费。因此，这些研究广泛采用高灵敏度的热重气体束调制同步质谱，采用同位素混合法或测量氘同位素动力学效应法进行研究。

通过研究硝胺和含有 ^2H、^{13}C、^{15}N 和 ^{18}O 原子等类似物的分解动力学，阐明了反应途径，确定了反应产物。Bulusu 和 Behrens[47] 研究发现，常见硝胺 RDX 和 HMX 分解的主要步骤是：①硝胺 $N-NO_2$ 键断裂并生成 HONO；②硝胺和分解产物间进行二次反应，生成 H_2O、N_2O、CH_2O、NO、CO、HCN、NO_2、NH_2CHO 和 CH_3NHCHO 分子。同时，$C_3H_3H_3O$（$M=97$）和 $C_3H_6H_6O_5$（$M=206$，ONTNTA）仅在 RDX 分解时形成，$(CH_3)_2N-NO$（$M=74$）和 $C_4N_8H_8O_7$（$M=280$，ONTNTA）只在 HMX 的分解时形成。实验表明，完全由 ^{15}N 原子取代起始化合物和硝胺的氮原子，单亚硝胺化合物 ONDNTA 和 ONTNTA 通过 N－NO 键的形成取代了 $N-NO_2$ 键的断裂，ONDNTA 和 ONTNTA 而后分解为小分子产物，从而保证硝胺的热分解产物有较低的平均分子质量。

RDX 的热分解有详细报告结果，尤其是 Bulusu 和 Behrens 提出了 RDX 在 200～215℃（液相）时有以下公认[47]的反应途径：

RDX →	单分子 HONO 的释放；	$C_3N_3H_3+H_2O+NO_2$	30%
RDX →	单分子 N－N 键的断裂；	$NO_2+H_2CN+2N_2O+2CH_2O$	10%
RDX →	中间产物，ONDNTA；	ONDNTA → N_2O+CH_2O+其余组分	35%
RDX →	自催化反应中残留；	$N_2O+CH_2O+NO_2+NH_2CHO$	25%

上面的百分比数字对应于 RDX 按给定的反应途径分解的起始分数。研究指出，后面自催化途径可以通过两起始物质或单分子亚硝酸盐模拟物（中间产品 ONDNTA）的分解来实现。

由于缺乏定量实验数据，尚不能为熔融的 HMX 制定类似的分解步骤。只能定性地给出相近的初始分解步骤，但熔点越高，相应地固相分解程度越高，这可以为分解过程真实情况引入重要的修正。

值得注意的是，以上实验数据主要是硝胺在低温分解或缓慢加热条件下分解研究的结果。很明显，用这些数据推断燃烧或爆炸条件很困难，因为在反应区的加热速率和温度的差异很大。Fifer[3] 指出，获得第一步热分解的直接证据很重要：N – N 键断裂（NO_2或 HONO 消除）或 C = N 键断裂（$CHNNO_2$消除）。第一步是否是气体、液体或凝聚相分解尚不明晰。

过去 10 年中，针对硝胺气态热分解产物发展等温或非等温条件下高灵敏度动态捕捉方法已取得了很大成功[48]。研究目标是使热分解实验条件尽可能与带压强的燃烧波中物质的热分解条件相似。

Oyumi 和 Brill[49] 使用高速红外傅里叶变换光谱仪，研究了 RDX 和 HMX 样品（质量约 1mg）不同升温速率（8 ~ 200K/s）条件下的热分解，研究在 0.003 ~ 68atm 氮气条件下采用镍铬丝加热。记录了 NO_2、N_2O、NO、HCN、CH_2O、CO_2、HONO 和 CO 浓度随时间变化规律，还检测到了少量的 HNCO（经测算小于 5%）。RDX 于 1atm 下在熔点（$T\approx475$K）附近分解，主要分解产物是 NO_2、N_2O、CH_2O 和 HCN，还有少量的 NO、CO、HONO 和 CO。随着时间推移，CH_2O 和 N_2O 浓度降低，NO 浓度增加，这是由 CH_2O 和 NO_2间的反应引起的，CH_2O 和 NO_2是由 RDX 先分解为 CH_2HHO_2随后分解生成。

HMX 在 $p = 1$atm 氮气中的热分解生成同样的产物，但所有加热速率下 HCN 起始浓度高于 CH_2O 的浓度（在 RDX 分解中，仅在高加热速率下才会出现这种现象）。在不同压强的氮气下，硝胺分解生成的产物成分列于表 2.7 中。加热时镍铬丝以 140K/s 开始加热，并使导线温度保持在相应水平。分解组成中的 H_2O、H_2、O_2 未用这种方法检测，同时 HNCO、CO 和硝胺气溶胶也未列于表 2.7 中。

表 2.7　不同压强下 RDX 和 HMX 的气相分解产物

物质	p/atm	T/K	CO_2	N_2O	NO	CH_2O	NO_2	HCN	HONO
RDX	1	645	4	22	5	15	32	14	8
RDX	68	630	16	24	13	29	18	—	—
HMX	1	645	3	19	7	19	21	25	6
HMX	68	630	9	26	19	19	4	25	—

根据 Oyumi 和 Brill 的实验数据[49]，NO_2是 RDX 热分解过程中的主要初始热分解产物，而 HMX 的分解产物主要是 HCN 和 N_2O。在第二阶段反应中，NO_2

浓度迅速降低，NO 的起始浓度较小，而后迅速增加。

初始分解阶段出现了亚硝酸 HONO。随压强减小，RDX 热分解产物中 NO_2 比例增加。因此，在 50torr（1torr≈322Pa）的氮气压强和 110K/s 的加热速率下，各物质的含量为 NO_2 50%、HCN 20%、CH_2O 10%、N_2O 10%。Oyumi 和 Brill[49] 得出以下结论：

（1）常压下 NO_2 的生成控制着 RDX 的快速高温热解（升温速率 8~200K/s），表明在 RDX 初始分解阶段 N－NO_2 键断裂占主导地位。

（2）NO 的初始浓度接近零。

（3）CH_2O 和 N_2O 是 RDX 熔点附近重要的热分解初始产物，这可能是因为 C－N 键断裂主要发生在凝聚相。当加热丝温度远超过 RDX 熔点后，HCN 和 NO_2 浓度变化很显著，这正与 RDX 的气相分解相对应。

（4）所有温度下 RDX 热解均伴随有亚硝酸 HONO 形成，但亚硝酸不稳定，因此，需要有高灵敏度的测试方法。

（5）在低压强和高加热速率下，RDX 的升华作用明显。在高压强和高加热速率时会降低 NO_2 量，阻碍 HCN 和 HONO 的形成，提高 NO、CO_2 和 CH_2O 的生成量。

（6）HMX 熔点附近的主要分解产物是 CH_2O 和 N_2O，并伴随有 HCN 和 NO_2。随着温度和升温速率增加，HCN 和 NO_2 占主导地位，而 CH_2O 和 N_2O 是次要的。

（7）HONO 是 HMX 在低于大气压、升温速率 40~145K/s 下的热解产物。

（8）在 0.003~68atm 区间随着压强增加，HMX 凝聚相反应相对于气相反应的重要性增加。

Palopoli 和 Brill[50] 报道了 HMX 在不同气氛，在 40、90、140 和 180K/s 不同加热速率下热分解数据，这些数据是在常压下采用镍铬合金带加热获得。加热带的最终温度为 600、780 和 1000K。在所有的加热速率下，CH_2O 初始时刻的量大约为 HCN 等（HCN ≈ NO ≈ NO_2 ≈ N_2O）产物量的 2 倍，这也是其高于HONO 量 6~8 倍的原因。文献[50]解释了 N_2O 形成的原因：

（1）O 原子从 NHO_2 基团转移至 CH_2 基团伴随有 C－N 键断链[40]；

（2）H_2CNNO_2 的解离通过一个类似过程；

（3）自由基 OH 催化 H_2CNNO_2 双分子分解[51]：

$$H_2CNNO_2 + OH = H_2CO + N_2O + OH$$

在 140K/s 加热速率下，研究了混合气体组分对 HMX 热分解的影响[50]，所用混合气体和压强为（380torr H_2）/（380torr Ar、CO、O_2 和 NO）；（25torr NO_2）/（735torr Ar）；（380torr NH_3）/（380torr Ar），最终温度是 900K。起始产物在 $T \approx$

550K 时生成($t\approx2s$),接近熔点。加入 NO_2和 NH_3对分解作用影响显著。NO_2的加入使得 CH_2O 的量显著下降,NO 量增加,HCN 浓度略有增加。这是由于在反应 $H_2CN+NO_2\rightarrow HCN+HONO$ 的作用下,增加了 HONO 的量,HONO 的分解是 OH 自由基的有效来源,影响着 CH_2O 的快速分解。

NH_3的加入出现了异氰酸 HNCO,这是其他实验中不存在的。CH_2O 少量出现并迅速扩展,然而未出现 HONO。氢氰酸(HCN)和二氧化氮(NO_2)被迅速消耗,N_2O 浓度迅速增加。Palopoli 和 Brill[50] 通过 NH_3的氧化机制解释了该现象。特别是通过反应 $NH_2+NO_2\rightarrow N_2O+H_2O$ 把 NO_2的分解和 N_2O 的生成联系起来,HCN 的快速分解与 OH 自由基的产生显著相关,能得出的结论是,NH_x和 NO_2对硝胺推进剂燃速影响显著。

文献[52]采用 CO_2激光脉冲激发 RDX 蒸气分子束的方式,研究了 RDX 的纯气相分解历程。脉冲持续时间为 600ns,重复频率为 30Hz 或 100Hz。RDX 蒸气在真空炉中 130℃下升华产生(蒸气压强 0.1torr),并在 50torr 的压强下作为载气使用。以平均 10m/s 的速度移动的 RDX 分子被 CO_2激光脉冲激发,这导致了多光子解离和随后 RDX 分子的分解。之后,产物通过飞行时间质谱仪分析,通过详细分析选定的 m/e 值信号振幅时间历程和分解产物组成,赵凤起等[52] 总结认为,RDX 气相分解的第一步主要是由环瞬时分裂成荷质比 m/e = 74 的三个相同的片段(CH_2NNO_2),随后 CH_2NNO_2二次分裂产生 HCN、H_2CO、HONO 和 N_2O。能量计算表明,虽然在热力学理论上 N - N 键更易断裂,但在 CO_2激光脉冲照射下,RDX 分子获得了相当大的内部储能,这导致了 C - N 键断裂。

Botcher 和 Wight[53] 试图研究 RDX 凝聚相初始分解。在研究中,由真空下短脉冲(35μs)CO_2激光照射后并冷却到 77K,可在一个大基板上真空沉积产生一个薄的 RDX 膜,这个膜可透过红外辐射,忽略蒸发作用,根据简单的热平衡估算,一个 10 ~ 15μm 厚的膜可瞬间加热到 1000 ~ 1200K。之后,研究者们注意到,由于基板热传输作用在 0.003s 可快速冷却至约 400K,这个估计是相当粗糙的,这并没有考虑化学反应速率常数、薄膜和衬底材料有限的透明度以及薄膜蒸发导致膜温度降低的影响。值得注意的是,在加热速率高于 107K/s 时,材料的蒸发因素完全是未知的,这对于研究对象在温度条件的处理上引入了额外的困难。但这并不影响对 RDX 凝聚相主要分解产物可靠的定性指认。

在脉冲照射实验中,约 1/3 质量的薄膜在加热冷却期间被蒸发,使用红外光谱研究了凝聚相分解剩余物。在小功率脉冲作用下,保证了初始分解产物的外观形貌,凝聚相中只有二氧化氮二聚体(N_2O_4)存在,这可以认为是 RDX 的 N - N 键断链和最初分解阶段 NO_2生成所致。当使用更大的脉冲照射,并用玻璃罩防止蒸发产物扩散，还可观测到 NO、HCN、N_2O 和 CO_2。可能因为与起始 RDX 谱重叠，其他可能的分解产物特征光谱未能识别。虽然 RDX 分子分解间接表明第一步中有一个 NO_2 生成，但一个 RDX 分子分解生成的 NO_2 物质的量仍有待确定。

Botcher 和 Wight[54] 的后续研究中采用 ^{14}N 原子完全由 ^{15}N 原子取代的 RDX，得到直接的证据证明，RDX 凝聚相分解的第一步有一个 NO_2 自由基生成。据估计，如果仅由同一个 RDX 分子分解产生 NO_2 二聚体，只会生成二聚物 $^{14,14}N_2O_4$ 和 $^{15,15}N_2O_4$，否则，会产生二聚体 $^{14,15}N_2O_4$。实际上，在脉冲照射下混合物膜中测出了起始的“具有标记性”的 RDX 和 N_2O_4 分子的混合物，而 N_2O_4 分子具有均匀的 ^{14}N 和 ^{15}N 统一分布特性，这确切地说明了在 RDX 凝聚相高温分解过程中有 NO_2 生成。

4. 硝胺热分解动力学参数

表 2.8 和表 2.9 给出了凝聚相和气相 RDX/HMX 分解速率常数 $k = B\exp(-E/RT)$。从表可知，RDX 的低温（200℃）气相分解速率比凝聚相分解高几百倍，比液态分解高出几十倍，HMX 的凝聚相分解速率低于 RDX 的分解速率。

表 2.8　RDX 动力学数据（T_{melt} = 478K）

物相	T/K	lgB（B 含 s^{-1}）	E/（kcal/mol）	k/s^{-1} 473K 时	文献出处
凝聚相	423 ~ 460	19.1	52.0	1.2×10^{-5}	[55]
溶液*	433 ~ 473	14.3	39.7	9.0×10^{-5}	[55]
凝聚相	423 ~ 473	—	—	$< 10^{-6}$	[3]
凝聚相	—	14.5	41.5	2.1×10^{-5}	[58]
气相	443 ~ 463	11.7	30.0	6.88×10^{-3}	[56]
气相	443 ~ 473	13.5	35.0	1.9×10^{-3}	[57]
气相	480 ~ 531	13.5	34.1	5.5×10^{-3}	[59]
气相	543 ~ 474	16.0	40.4	2.15×10^{-3}	[17]
液相	505 ~ 520	18.3	47.1	3.4×10^{-4}	[59]
液相	486 ~ 572	18.5	47.5	3.55×10^{-4}	[37]
液相	473 ~ 523	14.3	37.8	6.8×10^{-4}	[31]
7% RDX 的丙酮溶液	473 ~ 513	17.9	45.4	8.34×10^{-4}	[31]

注：表 2.8 和表 2.9 中，星号 * 表示硝胺的间二硝基苯溶液

表 2.9　HMX 动力学数据($T_{melt}=553K$)

物相	T/K	lg$B$(B 含 s^{-1})	E/(kcal/mol)	k/s^{-1}500K 时	文献出处
凝聚相	456 ~ 503	11.2	37.9	4.28×10^{-6}	[55]
溶液*	444 ~ 488	15.0	44.9	2.36×10^{-5}	[55]
凝聚相	453 ~ 513	—	—	$< 10^{-7}$	[3]
凝聚相	—	10.8	39.0	5.64×10^{-7}	[58]
气相	478 ~ 553	14.2	39.5	7.70×10^{-4}	[57]
气相	503 ~ 523	13.2	32.0	0.257	[56]
气相	518 ~ 548	12.5	38.0	7.74×10^{-5}	[17]
气相	546 ~ 560	20.2	52.9	1.18×10^{-3}	[37]
气相	521 ~ 656	12.8	32.5	3.9×10^{-2}	[60]
液相	544 ~ 587	19.7	52.7	4.59×10^{-4}	[37]
液相	544 ~ 558	18.8	51.3	2.37×10^{-4}	[61]

图 2.1 和图 2.2 给出了硝胺分解速率常数与温度间的关系。从图示可知，文献关于 RDX 气相和液相分解的数据吻合性较好；关于 HMX 分解数据有显著的散布性。

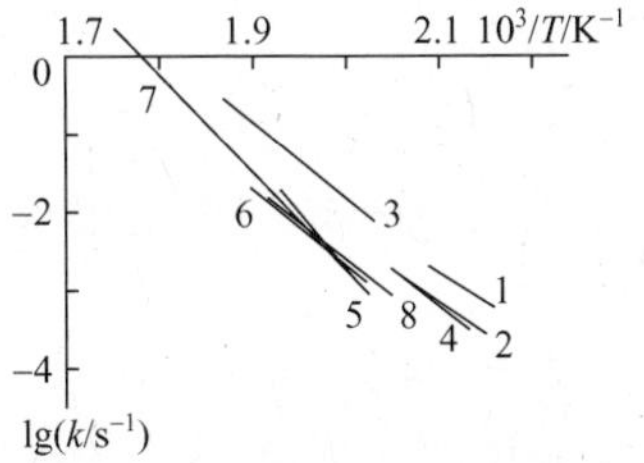

图 2.1　RDX 分解的气相反应速率常数(曲线 1－4)和液相速率常数(曲线 5－8)与温度间的关系：[56](1)，[57](2)，[59](3)，[17](4)，[61](5)，[59](6)，[7](7)和[31](8)

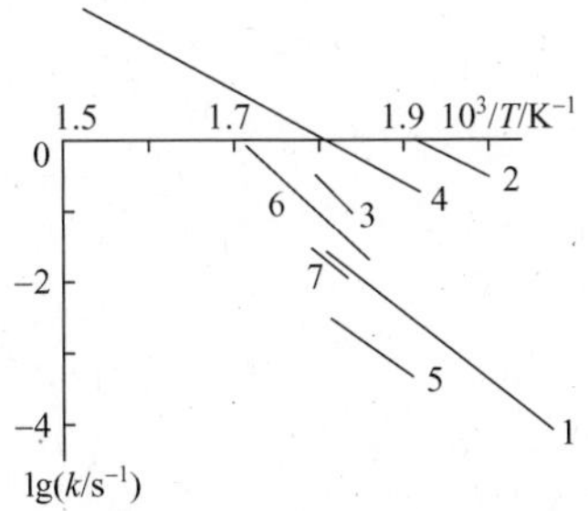

图 2.2　HMX 气相反应速率常数(曲线 1－5)和液相反应速率常数(曲线 6 和 7)与温度间的关系：[57](1)，[56](2)，[37](3)，[61](4)，[17](5)和[37](6)

所列的数据虽不能认为是对 RDX 和 HMX 热分解数据的全面综述,因为这类数据数量非常大且不易找全。然而,这对于环状硝胺复杂的分解机理以及与各种影响因素间的依赖关系,仍然提供了一个清晰的认知。

5. 分解研究综述

硝胺以及所研究的绝大部分含能材料,具有凝聚相和气相化学转换关系。这取决于加热速率、试样尺寸、环境介质组成、一次和二次化学反应等条件,也与分解产物种类和总反应速率有关。

显然,如果分解产物之间的相互作用能得到有效抑制,硝胺蒸气起始气相分解步骤可以进行单独研究。文献[52]中有这方面的例子,在一个短的激光脉冲作用下,研究了 RDX 蒸气分子束的分解。

很难单独研究凝聚相的第一步分解,文献[54]制定了一个实验方法,在深度真空和衬底初步冷却条件下,用脉冲激光照射 RDX 薄膜,并使用高时间分辨率记录方式完善这种方法,实现程序升温条件下(变加热速率)观察薄膜一次和二次分解产物生成过程从而获得动力学参数。

这对于研究硝胺在低浓度溶液中的分解是可行的,也可以有效抑制其中的二次化学反应[31]。在这种情况下,很有必要采用动态方法记录热分解过程中新化合物的生成过程,这可用于观察化学反应产物的演化过程。值得注意的是,虽然在分解前期生成 NO_2 被认定为是首要步骤,但 Oxley 等没有检测到氮氧化物 NO 和 N_2O(见表 2.5)。特别期望红外光谱高速记录技术将能证实反应过程中的这一特征。

目前,用于记录红外光谱的商用器件响应速度为每秒几十至上百次扫描,这样的装置可能适用于研究几十甚至几百度/秒加热速率或适度高温加热下(低于沸点几度到几十度),硝胺热分解形成气态化合物的时空演化过程[30]。需注意的是,进行产物第一步热分解检测较困难,如果这些产品在凝聚相形成,它们应该向表面扩散并解吸到气相。因在凝聚相中扩散的时间有限,即使薄膜厚度很小,对应于二次反应也非常有限。产物的这种相互作用,可以保证产物在惰性气体中继续快速稀释。因此,如果试图研究几何尺寸大幅度减少的物质,必须极大地提高记录灵敏度和响应速度。现实中,可用的记录技术还不足以确定硝胺高温液相分解主要产物组成,只能对总反应机理提供间接的证据[30]。

基于 Melius[51] 的思路,Botcher 和 Wight[54] 提出了 RDX 的凝聚相热分解机理。Melius[51] 理论计算表明,与 C-N 键的断裂相比,N-N 键断裂和硝胺的环结构的后续分解热动力学占主导地位。当然,这比 3 个 C-N 键的同时断裂更有利,正如文献[52]报道的 RDX 气相分解那样。因此,根据文献[54],如在 Shroeder 方案中[25],RDX 热分解的第一步生成一个 NO_2 基团和有机自由基团,然后分解生成 HCN、OH 和新的有机基团,后者与 OH 相互作用生成 N_2O、H_2O、HCN、NO 和 CH_2O。该途径可解释文献[30]中 RDX 薄膜高速加热实验 NO_2 和 N_2O 并非同时出现的原因。

近期,Chakraborty 等用密度泛涵理论,建立了 RDX 和 HMX 统一的分解路径[62],获得了所有可识别物质的热化学性能和反应速率常数,提升了硝胺的详细化学反应路径,其中涵盖了 C、H、N、O 化合物的 GRI 机理和硝基甲烷的起始机理,可用于模拟燃烧和爆炸过程。总路径包含了 89 种物质、462 个基元反应,该描述可从如下网址下载:http://www. wag. caltech. edu/publications/sup/490/RDX - HMX - Mechanism. txt。

最后对硝胺热分解信息作个简要总结,值得注意的是,不同实验条件下的热分解机制确实存在差异。在高加热速率下,反应在高温下按单分子机制进行,这样的动力学数据与燃烧和爆炸过程相关。在低加热速率下,反应由双分子反应机制在主要分解产物间持续反应,这样的实验数据与含能材料加工和存储过程的热爆炸和热分解相关。要揭示、验证含能材料的化学转变机制,就要使用基于特定模型获得的实验数据,理论模型应该用于补偿化学转化过程空间和时间上的影响,为达到这样目的,需要对实验和理论方法做进一步改进。

2.2.2　环状硝胺燃烧模拟

过去的 30 年,当硝胺作为混合炸药的"专用"添加物、作为现代火箭推进剂实际组分使用后,在环状硝胺燃烧方面开展了广泛研究。因为硝胺是最简单的单组元推进剂,对于硝胺的基础研究很重要,希望通过研究建立起燃烧波中详细的物理化学转换机制,以及燃烧特性与材料化学成分之间的理论关系。应该指出的是,这样问题还远未能解决,甚至对组成很相似的环状硝胺 RDX 和 HMX 间的燃烧特性的相似性和差异解释,目前都不完备。

现代大部分高能材料的燃烧特性可描述为,材料在燃烧表面层内低于表面温度即发生熔融、热分解和汽化。因为热分解反应的活化能可能超过几倍的汽化潜热(根据 Belyaev[63],可能相差 2 或 3 倍),早期关于可熔化炸药的燃烧研究中,假设这种材料在凝聚相燃烧无明显放热,其在表面反应过程中吸热汽化占主导地位。因此,可熔化材料的燃烧主要是用气相反应机制解释。随后,热分解动力学和汽化研究所得的新的实验信息,显示出与经典概念有所不同。例如,Aleksandrov 等[64]首次实验证实了吉纳燃烧时凝聚相中有相当剧烈的放热反应。热分解的气相产物会使燃烧表面凝聚相层中出现气泡状结构。然而,需要注意的是,由于燃烧空间区域小、温度高且环境恶劣,要获得含能材料燃烧参数信息技术上仍存在重大的困难,这很大程度上限制了研究进程。例如,温度梯度高妨碍了经典光学方法的应用,而采用热电偶测量时,由于在热电偶交界处可能存在液体黏附,当液体层存在时表面温度测定会引入从气相向凝聚相热通量的不确定性。值得注意的是,硝胺在大气压强下的燃烧过程录影和燃烧熄火物质检查结果均显示,燃烧表面层中存在泡沫区。然而,先前的研究表明,熄火试样形貌分析和低速摄影记录的数据可能得出的结论不正确。例如,在双基推进剂熄火表面形成的泡沫是由于冷却过程中残余气体释放所致[65]。用高速摄影发现,燃烧表面处气泡只短暂停留,且只占试样表面的10%。美国研究人员提出的意见表明,当使用低速相机研究双基推进剂燃烧时可明显观测到泡沫层,但使用高速摄影观察时该区消失[66]。最近,在研究大晶粒 RDX 燃烧行为时得出了类似结论[67],研究结果发现,RDX 在常压下燃烧时,表面区有单个气泡,小于燃烧表面10%的面积。

在硝胺燃烧气相转化机制解释方面已有较大进展,但对凝聚相反应本质和相对贡献的认识仍存在问题。为了更好地理解燃烧波的物理化学转换机制,硝胺燃烧的数学物理模型必须建立在对现有可用信息分析、实验和理论相结合的基础上。有关硝胺热分解的文献对于研究燃烧波化学过程很有用[68]。

本章试图总结目前所有关于 RDX 和 HMX 的燃烧波动力学特性和其化学结构的可用实验数据,然后将简要回顾环状硝胺火焰燃烧反应可用的数学模型和简化机理的讨论。

1. 燃烧波的物理参数

大量研究结果显示,硝胺燃烧波包括几个区:凝聚相未反应区、熔化的亚表面层、燃烧表面下一个狭窄的化学反应区(这部分区域充满气泡),一次气相反应区,诱导(暗)区,二次气相反应区。此外,在燃烧表面下的小液滴可能由泡沫爆裂形成,实验者常通过各种努力来研究材料的温度分布和燃烧速率。

Mal'tsev 和 Pokhil[69]首次详细研究了带压强条件下硝胺试样的燃烧波。采用光学方法测量了距燃烧表面不同位置处的温度与压强间的函数关系。测试了 p = 20atm、40atm 和 60atm 压强下 RDX 燃烧表面上方火焰的辐射衰减与高度关系。表 2.10 列出了通过光学法[69]和微型热电偶法[70]获得的温度分布数据。

表 2.10 RDX 火焰空间中的温度分布

p/atm	T/K(H/mm)			T_f/K	文献出处
	0.04	0.06	0.10		
1	900	1020	1270	1970	[70]
	1000	1100	1300	2800	[71]
5	1400	1830	2270	2770	[70]

（续）

p/atm	T/K(H/mm)			T_f/K	文献出处
	0.04	0.06	0.10		
20	1600	2560	3140	—	[7]
	1960	2460	2770	2970	[70]
40	2400	3000	—	—	[69]
60	2800	3200	—	—	[69]
90	2270	2580	2830	3070	[70]

注：H 为距离燃烧表面的距离（单位 mm）；温度值从图中读取精确到 50°；T_f为火焰温度

采用温度数据曲线外推的方式确定燃烧表面温度[69]，另外，温度曲线也可用来估算凝聚相热量释放 Q_c和气相到凝聚相的热反馈 Q_g（见表 2.11）：

$$Q_g = \frac{1}{\rho u}\left(\lambda \frac{\partial T}{\partial x}\right)_s$$

式中，ρ 为试样密度；u 为线性燃烧速率；T 为温度；λ 为气相导热系数；x 为空间坐标，下标 c 和 s 分别表示凝聚相和燃烧表面处的参数。得到的放热量估算值表明，凝聚相分解是吸热的。

表 2.11　RDX 的燃烧波参数

p/atm	U/(cm/s)	T_s/℃	Q_c/(cal/g)	Q_g/(cal/g)	ρ/(g/cm³)	文献出处
1		320	-84	190	1.56	[70]
	0.039	—	—	—	—	[71]
	0.035	—	—	—	1.75	[72]
5	0.17	360	-61	176	1.66	[70]
20	—	380	15	129	1.67	[69]
	0.50	420	58	84	1.66	[70]
	0.48	—	—	—	1.75	[72]
	0.46	—	—	—	1.75	[73]
40	—	420	14	146	—	[69]
60	1.05	—	—	—	1.75	[72]
	—	440	12	156	1.67	[69]
	0.95	—	—	—	1.75	[73]
90	1.80	490	140	27	1.66	[70]
	1.6	—	—	—	1.75	[73]

注：T_s为表面温度

文献[70]采用钨铼热电偶嵌入试样的方法测量了不同压强下($p=1\sim90\text{atm}$)RDX 试样的燃烧波温度分布。温度曲线用来确定燃烧表面温度、气相和固相的热释放、从气相到凝聚相的热反馈量和熔化层厚度。发现在 $p<5\sim10\text{atm}$ 范围内凝聚相的放热为负,当 $p>10\text{atm}$ 时放热量为正。在此基础上,可得出结论:低压下蒸发吸热占主导地位,而高压下热分解放热占主导地位。

对表 2.10 和表 2.11 中的数据分析表明,不同燃烧条件下参数值差别很大。但在很多研究含能材料燃烧的文献中,作者未给出测量的置信区间,使得对客观结果的分析对比较困难。很明显,测量程序误差的传播有着较大影响,如对所研究的材料密度、相组成、纯度(存在杂质)的测量值等均有影响。因此,不同时间、不同地方生产的含能材料很可能燃烧参数不同,这在精细讨论燃烧波结构时应加以考虑。

值得注意的是,传统的平均燃速测量方法,不能记录凝聚相表面运动过程中局部速度脉动(在时间上)。然而,对火焰发光和燃烧产物反应力的动态测量表明,至少在大气压强下,RDX 燃烧不规则脉动的频率超过 500Hz[74]。目前尚未对这些脉动形成可信的特征量,也没有对测得平均燃烧速率的影响效应程度有所描述。

关于 HMX 的燃烧,应注意与其各种稳定晶型之间的相关特征。通常认为商用 HMX 完全是 β 型,该型在室温至 376K 下均是稳定的。研究表明[75],当 β 型加热到超过 435K(162℃以上),将形成 δ 型 HMX,其可以在常温条件下存在数小时。这意味着,偶尔或特定的加热和冷却可能会导致 HMX 试样包含一定比例的 δ 晶型 HMX,后者增加了撞击感度,并增加了材料操作工艺中的危险性,也增加了燃速,从而影响整个混合晶体的燃速。表 2.12 列出了 β 型和 δ 型 HMX 燃速测量结果[75],也附上了其他研究者测得的 $p=1\sim70\text{atm}$ 范围内的燃烧波参数。HMX 在常压下燃速数据散布较大,应引起注意。然而,应记住 HMX 在该压强下以自振荡模式剧烈燃烧[74],会对准稳态燃速的测量造成影响。

表 2.12　HMX 的燃烧波参数

p/atm	u/(cm/s)	T_s/℃	Q_c/(cal/g)	Q_g/(cal/g)	ρ/(g/cm^3)	T_f/℃	文献出处
1	0.041	320	−41.6	112	1.7	2100	[76]
	0.053	—	—	—	β(1.89)	—	[75]
	0.075	—	—	—	δ(1.78)	—	[75]
	0.05	400	64.9	53.6	1.7	—	[77]

（续）

p/atm	u/(cm/s)	T_s/℃	Q_c/(cal/g)	Q_g/(cal/g)	ρ/(g/cm^3)	T_f/℃	文献出处
5	0.12	—	—	—	1.72	—	[72]
	0.13	410	76.6	68.4	1.7	—	[77]
	0.15	400	20	110	1.7	2300	[70]
	0.16	390	61	58	1.7	2300	[76]
	0.13	—	—	—	β(1.89)	—	[75]
	0.17	—	—	—	δ(1.78)	—	[75]
10	0.28	420	93	44	1.7	2500	[76]
	0.24	—	—	—	β(1.89)	—	[75]
	0.35	—	—	—	δ(1.78)	—	[75]
	0.235	—	—	—	1.72	—	[72]
	0.25	—	—	—	1.72	—	[73]
20	0.40	460	100	53	1.7	2600	[70]
	0.41	450	110	41	1.7	2700	[76]
	0.42	—	—	—	1.72	—	[73]
	0.48	—	—	—	1.72	—	[72]
40	0.76	560	—	—	—	—	[78]
60	0.94	500	152	25	1.7	2750	[76]
70	1.0	490	128	35	1.7	2750	[70]
	1.2	—	—	—	1.72	—	[73]
	1.15	—	—	—	1.72	—	[72]

注：T_s值[77]为凝聚相剧烈分解的起始温度[$T(x)$的不连续性]；Q_c值[70]由方程 $Q_c = c(T_s - T_0) - Q_g + Q_m - Q_{rad}$ 计算，其中 $Q_g = (\lambda/\rho u)(\partial T/\partial x)$，$Q_m$ 和 Q_{rad} 分别为熔化热和来自火焰辐射的热反馈值；Q_c 值[77]由类似的方程计算，$Q_m - Q_g = 0$

表 2.11 和表 2.12 中的数值对于燃烧表面处气相和凝聚相放热的能量平衡所发挥的作用上有些矛盾。根据文献[70]，RDX 和 HMX 在较低的压强下（$p = 1 \sim 5$atm），其吸热过程发生在凝聚相，燃烧波主要是由火焰放热维持。然而，当 $p > 50$atm 时凝聚相的热释放占主导地位。同时，有关 RDX[69] 和 HMX[77] 数据与上述描述的趋势不一致。显然，有限的实验数据不能给出硝胺在一个宽压强范围最终燃烧机制。

通常，尽管 RDX 和 HMX 的燃烧机理较相似，如燃烧方程有微小差异，$\lg u = \text{const} + v\lg p$，但在对初始温度和外部热通量的动态振荡响应上，差异很大。例如,根据文献[79]可知,对于 RDX 在 $p=10\sim100\text{atm}$ 范围内,燃速温度敏感度 $\beta=(\delta\ln u/T_0)$ 很低,方程(1-2)为 10^{-3}K^{-1} 量级,而对于 HMX 则从低压下($p=10\text{atm}$)$\beta\approx5\times10^{-3}\text{K}^{-1}$ 降至 $p=50\sim100\text{atm}$ 范围的约 10^{-3}K^{-1}。特别是在 10^{-3} 量级上很难进行 β 值的精确测量,β 的相对偏差将远超出 100%。

在常压下,RDX 的燃速(反应力)对辐射通量扰动的谐振响应较弱($f_{\text{res}}=6\text{Hz}$),而 HMX 能够在一个自持的区域以 3~5Hz 振荡频率非线性燃烧。RDX 在空气中燃烧的一个重要特征是存在很厚的熔融区,并可用热电偶法进行记录。在稳态燃烧模型中,这种效果有时使用熔化层较高的热传导率来与凝聚相区分。这与实验观察到液相层中有气泡形成不一致,只能减少有效的热传导率。当从药柱的冷端逐渐接近燃烧表面时,RDX 凝聚相平均密度下降,这可通过 X 射线标本曝光法进行记录[80]。此信息还没有确认,需继续开展实验以确认硝胺燃烧的密度数据。例如,可以估计 HMX 的燃烧行为,其熔点比 RDX 高近 80K,熔化区也相对较窄,气体在液相层的释放效果相对较弱。

2. 火焰化学结构

采用火焰的化学结构数据来验证理论模型的概念和观点很重要,目前这也可用于计算大量气体组分的浓度分布。在多种边界效应和传热条件下,与实验室实验产物数据进行有限尺度对比非常困难。因此,研究人员的任务是要使实验条件尽可能地与理论条件保持一致。

研究火焰化学结构传统的方法是光谱法和质谱法。最简单的方法是通过测量它们的发光强度来记录火焰中气体成分。然而,这种情况下,在处理实验测试数据上存在问题,因为在火焰中化学反应产生的分子处于非平衡状态。正如文献[81]研究显示,化学反应发光通常是由二次反应中受激发的电子引起,这与火焰反应中主要能量释放机制不符。化学发光产生的影响效果,必须结合特定的火焰特性进行分析。特别是对固体推进剂火焰中羟基自由基有效浓度的测定,较难分析这种效果[81]。同时,硝基甲烷火焰中 OH 和 NH 基团发射均含有热性能信息,但 CN 基团发射清晰地表明了化学性质信息(振动温度超过旋转 2 倍)[82]。平面激光诱导荧光(PLIF)可有效进行强度测量,但实际操作较为复杂。采用脉冲激光片(一种 100~200μm 厚的扁平栅)激发燃烧试样火焰中的气体成分,同时用高分辨率摄像机记录气体基态受激发后的发射强度。PLIF 方法允许用大屏幕相机(5μm)研究包括硝胺在内的各种材料的火焰。随着 PLIF 技术发展,一种基于简单的光学选择性吸收的测量方法得到广泛应用。然而,如何考虑不同温度下火焰区的贡献,是其中一个难题。

与非接触式光学方法不同,质谱法是基于采集气体试样后分析组成来实现。质谱法的优点是可分析物质种类广泛。但该方法属接触性测试,在对高反应活性成分(原子和自由基)测量方面以及有校正探针干扰时的测量比较困难。

1973年,文献[83]首次发表了关于火焰化学结构的研究,测试了 p = 30atm 下沿 RDX 燃烧火焰不同高度处 OH、C_2、CN、CH、H_2、O_2、N_2的相对发光强度,发现近表面处(距离 = 100μm)OH 辐射强度升高而后在火焰中保持恒定。在火焰中 CN 和 CH 发光强度逐渐上升,然后保持在较恒定的水平。在燃烧表面上方 0.3mm 处,达到最大火焰温度 2500K,在 520 ~ 600nm 和 340 ~ 450nm 区间内,记录到了连续光谱 $NO + O—NO_2 + h\nu$ 和 $CO + O—CO_2 + h\nu$($h\nu$ 是量子能)的反应。

光谱法的进一步发展,极大地提升了实验数据的可靠性和信息量。文献[81]报道了空气中 RDX 燃烧火焰的研究结果,实验是在 CO_2 激光作用下使试样压片(达晶体密度的95% ~98%)自持燃烧,由于激光束的能量分布截面呈钟形,表面处燃烧很不均匀,且温度分布存在"平台"的特点,即火焰结构中形成2个温度区。

在自持燃烧区内,采用 PLIF 法测量了燃烧表面不同距离处 NO、OH、CN 和 NH 相对浓度。利用紫外区和可见光区的吸收光谱测量了浓度值,CN 和 NH 的浓度分别为 310ppm 和 260ppm,NO 和 OH 浓度分别为 17% 和 3.6%,H_2CO 和 HONO 浓度小于1%。由于燃烧表面附近组分消失迅速,NO_2的浓度很难测量。通过联用测试法测得了温度分布:在凝聚相区和表面 0.3mm 高度区内采用 5μm 热电偶进行测试;在气相至最高温度处采用 OH 自由基的旋转性能进行温度测试。气相温度和成分的浓度分布处理表明,火焰中最大放热与 CN 的最大浓度相关性很好(这一点已在火焰观察研究中确定)。可以用 CN 的浓度分布确定"火焰长度"——通过对比不同火焰中某个近似定量的特征参量强度,并用半经验公式计算燃速。根据文献[81]的数据,在 CO_2激光辐射下火焰长度增加,其原本被 RDX 的表面薄层吸收,这导致近表面出现了暗区,扩展区内 NO_2和 NO 浓度也发生变化。Hanson - Parr 和 Parr[81]认为,出现的大量 NO 和 NO_2表明 RDX 分子中 $N-NO_2$键断裂起主导作用。此外,燃烧表面一定距离处 NO_2的最大浓度可作为燃烧表面 RDX 蒸气存在的有力证据。

由于燃烧表面附近快速的气相反应很大程度上掩盖了凝聚相反应,光谱火焰测量法是唯一间接估计凝聚相反应的方法。Wormhoudt 等[84]最初通过吸收光谱法测定了凝聚相起始分解主要产物,将光导波长 2 ~ 5μm 的纤维插入平行开口的试样表面,并将试样从几毫米远处点燃。当燃烧表面接近开口区时,可连续地记录 N_2O 的吸收强度。同时,用直径 127μm 的镍铬合金热电偶测量了开口附近的温度。由于热电偶的位置和直径不确定,温度分布测量值是近似值。在低温下(100 ~ 150℃)N_2O 浓度急剧上升,这种情况下凝聚相几乎不可能发生剧烈反应。因此可得出如下结论：N_2O 是由凝聚相区过热层气泡中气体间二次反应产生，当样品有裂纹时，接近冷端的气泡发生破裂，研究人员研究样品初始纵截面也观察到了这一点。要进一步开展该方面的研究，就要可同时测量 NO_2 和 N_2O 浓度的装置。

20 世纪 60 年代末期，首次采用质谱联用技术开展了硝胺火焰研究。Bernecker 和 Smith[23] 研究了 $p=0.1\sim12$MPa 压强下 RDX 和 HMX 的燃烧产物。建立起了两者终态主要燃烧产物的比例几乎相同（$N_2:CO:CO_2:H_2:H_2O=3:2:1:1:2$），这一比例在压强 $p>2.5$MPa 时变化很小。测到的 NO、N_2O 和 HCN 的量很少，在 RDX 燃烧中未发现 CH_2O，只有 HMX 在常压下燃烧才测到了少量的 CH_2O。

后来文献[86－88]利用飞行时间质谱测得了硝胺火焰气相反应区更为完整的化学结构信息，使用内径 0.1mm、外径 0.3mm 的微型石英锥探针，详细研究了凝聚相分解过程中传输区的中间产物。当燃烧试样移向探针时，测量了气体组分浓度的空间分布。因为探针末端确切位置的不确定性以及熔化的液滴可能使探针失效，因此，从探针末端到燃烧表面间小距离（小于 0.1mm）的数据未进行分析。

文献[86]总结了 RDX 火焰质谱研究结果。试样由 50μm 的 RDX 粒子压成直径 10mm、长度 20mm、密度 $1.8g/cm^3$ 的样件。在压强 $p=0.05$MPa 的氩气环境下进行燃烧，燃烧速度稳定在 0.25mm/s。快速降压熄灭得到的熄灭火试样表面比较光滑：在直径 8mm 内的不均匀区域不超过 0.1mm。在燃烧表面距离 $x<0.1$mm 区域内检测到了 m/e＝75 碎片（RDX 碎片）。分析可能是由于 RDX 蒸气或液化物卷入探针所致（m/e 为物质摩尔质量与电荷之比）。近期研究工作更揭示了火焰中含有 RDX 蒸气，并在接近燃烧表面的狭窄区域内测到了有聚集[87]。根据文献[87]，燃面处质量分数约为 40%。

从实验数据分析可知，正如早期推断的那样[89]，RDX 火焰由两个区构成。更恰当的是，RDX 火焰的化学结构显示有分区，这在常压下温度曲线上无法辨别。靠近燃烧表面的狭窄冷焰区（$x<0.1$mm，从 RDX 蒸气分解位置开始）温度约为 1100K，因为这一区域较窄且探针与 RDX 液体表面层作用位置不确定，针对该区没有进行研究。在第一个区之后，有一个较宽（约 2mm）的中间产物反应区，中间产物是在前面狭窄区域中形成的。在后面宽的发光火焰区中记录到了存在以下峰：I_{14}（N_2，NO_2，NO，N_2O，HCN），I_{28}（CO，N_2，N_2O，CO_2，CH_2O），I_{30}（NO，NO_2，N_2O，CH_2O），I_{29}（CH_2O），I_{27}（HCN），I_{44}（N_2O，CO_2），I_{46}（NO_2），I_{43}（HNCO），I_{42}（NCO），I_{18}（H_2O）和 I_2（H_2）。从给定的离子质量推测，可能形成的分子列于括号中，其中质核比为 m/e＝43 的组分有 HCNO、HNCO和 HOCN 三种存在形式，文献[35]显示，仅 HNCO 存在于室温的气相中。

根据文献[25,26]可知,如同文献[27,29,30]假设的那样,冷火焰区的主要产物不是NO_2和CH_2O,而是NO和HCN,并且后来的反应决定了RDX发光火焰区的化学结构。

Litzinger等[92]研究了RDX的压装药条在氩气条件(p = 1atm)、CO_2激光辐射作用(400W/cm^2强度)下的燃烧性能。采用气相质谱法得到了稳态组分的浓度分布。研究者在100~150μm范围内,用30μm孔径的石英探针评估了空间分辨率。在实验过程中,试样通过机械驱动的方式控制探针移动的速度。采用视频摄像机监控探针针尖至燃烧表面的距离。在激光辅助燃烧发光(紫)火焰约5mm距离位置处有1mm左右的振荡,与微弱燃烧或真空热解相比,燃烧表面处记录的气泡相当小(直径=100μm)。

测试RDX燃烧表面0~5mm高度处气体浓度数据,检测到的典型热分解产物有NO_2、NO、N_2O、HCN、H_2O、N_2、CO、CO_2和H_2。三重四极质谱实验表明,m/e = 29起始峰的出现是由分解产物CH_2O引起,然而,离子与质量由另一种物质形成。此外,根据光谱测量结果[81],火焰中CH_2O浓度很低。因此,文献[92]未列出CH_2O的浓度数据。Litzinger等[92]对燃烧表面附近测量值进行校正也未测到CH_2O,正如外部火焰区那样。由PLIF法[81]测得相同燃烧条件下NO和N_2O的浓度分布对比表明,两者之间定性和定量关系都与独自实验数据相一致。根据文献[92]可知,燃烧表面上方有一个0.5mm的狭窄区域,该区NO_2和HCN的浓度迅速下降,NO和H_2O浓度逐渐升高,CO和N_2O浓度变化很微弱。燃烧表面处CO_2浓度很小,在1.5~2mm高度处变得明显。应该强调的是,所有这些数据都是在一个强烈的外部热源供热并在相应火焰燃烧波表面上除去燃烧条件后得到的。此外,激光辐射加热不可控导致火焰区结构有额外的扰动。由于实验条件有较大差异,文献[92]的实验数据、近似燃烧条件下光谱研究数据[81]以及与自持续燃烧数据[88,87]根本没有可比性。由于这个原因,Litzinger等[92]指出,获得的定量实验数据与理论计算结果一致性较差,很难得出一个相对平稳的质量数据(测量组分原子的总比例)。

文献[71]使用PLIF光谱法研究了常压和高压下HMX火焰的化学结构。结果发现,在p=1atm下自持燃烧有波动性,燃烧表面上方存在HMX液滴(液滴形成机制尚无相关研究)。因为光谱有重叠性,在该区域中不可能很好地测出NO的浓度。由于时间波动不能测量出火焰中组分浓度的空间分布,但能获得其最大值:H_2CO和NO_2约6.5%,OH约3.6%,CN约210‰。在CO_2激光通量的连续作用下(400W/cm^2),HMX燃烧有一个远距离的二次火焰。通过CN冷光测试4~0.2mm范围火焰显示,在1~12atm范围内随压强增加,火焰厚度在4.5~0.5mm变化。

Korobeinichev 等[86]和 Kuibida 等[88]用质谱测试了 HMX 试样(密度 1.76g/cm^3)在 0.05MPa 和 0.1MPa 氮气下的火焰速度,分别为 0.2mm/s 和 0.45mm/s,较低压强下观测到峰的强度有所波动。在 $p=0.1$MPa 下,测试了不同物质与燃面距离 x 间的函数关系,m/e 分别为 2(H_2)、18(H_2O)、27(HCN)、28(N_2,CO)、29(CH_2O)、30(NO, N_2O, NO_2, H_2CO)、43(HNCO)、44(N_2O,CO_2)、46(NO_2)和 75(HMX,碎片)等。随距离 x 增加,CH_2O 和 NO_2的浓度降到零,在 $x=0.6$mm 处 HCN 的峰强度达到最大值(该点 CH_2O 和 NO_2消失),在 $x=1.2$mm 处峰强度降至零。测到了 m/e=42 峰(NCO),表明火焰中存在异氰酸 HN-C-O 分子,而在距离燃烧表面几十个微米处测到了 m/e=75 峰。另外,在燃烧表面附近测到了 HMX 蒸气和其气相分解产物。燃烧表面附近 HMX 蒸气的质量分数约占 35%。典型硝基化合物燃烧火焰中存在 2 个主要的化学反应区:第一个区内 HMX 蒸气分解,同时 NO_2和 N_2O 量减少;第二个区内 NO 量减少。基于测得的物质浓度得到了 HMX 汽化方程,可以估算凝聚相中 HMX 的分解程度($\eta=0.655$)。

根据文献[22,50,86-88,93]的实验数据,硝胺的主要分解产物有 CH_2O、NO_2、NO、N_2O 和 HCN。因此,研究者正在努力研究如下反应:

$$NO_2+CH_2O \quad (\text{I});\qquad N_2O+CH_2O \quad (\text{II});\qquad NO_2+HCN \quad (\text{III})$$

文献[91,94,95]利用冲击波法和光谱法进行了上述反应的研究,这种方法在信息量获取上受限。实验结果可利用一个简单的直链反应进行解释,用 NO_2 和 N_2O 速率降低来确定总反应阶段(Ⅰ-Ⅲ)的速率常数。基于多反应阶段机理[91]而进行计算的结果表明,反应Ⅲ存在二步反应:第一步为 NO_2的消耗和 NO 的摩尔分数增加,第二步为 NO 与 HCN 间的反应。文献[96,97]的实验中用平行层燃烧的方式得到了较完整的数据,研究了 $p=25$torr 下质量流率 0.0013g/(cm^2s)时 HCN/NO_2的混合物燃烧行为,用红外光谱法(傅里叶变换红外光谱法)检测到的主要燃烧产物有 NO、CO、CO_2和 H_2O,测得的 CO 浓度是一个燃烧器边缘距离的函数。利用 CO 的振动温度测得了火焰的温度分布,按 $dT/dx>0$ 的标准确定了火焰厚度约为 6mm。基于化工原理实验数据分析处理,Thorne 和 Melius [97]研究提出了硝胺火焰的假定反应方案——次反应机理。

数值模拟

60 多年前,莫斯科化学物理研究所首先开展了熔融体及液体挥发性含能材料燃烧过程的建模研究。随后,开展了众多的研究工作,其中一项杰出的工作是假设单一的总放热反应决定着热释放速率和燃烧速度,基于一般定性的物理分析,燃烧波中的反应位置决定了燃速的控制阶段是在气相或在液相。基于已有的经验考虑分子结构和全局化学反应方程所需的动力学参数，可通过逆向求解点火和燃烧热机理问题来选择。

目前，由文献[98,99]可知，即使根据不同的理论假设计算出的燃速值与测量值也吻合的很好，因为燃烧模型中含有大量的匹配参数，尤其是有总体化学反应的系数。因此，该假设问题可用直接的实验证实。此外，文献[100]中表明，对比实验数据显示，燃速不仅依赖于压强，也依赖于初始温度，燃速是一个对燃烧波温度分布和组分浓度空间分布都很敏感的参数。

早期模型对熔化的含能材料燃烧波物理过程并没有深刻认知。有关前人的研究中[101,63]，得出了易挥发性含能材料在低压强和中等压强下燃烧的基本机制，与凝聚相反应相比蒸发的比率很高，稳定条件下蒸发的质量速率等于蒸气燃烧的质量速率，而后者可以从气体燃烧理论的公式计算得到[102]。特别是，如果假定液态含能材料在表面处蒸发，而在气相中发生单分子反应，由如下公式[63]可确定质量燃速：

$$\rho u = 2\frac{RT_{\max}^2}{E_g}\sqrt{\frac{(\lambda\rho A)_g}{Q(T_{\max}-T_0)}\exp\left(-\frac{E_g}{RT_{\max}}\right)} \tag{2.12}$$

式中，$T_{\max}=T_0+Q/c_g$ 为气相中的最高温度，热效应总量 Q 包括含能材料汽化潜热；A_g 和 E_g 为气相反应的指前因子和活化能；ρ_g、λ_g 和 C_g 分别为密度、热导系数和气体在 $T=T_{\max}$ 时的比热。

液态含能材料的沸点不在公式(2.12)中，因为它不是气相反应速率控制参数，Ya. B. Zeldovich 在后来发表的一篇论文中给出了推导的公式和分析[103]，给出了液态含能材料高压强下的燃烧公式，由于沸点 T_b 升高，凝聚相发生放热反应的可能性增高：

$$\rho u = \frac{T_b}{c_c(T_b-T_0)}\sqrt{\frac{2QR(\lambda A)_c}{E_c}\exp\left(-\frac{E_c}{RT_b}\right)} \tag{2.13}$$

式(2.13)明确了燃速与沸点 T_b 的指数关系和与压强间的依赖关系：$\mathrm{dln}\rho u/\mathrm{dln}p = E_c/2L$，其中 L 为汽化潜热。关于表达式($E_c/2L$)使用的注意事项[103]如下：L 为高压下的燃烧常数，接近液态存在时的临界点；加热的液态燃烧表面蒸气压简化公式为 $p=\mathrm{const}*\exp(-L/RT)$，对比也应谨慎使用，因为 L 值随液体温度增加而降低。

针对熔化含能材料现已发表了多种模型[104-106]，用于描述含单阶段总包反应的燃烧化学机制，且对该过程中的特定规律进行了细化。基于含能材料燃烧实验结果的进一步发展，已引申出了燃烧波中多阶段化学转变研究内容。

在这一领域 Vilyunov 开创了有特色的工作，扩大了总包化学反应机制[107]。他提出了一个含能材料燃烧波的三阶段反应方案：最初的转变发生在凝聚相，其次是凝聚相分解中间产物的转变，最终为中间化合物向燃烧产物的转化。燃速可由近似 Zeldovich - Frank - Kamenetskii 的方法分析计算。随后，在更复杂的燃烧表面上特别是有相变（蒸发或升华）的含能材料燃烧时，假定独立的一级总包反应发生在凝聚相和气相，该研究者成功使用了多阶段的化学变换思想进行了研究[108]。在材料分解中，蒸气的形成由一个平衡机制控制，随后蒸气分解放热并转变为最终燃烧产物。火焰表面蒸发出来的含能材料也经历着类似的转变过程，凝聚相反应导致形成了最终燃烧产物。

上述问题得到了数值解。结果发现，根据确定的参数值，凝聚相区及气相区均控制着反应速率（几乎完全决定燃速）。此外，计算表明，存在一个混合燃烧区，其中燃速约等于纯固相和纯气相燃烧速率的总和（误差不超过 15%）。在混合区的燃速压强指数等于凝聚相区和气相区指数和的 1/2，燃速初始温度系数为单一区域燃烧的中间值。

与文献[108]同时期，发表了一个基于两个连续化学反应的 RDX 燃烧模型的总包反应机理[89]。它涉及燃烧表面处 RDX 液相部分分解和汽化。中间分解产物在气相中反应生成最终燃烧产物。RDX 的液相和气相分解可描述为一级反应：

$$\mathrm{RDX} \longrightarrow 1.5N_2 + N_2O + NO_2 + 3CH_2O \tag{2.14}$$

每一个相可用如下动力学参数表示：

$k_{3,\mathrm{liq}} = 3\times10^{18}\exp(-41500/RT)\mathrm{s}^{-1}$[37]；$k_{3,\mathrm{gas}} = 3.16\times10^{15}\exp(-41500/RT)\mathrm{s}^{-1}$[59]

分解产物之间的二次反应可表示为

$$5/7CH_2O + NO_2 \longrightarrow NO + 2/7CO_2 + 3/7CO + 5/7H_2O \tag{2.15}$$

由反应式(2.15)，得到两组常数：$k_{2.15} = 10^9\exp(-19000/RT)\mathrm{L/(mol\cdot s)}$，在文献[109]中 $T = 430\mathrm{K}$ 温度下得到；$k_{2.15} = 1.26\times10^{10}\exp(-26700/RT)\mathrm{L/(mol\cdot s)}$，在 $T = 970 \sim 1470\mathrm{K}$ 的激波管试验中得到。

对气相化学反应式(2.14)和反应式(2.15)的特征时间估算表明，RDX 蒸气分解反应比形成最终产物的反应快 100 倍。气相火焰的化学结构由内部和外部两区构成。内区对燃烧表面起着热反馈作用，低压下尤为明显。例如，计算中二次反应速率被人为地减少 10 个量级，在 $p = 10$、20 和 40atm 下，自火焰反馈的总热量分别达 7%、11% 和 16%。因此，数值模型主要关注火焰内部区域（相邻的表面）燃烧波参数的计算。

当 $p = 10 \sim 40\mathrm{atm}$，计算动力学常数时，燃烧表面处 RDX 蒸气分解区宽度仅为 $5 \sim 2\mu\mathrm{m}$，内部火焰区的温度在 1100 ~ 1200K 内波动，燃烧表面处 RDX 初始分解程度为 7% ~ 13%。随压强增加，凝聚相中 RDX 分解度增加，其原因是表面温度增加致使液相反应速率增加。

同一作者采用类似的化学反应方案表达 HMX 燃烧波[110]。计算结果非常相似:在压强 $p=20\sim40$atm 范围内,HMX 气相分解区约为 4 ~ 2μm,并且内部火焰区温度约升高到 1100K。燃烧表面处 HMX 蒸气的质量分数约为 30%。根据 HMX 火焰二区结构假设[110,90],Cohen 等[111]提出了一个详细的总包化学反应方案。它包括了三个液相分解反应和五或六个气相反应,这取决于生成 CH_2O 或 HCN 的反应路径,不同路径的选择是因为真正的机制不清所致。然而,燃烧波参数计算结果较接近。当压强在 20 ~ 100atm 变化时,HMX 在凝聚相的反应在 2% ~8% 变化,这表明放热蒸气相变反应占主导地位,即使在 $p=100$atm 下,计算的温度分布也有明显的两阶段性质,在主要中间产物(蒸气分解)和二次火焰间的反应梯度几乎为零(蒸气分解产物间的反应)。当压强从 20atm 升高至 100atm 时,主火焰区的宽度约降低 2 或 3 倍,该区的温度约为 1030 ~ 1080K。计算数据揭示了如下结论:采用催化剂提高 HMX 燃速,实际上几乎是不可能的。在化学反应机制中,可以通过增加燃烧表面附近的热释放来实现该目标。

因为很难开展定量测试,后续的实验研究中没有观察到温度分布曲线的“平台”[70,71]。基于先验性的理论预估,认为硝胺凝聚相化学反应很微弱[110,111]。然而,通过温度分布曲线分析,可以间接估计出燃烧表面附近凝聚相放热对热平衡贡献较为显著[70,76,78]。文献[78]中表面液相层和燃面气化物燃烧反应强度试验结果与模拟结果的关联很有意思。Mitani 和 Williams[78]认为,关于上述关联依据,在接近大气压及 70 ~ 100atm 范围内,燃速与压强间函数关系并未发生明显变化。但实验数据表明,在 $p=1$atm 时表现为无焰燃烧,在 70 ~ 100atm 火焰的颜色从蓝色变为明亮的橙色。

文献[78]所做的分析和估算表明,从气相火焰至燃烧表面热平衡 q_s 的相对贡献,随压强增加逐渐增大(在 70 ~ 100atm 压强区间,材料蒸发质量分数 n 从 0.65 增加至 0.75)。

$$q_s+\rho uQ(1-\eta)-\rho uL\eta=c\rho u(T_s-T_0) \tag{2.16}$$

将采用单独实验确定的气相反应动力学参数、反应级数和指前因子应用于计算中,燃速计算值和实验值与压强和初始温度关联方面一致性很好。在燃烧压强(0.2atm)下限时,气相热反馈接近于零。

许多模型预测凝聚相就有转化(百分之几十),这一过程需要充分的证据。文献[112]首次采用聚乙烯硝酸酯燃烧提出并实现了这样的佐证,研究中假设液相层中产生的气相产物与燃烧表面同时下移,于是,材料在燃烧波中的密度逐步降为气体密度。有一个限制情况表明[113],实际上假设从液相层内部出现气相射流的速度是增加的。在文献[114,115]中采用硝胺详细研究了文献[113]中的方法,质量守恒定律可写成

$$(\rho u)_c(1-\alpha)+(\rho u)_g\alpha = dm/dt = const \tag{2.17}$$

式中,α 为给定燃烧波截面内的气体体积分数。假设 $u_c \neq u_g$,使用另一参数 s 计算,它表征了表面张力的相对效应(Marangoni 效应)和液体黏度,而后可得

$$u_c = [(dm/dt)/\rho_c](1-s\alpha), \quad u_g = [(dm/dt)/\rho_g](1-s\alpha+s)$$

遗憾的是,由于缺乏可靠的表面张力系数实验数据,不能对 s 进行可靠估算。例如,在文献[115]中计算时就认为 $s=0$。如上所述,可以采用一个扩展的总反应机理,合理地解释所观察到的燃速与压强和初始温度之间的依赖关系,但它们无法解释火焰中气体组分的实际浓度行为。这个问题可以基于火焰中详细化学反应机制解决,这包括了大量的基元反应步骤。这方面的研究,首次是关于 RDX 燃烧的[116],文献[87]中的实验数据被用来设计动力学机理中的多个步骤,其中包括了 23 种组分和 90 个可逆的基元反应步骤。许多研究者都假设初始火焰区(气相分解区)生成的是 NO 和 HCN,而非 NO_2 和 CH_2O,这很好地解决了二次火焰区的难题,计算能够区分过程中的起始步骤(组分产物),并细化反应速率常数。作为结果,文献[114-116]得到的组分浓度分布与文献[87]测量结果很一致,但缺少温度场分布的实验数据,不能再用于估算速率常数。尝试使用 RDX 蒸气单阶段分解反应的详细动力学机理,模拟整个火焰区的化学过程。与其他组分一样,计算过程中燃烧表面处蒸气的摩尔分数不断变化。当凝聚相和气相的能量守恒定律相吻合时,计算中蒸气的质量流速就很高,这一现象可能是采用了小试研究速率常数值所致。然而,许多后续计算表明,假设温度单调上升(即单区结构),HCN 和 NO 间相互作用占主导作用,RDX 蒸气可有效进行多步分解。

在文献[114-116]发表之后,国际上公布了类似的研究。文献[119]模拟了 HMX 燃烧反应动力学机制,研究基于 26 种组分和 77 个可逆的基元反应,采用计算的方式验证了凝聚相分解产物对燃速的影响。当采用如下单分解途径时:

$$HMX \longrightarrow 4H + HCN + NO_2 \tag{2.18}$$

燃速计算值低于实验值。需要强调的是,在这种情况下 HCN 和 NO 是主要反应组分,NO 在如下反应中产生:

$$H + NO_2 \longrightarrow NO + OH$$

计算过程中,试图采用下面的反应描述 HMX 的分解过程,结果导致出现了差异:

$$HMX \longrightarrow 4(CH_2O + N_2O) \tag{2.19}$$

当按式(2.19)途径分解时,分解比例增加,计算出的燃速也大幅升高。因此,分解途径应与要求的燃速相结合。

在文献[51,120]中，试图将 RDX 火焰的详细化学反应与一个凝聚相总反应结合起来。总的机理[51]包括 RDX 蒸气分解的详细动力学方案、38 种组分和 158 个基元反应步骤。液相中 RDX 分解可由一级反应 $RDX \longrightarrow 3CH_2O + 3N_2O$ 进行模拟，反应速率常数为 $K = 4.66 \times 10^{18}\exp(-47800/RT)\ s^{-1}$。按照 $p = 0.5$、1、17 和 20atm 计算时，大约 93% 的 RDX 在燃烧表面蒸发，燃速主要由来自火焰的热反馈控制。在 $p = 0.5$atm 时，浓度分布的计算值与实验值一致性很好[87]。

美国研究人员进一步发展了文献[51,120]中的方法。例如，文献[121]对液相进行了较详尽的描述，针对液相中气泡形成过程，考虑了含 18 种气体组分的反应。在液相中允许 5 种液体组分与溶解于液相中的 7 种气体组分之间发生反应。气相反应使用了文献[51]中的简化动力学机理。在文献[121]中，计算 RDX 非稳态燃烧问题所需要的许多常数目前无法获取，在文献[121]中也未提及燃烧波参数计算的例子。文献[122]提出了一种简单而又符合实际泡沫状液相层的过程描述。根据文献[51]和[123]，可分别采用两个详细的化学火焰机理进行计算，其结果很好地再现了温度分布和主要组分的浓度分布。正常条件下燃烧时($p = 1$atm 及 $T_0 = 20$℃)，燃烧表面凝聚相分解程度为 50%，气相体积分数为 40%，这与 $p = 90$atm 时的燃烧波参数值相似(分解率为 50%，气泡的体积分数为 35%)。然而，在这种情况下，凝聚相化学反应区厚度约从 90μm 减少到 1.5μm。应注意到，模型中凝聚相变化，可采用液相 RDX 和气泡中 RDX 蒸气起始分解产物化学反应转变进行总体描述。文献[122]中，质量守恒方程(2.17)中假设 $(u\rho)_g = (u\rho)_c$。事实上，这意味着气体以喷射形式从燃烧表面逸出(在文献[113]中有阐述)，很难预估表面泡沫层的形成。因此，液相层中气态组分停留时间必须非常短，至少在低压下如此。因此，采用整体形式描述凝聚相放热来弥补气泡和射流中的气相反应不尽合理。

从计算模型数据输入的选择和对所观察到温度分布的解释来看，文献[100,124]仔细分析了类似文献[122]的配方问题。可以发现，燃烧波建模的难点是对凝聚相分解过程和液相到气相传输过程的描述，所有研究者描述凝聚相反应都要使用两或三个并行简化步骤，研究中对这些反应动力学参数的选择其实很武断，蒸发过程通常使用升华实验中相应的动力学常数近似模拟。然而，正确地选择输入数据，要使 RDX 和 HMX 的燃速实验结果与计算值相匹配，其中包括温度敏感度系数、温度分布和浓度分布等。目前，在 NO_2 和 NO 的浓度分布计算方面还存在问题，这可能是由于实验误差或输入参数不当所致。此外，关于硝胺气相分解的详细动力学计算上仍然缺乏理论和实验方面的研究。

在文献[51,122,124]中计算了质量燃速，由于离开液相与返回液相的分子质量流间有差异,质量燃速流量的比率较小(约0.0001~0.001[125]),这导致计算过程不稳定。此外,通常液相分子的调节系数(粘附)是未知的,在大部分计算中都假定这是一个统一的经验值。为了避免这一点,文献[125]利用液—气界面(如在文献[89]中)和燃速确定了边界值,从而提出了气化平衡方程。

在模拟RDX燃烧波时,Prasad等[125]阐述了液相分解历程:

$$RDX \longrightarrow 3CH_2O + 3N_2O$$

$$RDX \longrightarrow 3H_2CN + 3NO_2$$

$$CH_2O + NO_2 \longrightarrow CO + NO + H_2O$$

根据他们的模型,气体溶解于液相,并通过扩散方式释放,而无泡沫层存在。基于44种反应物和228个基元步骤描述了火焰反应的化学机理。该机理主要借鉴了文献[51]的内容,并吸收了文献[126,127]中的内容。计算得出的燃速方程指数为0.76,这与实验值很吻合,实验测得的温度分布和燃速温度敏感性也很吻合。这表明,既定温度下RDX熔化过程事实上不会突然发生,只会在一定温度区间传播。这也表明,液相在较大的温度梯度作用下,在强烈的外部供热条件下,如仍采用经典的分子气化和冷凝概念描述燃烧过程,将导致较大误差。

应该指出的是,由于一直致力于描述稳态燃烧过程,绝大部分针对含能材料和硝胺的燃烧模拟,对于反应系统缺乏动态行为的物理概念,致使在这个问题数值认识上有很大困难(因为方程为非线性的,导致分析方法失效)。在硝胺研究中,Zarko等[128,129]归纳了熔化含能材料的非稳态燃烧问题,包括液相(一级的总包反应)和气相(蒸气分解的一级总包反应和分解产物间相互作用的二级总包反应)的放热反应。界面处的边界条件采用Clausius - Clapeyron平衡汽化定律处理。尽管简化了配方,该模型也需要有大量的关键测试值。研究结果表明,根据动力学参数,点火过程能在凝聚相或气相的热释放中发生。然而,当燃面附近的气体以强烈的脉冲进行加热模拟(通过导线或电火花),火焰可以在燃烧表面附近点燃。在实验室常压下所进行的化学动力学和燃烧研究,证实了这一理论的预估结果。采用ND/YAG激光点火法点燃了RDX压装样品,发生了汽化但无火焰,当用燃烧器点火具点燃分解产物时,产生燃烧火焰。

文献[130]利用计算的方式揭示了在显著的凝聚相放热和相对较弱的气相放热作用下,燃烧表面处蒸气燃烧本质的不稳定性,引起这种不稳定性的原因,是燃烧表面液相层吸热汽化过程中存在大温度热沉造成的。

值得注意的是,非稳态燃烧机理对较小能量刺激就很敏感,特别是所涉及的熔化热少于总燃烧热的3%~4%。这对半透明材料稳态燃烧区的燃烧是一种补偿[131]。对于不透明含能材料,在辐射作用下有稳态燃烧区,这是辐射通量临界值的上限和下限;熔化热越大,辐射作用下稳定燃烧区越宽。

Erikson 和 Beckstead[132]尝试构建了 RDX 非稳态燃烧的详细化学反应数值模型，模拟了 RDX 在周期性激光辐射作用下的燃速行为，模拟中凝聚相中包含两个总包反应，气相中包含了 43 种组分的 120 个基元反应步骤。这与文献[133]实验测得的燃速响应振幅很吻合，定性再现了燃速的相转移行为。但必须注意的是，与详细化学反应机制对比，Erikson 和 Beckstead[132]建立的瞬态燃速和高温热解时表面温度 T_s之间的近似关系式 $u = \text{const}\ \exp(-E_v/RT_s)$的结构及活化能值的选择均不合理（式中 E_v为蒸发活化能），很让人怀疑这样计算所得信息的可靠性。

值得注意的是，当用总包宏观动力学计算[129]时，在周期性激光辐射作用下获得的不同质量燃速函数样式有多种形式。其中的一种形式是在无焰的气化条件下得到的，与传统的形式[133,134]相吻合，这大致地对应于燃速热解规律。另外，当燃速控制区位于气相时，可用含有限解函数的渐近收敛形式逼近获得（不像经典情况时有数值解）。

很明显，即使要详细描述像硝胺这样简单单元推进剂的非稳态燃烧行为，也要做大量工作。这项工作涉及了详细化学反应机理简化，这方面的成功例子可见文献[135]，但这也不能用于硝胺火焰。简化详细化学机理的目的，主要是要减少计算量。同时，选出燃速控制步骤也很重要，这有利于更深入地了解燃烧过程中的化学反应。

根据上述研究，硝胺气相燃烧波中发生两阶段的化学反应过程。化学反应过程很复杂并缺乏很多动力学参数，导致了化学反应过程的理论描述也很复杂。特别是，上述提及的详细动力学机理及基元反应步骤的速率常数有很大不同。实验过程中，除对稳态组分进行反应动力学机理测试外，采用光学法检测活性组分（原子和自由基）也很重要[71,81]，这些组分也参与了反应。然而，摩尔分数小的物质能量贡献小，活性物质在化学过程中的作用也不同，其中一些可在计算处理中忽略。文献[116－118]研究了 RDX 火焰中的燃速控制步骤，在发光火焰区由 23 种组分、90 步反应控制；而在文献[51]中研究表明由 38 种组分、158 步反应控制；文献[123]研究认为整个火焰区均为燃速控制步骤，有 44 种组分、228 个反应步骤。

2001 年，文献[136，137]对 RDX 火焰的化学结构开展了系列计算，确定了燃烧速率控制步骤和组分。文献[136]计算是在 $p = 0.5 \sim 90\text{atm}$ 进行的，作为计算输入数据，选定了燃速和燃烧表面温度实验值。此外，根据生成焓和原子数量守恒条件，指定了 RDX 自燃及在激光辐射作用下燃烧表面产物组分的摩尔分数。所用动力学机理采用的是文献[125，51]中报道的 43 个组分、263 个反应步骤的反应机理，该机理建立在 $p > 1\text{atm}$ 时硝胺的液相和蒸气的热分解上的，其中两个化学反应途径Ⅰ和Ⅱ发挥着重要作用：

$$\text{HMX(RDX)} \nearrow CH_2O, N_2O, \cdots \quad (\text{I})$$
$$\text{HMX(RDX)} \searrow H_2CN, HCN, NO_2, \cdots \quad (\text{II})$$

根据文献[35]中实验数据，在低温和低加热速率时，主要分解产物是 N_2O 和 CH_2O。在快速加热或燃烧条件，途径Ⅱ生成了 H_2CN、HCN 和 NO_2[87,92]，并起着主导作用。Brill[30]研究显示，在低温下途径Ⅰ是主要的，在高温下途径Ⅱ是主要的。

在照射作用下计算了 RDX 燃烧的火焰结构。通过与实验数据对比，证实已选择了适当的动力学方案，也证明了动力学参数变化导致火焰结构的定性变化。应该指出，由于缺乏硝胺气相分解的动力学详细数据，阻碍了精确获取火焰结构信息。但 RDX 蒸气分解途径Ⅰ和途径Ⅱ间的数量比需要实验验证。然而，根据近似自持燃烧的质量流率计算，CH_2O 分解区宽度比 RDX 蒸气分解区窄，这导致采用实验方法定量测量途径Ⅰ和途径Ⅱ的比率很困难。

3. 化学方案简化

考虑到边界条件的多样性和基元反应步骤中速率常数散布较大，文献[137]提出了一个简化的动力学机理。通过检验，不同机理在计算火焰化学结构的动力学参数精度上有差异，利用 29 种组分、83 个基元步骤的“最短”机理计算，能够定性和定量地再现热流量、温度分布和主要物种的浓度分布（质量）。

文献[118]中规定，第 i 种组分和第 j 个反应步骤的积分参数 ε_i 和 δ_{ij} 在 0 ~ 1 变化。其中，ε_i 为第 i 种组分相对量，δ_{ij} 为第 j 步生成第 i 种产物的相对量。假定主控制组分和反应中物种 $\varepsilon_i > \varepsilon$ 和反应 $\delta_{ij} > \delta$，且对每种组分均如此。根据 ε 和 δ 值，可在给定精度内获得与完整机理相近的简化机理。

有关 RDX 自持燃烧研究报道[138]的机理中，原本有 45 种组分和 232 个反应，可减少到 18 种组分和 39 个反应，即表示为 S18 - 39。在这一机理中用总包反应模拟 RDX 蒸气分解。

$$\text{RDX} + \text{M} \longrightarrow 3H_2CN + 3NO_2 + \text{M} \tag{2.20}$$

此外，通过引入纯粹的总包反应方程，并调整动力学参数[138]，获得了含 9 种组分和 6 个反应步骤（指定为 G9 - 6）的总包机理。在这两种情况下，凝聚相分解机理应进行适当的校正。在 $p = 1 \sim 100\text{atm}$ 压强范围内，用 S18 - 39 和 G9 - 6 机理计算出的数据与实验测得 RDX 火焰的燃速、燃烧表面温度、熔化层厚度和绝热温度均非常吻合[138]。然而，由于缺少全部机理，这些简化机理不能很好地描述 RDX 火焰的化学结构。特别是，文献[138]在 p = 20atm 下用完整机理和简化机理(S18－39)计算出的浓度分布，只有 H_2、H_2O、N_2、NO 和 CO 的较符合。在完整机理中，燃烧表面处 RDX 蒸气的摩尔分数约占 15%；而对于简化的 S18－39 机理，燃烧表面处 RDX 蒸气的摩尔分数约占到 25%。在这种情况下，用完整机理计算得到的蒸气分解区厚度占 S18－39 机理计算值的 1/3，用这些机理计算出的 N_2O、NO_2和 CH_2O 的最大摩尔分数也相差几倍。

使用 S18－39 机理和文献[136]中的详细机理，得到的计算结果绘于图 2.3。能看到在燃烧表面和形成的感应区内温度定性分布变化剧烈，且与完整机理计算得到的数据差异较大[136]。对 RDX 在 p =0.5～90atm 范围内自持燃烧进行模拟时，基于文献[136]计算得的 RDX 蒸气分解区厚度是用 S18－39 机理计算的 1/3；基于文献[136]的完整机理计算出的燃烧表面热流量是用 S18－39 机理算出的 1/2。

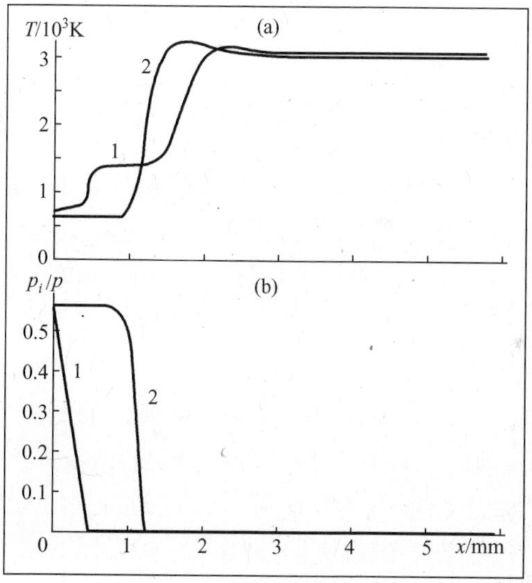

图 2.3　p =1atm 及 m =3.85kg/(m^2 · s)时的温度分布(a)和 RDX 蒸气浓度分布曲线(b)。曲线 1 是文献[136]的基本机理，曲线 2 是文献[138]中的 S18－39 机理

如上所述，在文献[137]中建立了包括 29 种组分和 83 个可逆反应步骤的“最短”的动力学机理，它的模拟精度约为 10%，火焰结构的主要性能如不采用由 43 种组分和 263 个反应步骤的完整机理校正过的动力学参数计算，而采用典型的动力学机理计算出的燃速敏感度相对较差，研究中允许通过修正速率常数并引入总包反应来进一步简化完整机理。然而，因为损失了预测有效性以及实际化学过程难以分析，这一机理的适用性非常受限，但这对于发展新的配方组成

及预测弹道性能很有必要。

今后将继续研究 RDX 的燃烧化学反应机理,将重点放在起始物质和大碎片蒸发分解基础步骤的实验动力学研究上。同时,也要探索凝聚相中详细的物理化学过程,以确定蒸发和分解过程的贡献,并获得燃烧表面处温度和气相组分的可靠信息。

4. 结束语

上面阐述了一些适合描述硝胺燃烧的物理和化学机理。从上述研究看,“充分性”的概念已经逐渐演变。特别是,使用扩展的总反应机理替代单一的总反应,极大地增加了数学描述的“灵活性”,提高了与实验的相符性。然而,采用详细化学机理计算得到的温度和物种浓度分布的特征参数值(如火焰相隔距离等)与实验值不符。很明显,燃烧波总包化学反应阶段复杂转换机理的动力学参数,不能基于先验假设来选择。在对总包化学机理数学化描述时存在一定的困难,总反应机理的数学化描述可通过对详细化学反应方案做必要的简化后提出。然而,对上百种化学反应进行缩减(约至 1/5)很困难。因此,现有的总反应机理可用于近似定性地分析燃烧模拟问题。

目前,实验对认识硝胺燃烧机理仍然起着重要作用,最近的研究为认识燃烧波结构提供了重要信息。现已发现,硝胺自持燃烧时燃烧波温度分布显示为单区结构,但蒸气分解和最终燃烧产物生成,在空间上是分开的。在强大的辐射热流作用下,温度分布变为双区结构且区域扩大。由于这些条件下更容易确定气化产物,提取凝聚相化学转化信息,为燃烧机理研究提供了新途径。这需要发展新的实验方法,研究非干扰状态下的燃烧波结构和动态行为。特别是关于液相层中如何形成两相介质,气体是如何从凝聚相释放出的,燃烧表面处的特征过程如何,这些仍然全不清楚。

过去,在硝胺燃烧理论阐述方面取得了长足的进展。在硝胺火焰描述上有了很大进步。然而,对凝聚相过程的描述还停留在近似的水平上,如上述强调的那样,在总包反应和动力学参数选择上尚无可靠基础。

文献[139]强调,目前,硝胺的热力学特性尚需要实验验证,熔化热和蒸发热等都是现实存在的,这对采用释放气体分析的方法,详细分析 HMX 在不同压强和高加热速率下的分解热效应非常有益,对于可靠估计燃烧波中凝聚相的热平衡组分很有意义。事实上,利用质谱法[87,88]研究 RDX 和 HMX 的总放气反应显示,很难获得燃烧表面凝聚相和气相放热反应在总体热平衡中的贡献。

Sinditskii[140]最近分析了俄罗斯 2008 – 2010 年间发表的有关 HMX 燃烧机理研究的论文。根据他的分析,HMX 燃烧最合理的机理是,在很宽的压强范围内、在表面温度下 HMX 熔融体的分解反应控制着燃速。特别是,比较 HMX 凝聚相放热(268 × 0.655 = 175.5cal/g)与物质加热升到表面温度需要的热量(170cal/g),可得出结论,至少在常压 HMX 燃烧主要受凝聚相放热控制。

然而,像本节中提到的那样,采用燃烧表面热平衡贡献来评价不同反应输入参数的准确性,不足以得出最终结论。因此,在确定硝胺燃烧总反应机理上,仍需采取特殊研究来证实。

最后,需要注意的是,除了对硝胺开展稳态燃烧研究有意义外,作为燃烧机理的重要附加信息,硝胺的瞬态燃烧研究也很有意义。很显然,用于处理静态燃烧所需的一些拟合参数,在处理瞬态燃烧时不一定需要。但是,开展静态及动态燃烧两种研究方法必须结合使用,以提高研究的有效性。

参 考 文 献

1. F. I. Dubovitskii and B. L. Korsunskii. Kinetics of the thermal decomposition of n-nitrocompounds // Uspekhi Khimii (Russian), 1981. - Vol. 50, No.10. - pp. 1828-1871.
2. T.L.Boggs. The thermal behavior of cyclotrimethylenetrinitramine (RDX) and cyclotetramethylenetetranitramine (HMX) // in: K.Kuo and M.Summerfield (eds). Fundamentals of Solid-Propellant Combustion, AIAA, New York, 1984. - pp. 121-175. (Progress in Astronaut. and Aeronaut. - Vol. 90).
3. R.A.Fifer, Chemistry of nitrate ester and nitramine propellants // ibid. - pp. 177-237.
4. M.Ben-Reuven, L.M. Caveny. Nitramine monopropellant deflagration and general nonsteady reacting rocket chamber flows // MAE Report, 1980. - No. 1455. Princeton Univ.
5. E. Yu. Orlova, Chemistry and technology of brisant explosives // [in Russian], Khimiya, Leningrad, 1973.
6. P.G.Hall, Thermal decomposition and phase transitions in solid nitramines //Trans. Faraday Soc., 1971. - Vol. 67, Part 2. - pp. 556-562.
7. K. K. Andreev, Thermal decomposition and combustion of explosives // [in Russian], Nauka, Moscow, 1966.
8. Chemical Encyclopedia // Moscow, Great Russian Encyclopedia, 1992. - Vol .3. - pp.369.
9. H.Bathelt, Database of thermochemical data // 3nd edition. Pfinztal,

Inst. Chem. Technol., Germany, 1996.

10. Theory of Combustion and Explosion // Moscow, Nauka (Science), 1981. - pp. 412.

11. R.L.Shoemaker, J.A.Stark, R.E.Taylor. Thermophysical properties of propellants // in: High Temp.-High Pressures, ETPC Proc., 1985. - Vol. 17. - pp.429-435.

12. L. Ya. Kashporov. Thermal analysis of RDX combustion // Combustion, Explosion, and Shock Waves, 1994. Vol. 30, No.3. - pp. 20-28.

13. F. Daniels, R.A. Alberti. Physical Chemistry, 2nd ed., John Wiley and Sons, New York-London, 1961.

14. A. F. Belyaev. On combustion of boiling explosives // Dokl. Akad. Nauk SSSR, 1939. – Vol. 24. - pp. 253.

15. A. F. Belyaev. Boiling point and evaporation heat for several secondary explosives // Zh. Fiz. Khim., 1948. Vol. 222, No.1. - pp. 91-101.

16. Yu. A. Maksimov. The boiling point and enthalpy of evaporation of liquid RDX and HMX // Zh. Fiz. Khim. 1992. - Vol. 66, No.2. - pp. 540-542 (R).

17. Yu. A. Maksimov, V. N. Apal'kova, O. V. Braverman, A. I. Solov'ev. Kinetics of thermal gas-phase decomposition of cyclotrimethylenetrinitramine and cyclotetramethylenetrinitramine // Zh. Fiz. Khim. 1985. - Vol. 59, No.2. - pp. 342-345 (R).

18. R.N.Rodgers, Determination of condensed phase kinetic constants, note // Thermochim. Acta, 1974. - No.9. – pp .444 - 446.

19. J.M. Rosen and C. Dickinson. Vapor pressures and heats of sublimation of some high melting organic explosives // J. Chem. Eng. Data, 1969. - Vol. 14, No.1. -pp. 120-124

20. N.S. Cohen, G.A. Lo, J. Crowley. Model and chemistry of HMX combustion // AIAA J., 1985. - Vol. 23, No.2. - pp. 276-282.

21. P.J. Miller, S. Block, and G.J. Piermarini. Effects of pressure on the thermal decomposition kinetics, chemical reactivity and phase behavior of RDX // Combust. Flame, 1991. - Vol. 83, No. 1 and 2. - pp. 174-184.

22. B. Suryanarayana, R.J. Graybush, J.R. Autera. Thermal degradation of secondary nitramines: a nitrogen-15 tracer study of HMX // Chem. Ind., London, 1967. - Vol. 52. - pp. 2177 - 2178.

23. B. Suryanarayana, J.R. Autera, R.J. Graybush. Mechanism of thermal decomposition of HMX // in: Proc. 1968. Army Sci. Conf. (OCRD),

West Point, New York, 1968. - Vol. 2. -pp. 423.

24.B.B. Goshgarian. The thermal decomposition of RDX and HMX // AFRPL-TR-78-76, Oct. 1978.

25.M. Schroeder. Critical analysis of nitramine decomposition results: some comments on the chemical mechanism // in: 16th JANNAF Combust. Meeting, CPIA Publ. 308, December 1979. - Vol. 2. - pp. 17-34.

26.M. Farber, R.D. Srivastava. Mass spectrometric investigation of the thermal decomposition of RDX // Chem. Phys. Lett., 1979. - Vol. 64. - pp. 307-309.

27.M. Farber, R.D. Srivastava. Thermal decomposition of HMX // in: 16th JANNAF Combust. Meeting, CPIA Publ. 308, December 1979. - Vol. 2. - pp. 59 - 71.

28.J. Stals. Chemistry of aliphatic unconjugated nitramines. Pt. 7: interrelations between the thermal, photochemical and mass spectral fragmentation of RDX // Trans. Faraday Soc. 1971. - Vol. 67. - pp. 1768-1775.

29.C.V. Morgan, R.A. Bayer. Electron-spin-resonance studies of pyrolysis products // Combust. Flame, 1979. - Vol. 36. - pp. 99-101.

30.T.B.Brill, Multiphase chemistry consideration at the surface of burning nitramine monopropellants // J. Propuls. Power, 1995. - Vol. 11, No.4. - pp. 740-751.

31.J.C. Oxley, A.B. Kooh, R. Szekeres, W. Zhang, Mechanism of nitramine thermolysis, // J. Phys. Chem., 1994. -Vol. 98. - pp. 7004 - 7008.

32.F.C. Rauch, A.J. Fanelli. The thermal decomposition kinetics of hexahydro-1, 3, 5-trinitro-1, 3, 5-triazine above the melting point: evidence for both a gas and liquid phase decomposition // J. Phys. Chem., 1969. - Vol. 73, No.5. - pp. 1604-1608.

33.A.E. Axworthy, J.E. Flanagan, D.E. Woolery. High temperature pyrolysis studies of HMX, RDX and TAGN // in: 15th JANNAF Combust. Meeting, CPIA Publ. 297, February 1979. - pp. 253-265.

34.G.K. Adams.The thermal decomposition of RDX // SAC Rept. 5766. February 1944.

35.J.D. Cosgrove, A.J. Owen. The thermal decomposition of 1, 3, 5-trinitrohexahydro-1, 3, 5-triazine (RDX). Part I: The products and physical parameters // Combust. Flame, 1974. - Vol. 22, No.1. - pp. 13-

18.

36. J.D. Cosgrove, A.J. Owen. The thermal decomposition of 1, 3, 5-trinitrohexahydro-1, 3, 5-triazine (RDX). Part II: The effects of products // ibid. - pp. 19-22.

37. A.J.B. Robertson. The thermal decomposition of explosives. Part II: cyclotrimethylenetrinitramine and cyclotetramethylenetetranitramine // Trans. Faraday Soc., 1949. - No.45. - pp. 85-93.

38. J.J. Rocchio, A.A .Juhasz. HMX thermal decomposition chemistry and its relations to HMX-composite propellant combustion // in: 11th JANNAF Combust. Meeting, CPIA Publ., December 1974. - pp. 247-265.

39. D.A. Flanigan, B.B. Stokes. HMX deflagration and flame characterization. V. 1, phase II: Nitramine decomposition and deflagration characterization // AFRPL-TR-79-94. October 1980.

40. R. Shaw and F. Walker, Estimated kinetics and thermochemistry of some initial unimolecular reactions in the thermal decomposition of 1, 3, 5, 7-tetranitro-1, 3, 5, 7-tetraazacyclooctane in the gas phase // J. Phys. Chem., 1977. - Vol. 81, No. 25. - pp. 2572-2576.

41. R. Behrens (Jr.), Thermal decomposition of energetic materials: temporal behaviors of the rates of formation of the gaseous pyrolysis products from condensed phase decomposition of octahydro-1, 3, 5, 7-tetranitro-1, 3, 5, 7-tetrazocine // J. Phys. Chem. 1990. - Vol. 94, No. 17. - pp. 6706-6718.

42. R. Behrens (Jr.), S. Bulusu. Thermal decomposition of energetic materials. 2. Deuterium isotope effect and isotope scrambling in condensed-phase decomposition of octahydro-1, 3, 5, 7-tetranitro-1, 3, 5, 7-tetrazocine // J. Phys. Chem. 1991. - Vol. 95, No.15. - pp. 5838-5845.

43. R. Behrens (Jr.), S. Bulusu. Thermal decomposition of energetic materials. 3. Temporal behaviors of the rates of formation of the gaseous pyrolysis products from condensed phase decomposition of 1, 3, 5-trinitrohexahydro-s-triazine // J. Phys. Chem., 1992. - Vol. 96, No. 22. - pp. 8877-8891.

44. R Behrens (Jr.), S. Bulusu. Thermal decomposition of energetic materials. 4. Deuterium isotope effect and isotopic scrambling (H/D, $^{13}C^{18}O$, and $^{14}N^{15}N$) in condensed phase decomposition of 1, 3, 5-trinitrohexahydro-s-triazine // ibid. - pp. 8891 - 8897.

45.R. Behrens (Jr.), Identification of octahydro-1, 3, 5, 7-tetranitro-1, 3, 5, 7-tetrazocine (HMX) pyrolysis products by simultaneous thermogravimetric modulated beam mass-spectrometry and time-of-flight velocity-spectra measurements // Int. J. Chem. Kinet., 1990. - Vol. 22, No. 2. - pp. 135-157.

46.R. Behrens (Jr.), Determination of the rates of formation of gaseous products from the pyrolysis of octahydro-1, 3, 5, 7-tetranitro-1, 3, 5, 7-tetrazocine (HMX) by simultaneous thermogravimetric modulated beam mass spectrometry // ibid. - pp. 159-173.

47.S. Bulusu, R. Behrens. A review of the thermal decomposition pathways in RDX, HMX and other closely related cyclic nitramines // Defence Sci. J., 1996. - Vol. 46, No.5 -pp. 347-360.

48.T.B. Brill. Connecting the chemical composition of a material to its combustion characteristics // Progr. Energ. Combust. Sci. 1992. - Vol. 18. - pp. 91-116.

49.Y. Oyumi, T.B. Brill. Thermal decomposition of energetic materials. 3. A high-rate, in situ, FTIR study of the thermolysis of RDX and HMX with pressure and heating rate as variables // Combust. Flame, 1985. - Vol. 62. - pp. 213-224.

50.S.F. Palopoli, T.B. Brill. Thermal decomposition of energetic materials. 52. On the foam zone and surface chemistry of rapidly decomposing HMX // Combust. Flame, 1991. - Vol. 87, No. 1. - pp. 45-60.

51. C.F. Melius. Thermochemical modeling. II: Application to ignition and combustion of energetic materials // in: S. Bulusu (ed.) Chemistry and Physics of Molecular Processes in Energetic Materials, Kluwer, Boston, 1990. - pp. 51-78.

52.X. Zhao, E.J. Hintsa, Y.T. Lee. Infrared multiphoton dissociation of RDX in a molecular beam // J. Chem. Phys., 1988. - Vol. 88, No. 2. - pp. 801-810.

53.T.R. Botcher, C.A. Wight. Transient thin film laser pyrolysis of RDX // J. Phys. Chem., 1993. - Vol. 97. - pp. 9149-9153.

54.T.R. Botcher, C.A. Wight. Explosive thermal decomposition of RDX // J. Phys. Chem., 1994. -Vol. 98. - pp. 5441-5444.

55. Yu. Ya. Maksimov. The thermal decomposition of RDX and HMX // in: Theory of Explosives (Proc. of Mendeleev Moscow Chem. Technol. Inst.) [in Russian], Vysshaya Shkola, Moscow, 1967. - No.53. - pp. 73-84.

56.M. S. Belyaeva, G. K. Klimenko, L. T. Babaitseva, P. N. Stolyarov. Factors responsible for the thermal stability of cyclic nitramines in the crystalline state // in: Chemical Physics of Combustion and Explosion. Kinetics of Chemical Reactions [in Russian], Chernogolovka 1977. - pp. 47-52.

57.Yu. M. Burov, G. M. Nazin. Effect of the structure on the gas-phase decomposition rate of secondary nitramines // Kinet. Katal., 1982. - Vol. 23, No.1. - pp. 12-17.

58.G. K. Klimenko. Thermal stability and chemical structure of polynitro- and nitrocompounds // in: Combustion and Explosion: Materials of the 4th All-Union Symp. on Combustion and Explosion [in Russian], Nauka, Moscow, 1977. - pp. 585-593.

59.R.N. Rogers, G.W. Daub. Scanning calorimetric determination of vapor phase kinetic data // Anal. Chem. 1973. - Vol. 45, No. 3. -pp.596-600.

60. D.F. Mc. Millan, J.R. Barker, K.E. Lewis. et al, Mechanism of nitramine decomposition: very low-pressure pyrolysis of HMX and dimetlhylnitramine // SRI International, June 1979.

61. R.N. Rogers. Differential scanning calorimetric determination of kinetic constants of systems that melt with decomposition // Thermochim. Acta. 1972. - No. 3. - pp. 437-447.

62. D. Chakraborty, R.P. Muller, S. Dasgupta, W.A. Goddard. A detailed model for the decomposition of nitramines: RDX and HMX // J. Comp. Aid. Des., 2001. - Vol. 8. - pp. 202-212.

63.A. F. Belyaev. On combustion of explosive materials // Zh. Fiz. Khim., 1938. -Vol. 12 - pp. 93.

64.V. V. Aleksandrov, A.V. Boldyreva, V. V. Boldyrev, R. K. Tukhtaev. Combustion of DINA at atmospheric pressure // Combustion, Explosion, and Shock Waves, 1973. - Vol. 9, No. 1. -pp. 140-142.

65.V. E. Zarko, V. N. Simonenko, A. B. Kiskin. Radiation-driven transient burning: experimental results // in: L. DeLuca, E. W. Price, and M. Summerfield (eds.), Progress in Astronautics and Aeronautics, 1992. - Vol. 143. - ch. 10. *See also* V. E. Zarko, V. Ya. Zyranov, and V. V. Chertischev, Dispersion of the surface layer during combustion of homogeneous propellants // AIAA, Reno, 1996. - Paper No. 96-0814.

66.C. L. Thompson, Jr., N. P. Suh. Gas phase reactions near the solid-gas interface of deflagrating double-base propellant strand // AIAA J. 1971.

- No.1. -pp. 154-159.

67. O. G. Glotov, V. V. Karasev, V. E. Zarko, A.G. Svit. Burning of single crystals and pressed tablets of RDX // 34th Int. Annual Conf. of ICT, Karlsruhe, Germany, (2003), Report P 47, 15 pages.

68. N. E. Ermolin, V. E. Zarko. Mechanism and kinetics of the thermal decomposition of cyclic nitramines // Combustion, Explosion, and Shock Waves, 1997.- Vol. 33, No. 3. - pp. 251-269.

69. V. M. Mal'tsev, P. F. Pokhil, Estimation of the thermal effect of the initial stage of combustion of solid propellants and explosives // Prikl. Mekh. Tekh. Fiz., 1963.- No. 2. - pp. 173-174.

70. A. Zenin. HMX and RDX: combustion mechanism and influence on modern double-base propellant combustion // Journal of Propulsion and Power, 1995. - Vol. 11, No. 4. - pp. 752-758.

71. T. P. Parr, D. M. Hanson-Parr. Solid propellant flame structure // in: T. Brill, T. Russell, W. Tao, et al. (eds.), Decomposition, Combustion, and Detonation of Energetic Materials, (Symposium held Nov. 27-30, 1995, Boston), Pittsburgh, 1996. - pp. 207-219.

72. A. E. Fogelzang. Flame // Combustion of Explosives and Propellants Database, Version 2.43, Mendeleev Chemical Technology Univ., Moscow, 1996.

73. A. L. Atwood, T. L. Boggs, P. O. Curran, et al., Burn rate temperature and pressure sensitivity of solid-propellant ingredients // in: Combustion Instability of Solid Propellants and Rocket Motors, Politechnico di Milano, Milan, 16-18 June 1997.

74. V. N. Simonenko, A. B. Kiskin, V. E. Zarko, A. G. Svit. Special feature of nitramine combustion at atmospheric pressure // Combustion, Explosion, and Shock Waves, 1997.- Vol. 33, No. 6. - pp. 685-687.

75. M. Herrmann, W. Engel, N. Eisenreich. Thermal expansion, transitions, sensitivities, and burning rates of HMX // in: Propellants, Explosives, Pyrotechnics, 1992. - Vol. 17. -pp. 190-195.

76. A. A. Zenin, V. M. Puchkov, S. V. Finyakov. Characteristics of HMX combustion waves at various pressures and initial temperatures // Combustion, Explosion, and Shock Waves, 1998.- Vol. 34, No.2. - pp. 170-176.

77. N. Kubota, S. Sakamoto. Combustion mechanism of HMX // Propellants, Explosives, Pyrotechnics, 1989. - Vol. 14. - pp. 6-11.

78.T. Mitani, F. A. Williams. A model for the deflagration of nitramines // in: 21st Symp. (Int.) on Combustion, The Combustion Inst., Pittsburgh, 1986. - pp.1965-1974.

79.A. L. Atwood, T. L. Boggs, P. O. Curran, et al., The determination of burn rate temperature sensitivity of solid-propellant ingredients // in: Combustion Instability of Solid Propellants and Rocket Motors, Politechnico di Milano, Milan, 16-18 June 1997.

80.E. I. Maksimov, A. G. Merzhanov, Yu. R. Kolesov. On the distribution of material density in the combustion zone of condensed systems // Dokl. Akad. Nauk SSSR, 1965. - Vol. 162, No. 5. -pp. 1115-1118.

81.D. Hanson-Parr, T. Parr. RDX flame structure and chemistry // in: 30th JANNAF Combustion Subcommittee Meeting, Monterey, CA, Nov., 1993.

82.W. Eckl, V. Weiser, M. Weindel, et al., Spectroscopic investigation of nitromethane flames // Propellants, Explosives, Pyrotechnics, 1997. - No.3. - pp. 180-183.

83.V. M. Mal'tsev, A. G. Stasenko, V. A. Seleznev, P. F. Pokhil. Spectroscopic investigation of combustion zones of flame flares of condensed systems // Combustion, Explosion, and Shock Waves, 1973. - Vol. 9, No. 2. - pp. 186-190

84.J. Wormhoudt, P. L. Kebabian, C. E. Kolb. Infrared fiber-optic diagnostic observations of solid-propellant combustion // Combust. Flame, 1997. - Vol. 108. - pp. 43-60.

85.R. R. Bernecker, L. C. Smith. On the products formed in the combustion of explosives. Freeze-out of the water—gas reaction // J. Phys. Chem., 1967. - Vol. 71. - pp. 2381-2390.

86.O. P. Korobeinichev, L. V. Kuibida, V. Zh. Madirbaev. Investigation of the chemical structure of the HMX flame // Combustion, Explosion, and Shock Waves, 1984. - Vol. 20, No. 3. pp. 282-285.

87.O. P. Korobeinichev, L. V. Kuibida, et al., Study of the flame structure and kinetics of chemical reactions in flames by mass spectrometry // in: Mass Spectrometry and Chemical Kinetics [in Russian], Nauka, Moscow, 1985. - pp. 73- 93.

88.M.W.Beckstead. Recent progress in modeling solid propellant combustion // Combustion, Explosion, and Shock Waves, 2006. - Vol. 42. No. 6. - pp. 623–641.

89.M. Ben-Reuven, L. H. Caveny, et al., Flame-zone subsurface reaction model for RDX deflagration // in: 16th Symp. (Int.) on Combustion, The Combustion Inst., Pittsburgh, 1977. - pp. 1223-1233.

90.M. Ben-Reuven, L. H. Caveny. Nitramine flame chemistry and deflagration interpreted in terms of a flame model // AIAA~J., 1981. - Vol. 19, No. 10. - pp. 1276-1285.

91.R. A. Fifer, H. E. Holmes. Kinetics of the HCN + NO_2 reaction behind shock waves // J. Phys. Chem., 1982. - Vol. 86. - pp. 2935-2944.

92.T. A. Litzinger, B. L. Fetherolf, Y. Lee, C. Tang. Study of the gas-phase chemistry of RDX: Experiment and modeling // J. Propulsion Power, 1995. - Vol. 11, No. 4. - pp. 698-703.

93.Y. Oyumi, T. B. Brill. Thermal decomposition of energetic material. 3. A high-rate, in situ, FTIR study of the thermolysis of RDX and HMX with pressure and heating rate as variables // Combust. Flame, 1985. - Vol. 62. - pp. 213-224.

94.R. A. Fifer. A shock tube study of the high-temperature kinetics and mechanisms of nitrogen dioxide-aldehyde reactions // in: G. Kamimoto (ed.), Proc. of the Tenth International Shock Tube Symposium Shock Tube Research Society, 1975. - pp. 613-620.

95.R. A. Fifer, H. E. Holmes. Kinetics of nitramine flame reactions // in: 16th JANNAF Combustion Meeting, CPIA Publ. 308, 1979. - Vol. 2, Dec. - pp.35-50.

96.L. R. Thorne, C. F. Melius. The structure of hydrogen cyanide-nitrogen dioxide premixed flames // in: 26th JANNAF Combustion Meeting, Oct. 1989. - pp. 10.

97.L. R. Thorne, C. F. Melius. The structure of hydrogen cyanide--nitrogen dioxide premixed flames // in: 23rd Symp. (Int.) on Combustion, The Combustion Institute, Pittsburgh, 1990. - pp. 397-403.

98.M. S. Miller. In search of an idealized model of homogeneous solid propellant combustion // Combust. Flame, 1982. - Vol. 46. - pp. 51-73.

99.L. K. Gusachenko, V. E. Zarko, et al., Modeling of solid-propellant combustion processes // [in Russian], Nauka, Novosibirsk, 1985. Translation FTD-ID(RS)T-0211-88, micrifishe FTD-88-C-000338L

100. M. W. Beckstead, J. E. Davidson, Q. Jing. A comparison of solid monopropellant combustion // in: Challenges in Propellants and Combustion, 100 Years After Nobel, Ed. K.K. Kuo, Begell House, Inc, New York, Wallingford (UK), 1997. - pp. 1116 - 1132.

101. A. F. Belyaev. On combustion of glycol dinitrate // Zh. Fiz. Khim., 1940. - Vol. 14. -pp. 1009.

102. Ya. B. Zel'dovich, D. A. Frank-Kamenetskii. Theory of thermal propagation of the flame // Zh. Fiz. Khim., 1938. - Vol. 12, No. 1. - pp. 100-105.

103. Ya. B. Zel'dovich. To the theory of combustion of powders and explosives // Zh. Eksp. Teor. Fiz., 1942. - Vol. 12. - pp. 498.

104. K. K. Andreev, M. S. Plyasunov. On the dependence of the burning rate of explosives on initial temperature // in: Theory of Explosives [in Russian], Nauka, Moscow, 1967. - pp. 263-288.

105. K. K. Andreev. Thermal decomposition and combustion of explosives // [in Russian], Nauka, Moscow, 1966.

106. A. A. Koval'skii, E. V. Konev, B. V. Krasil'nikov. On the combustion of nitroglycerin powder // Combustion, Explosion, and Shock Waves, 1967. - Vol. 3, No. 4. - pp. 547-554.

107. V. N. Vilyunov. Mathematical theory of steady combustion of condensed materials // Dokl. Akad. Nauk SSSR, 1961. - Vol. 136, No. 1. - pp. 136-139.

108. V. A. Strunin, A. N. Firsov, K. G. Shkadinskii, et al., Stationary combustion of decomposing and evaporating condensed substances // Combustion, Explosion, and Shock Waves, 1977. - Vol. 13, No. 1. - pp. 1-7. [See also V. A. Strunin and G. B. Manelis, Analysis of elementary models for the steady-state combustion of solid propellants // J. Propulsion Power, 1995. - Vol. 11, No. 4. - pp. 666-676].

109. F. H. Pollard, R. M. H. Wyatt. Reaction between formaldehyde and nitrogen dioxide. Part~1. The kinetics of the slow reaction // Trans. Faraday Soc., 1949. - Vol. 45, pp. 760-767.

110. M. Ben-Reuven and L. H. Caveny. Nitramine flame chemistry and deflagration interpreted in terms of a flame model // AIAA J., 1981. - Vol. 19, No. 10. -pp. 1276-1285.

111. N. S. Cohen, G. A. Lo, J. C. Crowley. Model and chemistry of HMX combustion // AIAA~J., 1985. - Vol. 23, No. 2. - pp. 276-282.

112. E. I. Maksimov, A. G. Merzhanov. Theory of combustion of condensed substances // Combustion, Explosion, and Shock Waves, 1966. - Vol. 2, No. 1. - pp. 25-31.

113. R. L. Hatch. Chemical kinetics combustion model of the NG/binder

system // in: 23rd JANNAF Combustion Meeting, CPIA Publ. 457, Oct. 1986. - Vol. 1. - pp. 157-165.

114. S. B. Margolis, F. A. Williams, R. C. Armstrong. Influences of two-phase flow in the deflagration of homogeneous solids // Combust. Flame, 1987. - Vol. 67, No. 3. -pp. 249-258.

115. S. C. Li, F. A. Williams, S. B. Margoils. Effects of two-phase flow in a model for nitramine deflagration // Combust. Flame, 1990. - Vol. 80, No. 3. - pp. 329-349.

116. N. E. Ermolin, O. P. Korobeinichev, L. V. Kuibida, V. M. Fomin. The study of chemical reactions kinetics and mechanism in hexogene flame // Combustion, Explosion, and Shock Waves, 1986. - Vol. 22, No. 5. - pp. 54-64.

117. N. E. Ermolin, O. P. Korobeinichev, L. V. Kuibida, V. M. Fomin. Processes in hexogene flames // Combustion, Explosion, and Shock Waves, 1988. - Vol. 24, No. 4. - pp. 400-407.

118. N. E. Ermolin, O. P. Korobeinichev, L. V. Kuibida, V. M. Fomin. Chemical structure and model of RDX flame // in: Structure of Gas-Phase Flames, Materials of Int. Seminar on the Structure of Gas-Phase Flames (Novosibirsk, June 27-31, 1986) [in Russian], Part 2, Inst. of Theor., and Appl. Phys., Sib. Div., Russian Acad. of Sci., Novosibirsk, 1988. -pp. 267-279.

119. R. L. Hatch. Chemical kinetics modeling of HMX combustion // in: 24th JANNAF Combustion Meeting, CPIA Publ., 476, 1987. - Vol. 1. - pp. 383-391.

120. C. F. Melius. The gas-phase flame chemistry of nitramine combustion // in: 25th JANNAF Combustion Meeting, CPIA Publ., 498, 1988. - Vol. 2. -pp. 155-162.

121. K. K. Kuo, Y. C. Ling. Modeling of physicochemical processes of burning RDX monopropellants // in: Proc. 20th Int. Pyrotechnics Seminar, 1994. - pp. 583-600.

122. Y. C. Liau, V. Yang. Analysis of RDX monopropellant combustion with two-phase subsurface reactions // J. Propulsion Power, 1995. - Vol. 11, No. 4. - pp. 729-739.

123. R. A. Yetter, F. L. Dryer, M. T. Allen, J. L. Gatto. Development of gas-phase reaction mechanisms for nitramine combustion // J. Propulsion Power, 1995. - Vol. 11, No. 4. -pp. 683-697.

124. J. Davidson, M. Beckstead. Improvements to RDX combustion

modeling // AIAA Paper, No. 96-0885, Reno, Jan. 1996.

125. K. Prasad, R. A. Yetter, M. D. Smooke. An eigenvalue method for computing the burning rates of RDX propellants // AIAA Paper No. 96-0880, Reno, Jan. 1996.

126. W. Tsang, J. T. Herron. Chemical kinetic data base for propellant combustion. I. Reactions involving NO, NO_2, HNO, HONO, HCN, and N_2 // J. Phys. Chem. Ref. Data, 1991. - Vol. 20. - pp. 609.

127. W. Tsang. Chemical kinetic data base for propellant combustion. II. Reactions involving CN, NCO, and HNCO // J. Phys. Chem. Ref. Data, 1992. - Vol. 21. - pp. 753.

128. V. E. Zarko, L. K. Gusachenko, A. D. Rychkov. Simulation of combustion of melting energetic materials // Defense Sci. J., India, 1996. - Vol. 46, No.5. - pp. 425-433.

129. V. E. Zarko, L. K. Gusachenko, A. D. Rychkov. Modeling of transient combustion regimes of energetic materials with surface evaporation // in: Challenges in Propellants and Combustion, 100 Years After Nobel, (K.K. Kuo, Ed.), Begell House, Inc, New York, Wallingford (UK), 1997. - pp.1014-1025.

130. L. K. Gusachenko, V. E. Zarko, A. D. Rychkov. Instability of a combustion model with surface vaporization and overheat in the condensed phase // Combustion, Explosion, and Shock Waves, 1997. - Vol. 33, No. 1. - pp. 34-40.

131. V. E. Zarko, L. K. Gusachenko, A. D. Rychkov. Effect of melting on stability of steady-state and transient combustion regimes, in: Combustion Instability of Solid Propellants and Rocket Motors // Politechnico di Milano, Milan, 16-18 June 1997.

132. B. Erikson, M. W. Beckstead. A numerical model of monopropellant deflagration under unsteady conditions // AIAA Paper No. 96-0652, Reno, Jan. 1996.

133. J. C. Finlinson, T. Parr, D. Hanson-Parr. Laser recoil, plume emission, and flame height combustion response of HMX and RDX at atmospheric pressure // in: 25th Symp. (Int.) on Combustion, The Combustion Inst., Pittsburgh, 1994. - pp. 483.

134. B. V. Novozhilov. Unsteady Combustion of Solid Rocket Propellants [in Russian] // Nauka, Moscow, 1973. - pp. 176.

135. Reduced kinetic mechanisms and asymptotic approximations for air-methane flames // M. D. Smooke (Ed.), Springer, Berlin—Heidelberg,

1991.

136. N.E. Ermolin, V.E. Zarko, Investigation of the properties of a kinetic mechanism describing the chemical structure of RDX flame. I. Role of individual reactions and species // Combustion, Explosion, and Shock Waves, 2001. - Vol. 37, No. 2. - pp. 123-147.

137. N.E. Ermolin, V.E. Zarko. Investigation of the properties of a kinetic mechanism describing the chemical structure of RDX flame. II. Construction of a reduced kinetic scheme // Combustion, Explosion, and Shock Waves, 2001. - Vol. 37, No. 3. - pp. 247-254.

138. J. E. Davidson, M.B. Jepson, M. Beckstead, A reduced mechanism for RDX combustion // in: 33rd JANNAF Combustion Meeting, Monterey, CA, 1996.

139. A. A. Koptelov, Yu. M. Milekhin, Yu. N. Baranets. Calculation of Heat Balance in Burning HMX // Combustion, Explosion, and Shock Waves, 2011. -Vol. 47, No. 3. - pp. 302–313.

140. V. P. Sinditsky. On the Combustion Mechanism of HMX // Combustion, Explosion, and Shock Waves, 2011. - Vol. 47, No. 5 - pp. 548–552.

2.3 GAP的燃烧

聚叠氮缩水甘油醚(GAP)是下一代高能复合推进剂非常有前景的黏合剂，其优点是有相对高的密度、高的燃速及热分解过程中高的能量释放。GAP预聚物的化学式是$C_3H_5ON_3$(见图2.4)。

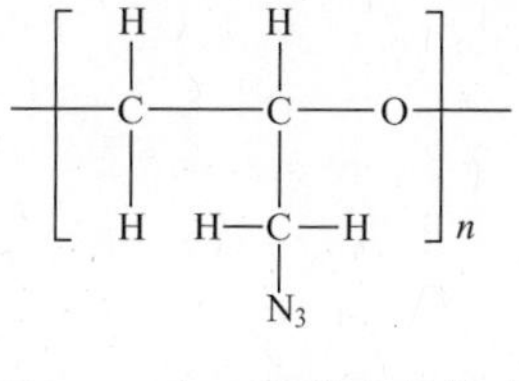

图2.4 GAP单体的结构式

从图2.4可见，GAP要完全燃烧是缺氧的。GAP燃烧能量由$N-N_2$键断裂提供，产生N_2气体。GAP聚合物的热物理和动力学性质与固化方式和交联的程度有关。通常，固化的GAP(以下称为GAP推进剂)[1,2]，包括81%~85%的GAP单体、16%~12%的固化剂(异佛尔酮二异氰酸酯，IPDI；或六亚甲基二异氰酸酯，HMDI)和3%的固化剂(三羟甲基丙烷，TMP)。还可能应用了固化反应催化剂，例如，n-双丁基十二酸酯(DBTDL)。GAP预聚体的相对分子质量1980g/mol[1]，密度1.3g/cm^3，生成焓$\Delta H_f = 229$cal/g[1]或280cal/g[3]。在50atm下用平衡方程计算GAP预聚物燃烧产物，其产物摩尔分数如下[1]：

N_2	CO	CO_2	CH_4	H_2	H_2O	C(固态)
22.34	13.95	0.13	2.15	32.19	0.71	28.47

如果以同样方式计算,要防止碳颗粒生成,H_2的摩尔分数降低约1%时,N_2、CO和CH_4的含量将分别增加约12%。在后一种情况下,燃烧产物中可能有少量的萘、苯和HCN存在(约2%~3%)。

据文献[1,2,4,5]报道,GAP燃烧表面存在碳残留物。然而,对于GAP推进剂燃烧波中有固态碳生成是有质疑的(见文献[6,7])。事实上,GAP推进剂凝聚相有较强的放热反应,使燃烧表面温度升高达700~800K,使40atm下的燃速达1cm/s,并导致分解产物从冷凝相释放的速度很快。这意味着,产物在气相火焰中停留的时间较短,致使绝热火焰温度(通过平衡程序计算)与实验测量值差异较大。其温度分布实验数据如图2.5所示。

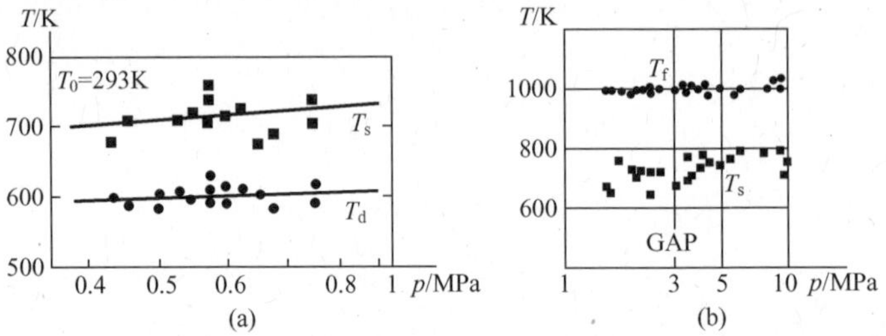

图2.5 (a)T_s和T_d与压强间关系[1];(b)T_f和T_s与压强间关系[2]

图2.5中,T_s为表面温度,T_f为最大火焰温度,T_d为凝聚相起始分解温度。可以看出,T_f的测量值与热力学值相差较大(在50atm下约为1000K,而不是计算的1400K)。

2.3.1 实验观察

文献[1]中首次详细报道了GAP分解和燃烧的数据。采用DTA和TG技术进行热化学分析研究表明,用HMDI固化的GAP推进剂在10K/min下加热时,初始分解放热反应约在475K开始,在537K结束,该阶段质量损失42%;在第二阶段分解质量损失缓慢,但无放热(实验方法精度内未测到)。使用差示扫描量热仪和质谱仪对这些数据进行了验证,揭示出凝聚相放热实际上在质量损失约41%时便停止了。在这一阶段GAP推进剂中约有68%氮原子释放出来,其余的氮在第二阶段分解时释放。GAP推进剂样品热解41%前后的红外光谱分析显示,该阶段发生的是叠氮三键断裂($-N_3$),分解产物中存在氢原子,分解产物随分解度增加浓度线性增加,假设GAP分子在加热时释放N_2+H_2,并从CH_2-

$N=N_2$转变为$-C\equiv N$。不同作者的研究表明，第一步分解最有可能是从叠氮基中放出N_2并形成氮宾[8,9]：

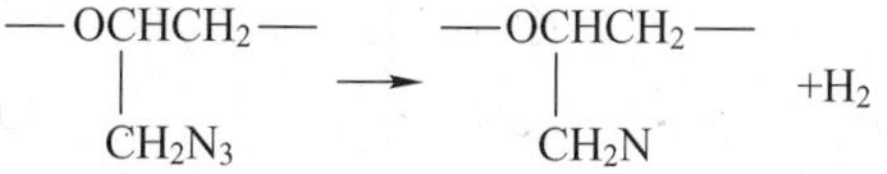

文献[9]研究发现，伴随 N 原子迁移，氮宾分子进一步分解有两个分解路径。第一条路径产生 NCN、CO 和甲烷，而第二路径形成乙烯、乙炔和 CO。但目前仍没有可靠的证据说明哪个路径在 GAP 分解中占主导地位。

利用扫描电子显微镜可观测 GAP 推进剂熄火试样，从而开展了一些与燃烧条件下分解机理相关的研究。首先，利用液氮冷却的 GAP 推进剂熄火试样表面可见到一些几十微米大小的孔洞，这表明燃烧和气体释放过程中亚表面层被软化。采用显微镜观测刀切边缘显示，在亚表面层中存在微米级的孔洞，在切削试样表面气泡区下面是光滑的，这意味着聚合物融化温度接近于燃烧表面温度。

根据文献[1]中数据，GAP 推进剂在 10 ~ 100atm 压强范围内、在不同初始温度下的压强指数为 0.44，该压强范围内的燃速温度敏感度 $\sigma_p=(\partial \ln r_b/\partial T_0)_p$ 为 $0.01K^{-1}$，有关燃速数据报道的非常少。文献[2]中报道，在低于 23atm 压强下，GAP 推进剂的燃烧定律与文献[1]报道的相类似，高压下压强指数明显降低。压强指数除了上面提到的数值，也有报道值如 0.28[10]、0.63[5] 和 0.69[11] 等。据报道，燃速温度敏感度值较低，约为 $0.002K^{-1}$[2]，这似乎与所用的固化剂种类有关。

文献[12]利用分子束质谱研究了未交联 GAP 推进剂的燃烧和热分解，所用预聚物的经验化学式为 $C_{50}H_{99}O_{17}N_{44}$，其相对分子质量为 1976，生成热为 146cal/g。GAP 推进剂火焰测量的最终温度为 1000 ~ 1100K。常压下未固化 GAP 推进剂的燃烧产物为 N_2、H_2、CO、CO_2、CH_4、C_2H_4、C_2H_6、NH_3、H_2O、乙腈、丙烯腈和呋喃。GAP 推进剂热分解后可压缩的残渣占产物质量的 46%，与文献数据很吻合。研究 100 ~ 200K/s 高加热速率和等温条件下 GAP 推进剂薄片的热分解动力学性能，发现热分解分三个阶段：第一阶段（产生 N_2 的量为 15%）是一级反应；第二阶段（产生 N_2 量为 25%）是自催化反应；第三阶段是一级弱放热反应，N_2 产量为 60%。实验数据与文献数据相比较，可得出研究结果强烈依赖于实验条件和 GAP 样品，燃烧产物中含有的大量水会带来影响。例如，Tang 和 Litzinger[13]用相同的实验条件检测到了水的存在。同时，文献[1]检测到了其他的含氧产物（甲醛和乙醛），这在文献[12]中未曾报道。发现这些的原因是，文献[13]是采用激光点火技术研究了固化 GAP 推进剂的燃烧性能。

2.3.2　燃速模拟

文献[1]首次研究了燃速与燃烧表面温度间的关系。假设燃烧波中 GAP 推

进剂的分解符合 Arrenius 方程，燃速方程的形式为

$$r_b(\mathrm{m/s}) = 9160\exp(-8.7\times10^4/RT_s)$$

基于这一表达式，推导出了表面温度敏感度关系式：

$$(\partial T_s/\partial T_0)_p = \sigma_p RT_s^2/E_s$$

在 $p=50\mathrm{atm}$ 下，用 $E_s=20.8\mathrm{kcal/mol}$ 结合 T_s 和 σ_p 实验值，得到 $(\partial T_s/\partial T_0)_p$ 的级数为 0.48。应指出的是，σ_p 报道值为 $0.01\mathrm{K}^{-1}$，$(\partial T_s/\partial T_0)_p$ 控制着非稳态燃烧。事实上，根据现象学的方法[14]，逼近的振荡燃烧边界极限值 $(\partial T_s/\partial T_0)_p$ 必定大于 $[\sigma_p(T_s-T_0)-1]^2/[\sigma_p(T_s-T_0)+1]$。然而，当 $\sigma_p=0.01\mathrm{K}^{-1}$ 和 $T_s-T_0\geqslant 350\mathrm{K}$ 时，$(\partial T_s/\partial T_0)_p>1.3$。在研究的压强范围内，没有关于 GAP 推进剂不稳定燃烧的实验数据。

文献[2]中描述了 GAP 推进剂的简化燃烧模型，认为凝聚相熔融层中释放 N_2 起着控制燃速的作用。利用渐近分析法，采用可忽略热反馈的气相火焰，得到了一维稳态燃烧波的解：

$$M \sim (T_s/\sqrt{Q_1})\exp(-E_1/2T_s) \tag{2.21}$$

式中，M 为无量纲的质量燃速；T_s 为无量纲的表面温度；Q_1 为熔融层中无量纲的反应热；E_1 为无量纲的反应活化能。

获得的关系式与凝聚相燃速控制阶段非常相似[13]。由于处于指数位，表面温度对质量燃速影响显著。然而，文献[2]并未报道 T_s 的计算方法，因此，该值应该是实验值，已知 T_s 值即可估算 E_1 值。

事实上，式(2.21)在描述 GAP 燃烧关系方面给出的信息非常有限，特别是在描述压强和温度敏感性方面。这是因为简化了凝聚相过程并忽略了实际的气相过程。文献[6]在 GAP 燃烧行为模型上发展了更先进的方法。

按照这一方法，燃烧波可分为 3 个区：①凝聚相非反应区；②两相分解区；③气相火焰区。文献[14]早已描述了有关数学公式的细节。简单地说，区域 1 在能量方程上没有体现；区域 2 包含能量和物种在横坐标轴上的积分方程，直到所有的凝聚相材料消失，积分结果（温度和物种质量流）用作区域 3 的边界条件；区域 3 包括气相中的能量和物质方程积分。区域 2 和区域 3 之间界面处的热平衡条件决定了燃速。

聚合物相转变的不确定性构成了 GAP 燃烧模型的特性，如晶体材料无真正的熔融态，聚合物 GAP 没有明显的熔点。因此，区域 2 边界的选定存在随意性，这与一些温度值“低于某个温度时分解以某个显著的速率发生”相对应。与晶体材料相反，假定蒸发作用较微弱，则燃烧表面 99.999% 面积中凝聚相物质转化为气体产物。

基于分解研究中质谱检测到的有限物质，构建了区域 2 的反应方案。假设三种涉及 4 个不同步骤的总反应机制，正如本节提到的，每个机制的第一步均放出氮气。简单而言，80% 的氮气在第一步中释放出来，其余的氮气在随后的步骤中放出。机制间的不同之处是 H_2CN、CN、H_2O、CH_2、CNO、C_2H_3 和 C（固体）等一些关键组分有所变化。凝聚相分解产物在气相中反应，气相反应机理是由文献中关于 RDX、AP 和烃类气体燃烧的几种机理构成，最终的反应方案由 58 种物质和 292 个基元反应构成，未形成简化机理。

计算采用几个连续步骤进行：①调节生成物质和动力学常数去吻合固定压强下的燃速实验值，并去适应区域 2 和区域 3 界面处的热通量；②采用一系列计算，比较不同初始温度和压强下的理论值与实验数据，发现提出的机制可很好地再现 GAP 推进剂 10 ~ 70atm 范围内的燃速实验定律；③将绝热火焰温度与热力学代码计算的热平衡温度进行对比，计算结果如图 2.6 所示。在高于 20atm 压强下机理 A 和机理 B 表现出了较好的一致性，但机理 C 得出的恒定火焰温度较低。文献[1]中测得的燃速温度敏感度由机理 A 和机理 B 进行了很好的再现，但与机理 C 差别较大。

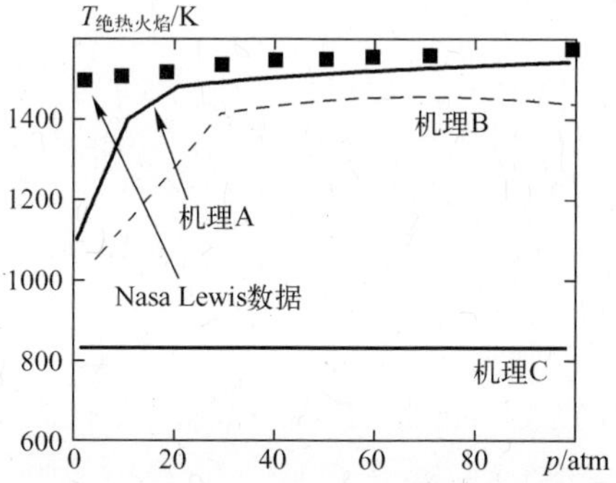

图 2.6　理论结果与实验数据比较[6]

值得注意的是，机理 A 和机理 C 之间的差异，主要是凝聚相分解时产生的碳量不同，以及在该分解过程中放热量不同。在机理 C 中固体碳的比例可以忽略不计，凝聚相放热明显很高（约为 105cal/g，而不是机理 A 中的 18cal/g）。

对比不同机制模拟 GAP 推进剂燃烧行为的差异时，均要与现有的实验数据进行对比。但这些对比可用的数据量很少，迫切需要获得新的实验信息，如物质浓度、温度分布、燃速敏感性等定量数据。目前，由特定反应计算出的火焰温度与热平衡温度对比似乎不正确，因为实验表明 GAP 推进剂燃烧波的火焰温度非常低。同时，与文献[1]报道的很高的燃速温度敏感度数据比较似乎不恰当，这是因为该推进剂预期的瞬态燃烧行为很不稳定[15]（模型只涉及稳态机制）。令人惊讶的是,文献[3]在 GAP 推进剂常压下的自熄火行为只有一个观察数据可用。

参考文献

1. Kubota N., Sonobe T., Combustion mechanism of azide polymer // Propellants, Explosives, Pyrotechnics, 1988. - Vol.13. - pp. 172-177.
2. Hori K., Kimura M., Combustion mechanism of glycidyl azide polymer // Propellants, Explosives, 1996. - Vol.21. - pp. 160-165.
3. Frankel M.B., Grant L.R., Flanagan J.E., Historical Development of glycidyl azide polymer // Journal of Propulsion and Power, 1992. - Vol.8, No.3.
4. Lengelle G., Fourest B., Godon J.C., Guin C. Condensed phase behavior and ablation rate of fuels for hybrid propulsion // 29th Joint Propulsion Conference, AIAA 93-2413, 1993.
5. Yuan L.Y., Liu T.K., Cheng S.S., The combustion characteristics of GAP gumstock propellants // 32nd Joint Propulsion Conference, AIAA 96-3235, 1996.
6. Davidson J. , Beckstead M., A mechanism and model for GAP combustion // 35th Aerospace Sciences Meeting and Exhibit, AIAA Paper 07-0592, 1997.
7. Flanagan J., Woolery D., Kistner R., Fundamental studies of azide decomposition and combustion // AFRPL TR-96-094, Dec. 1986. (cited by [6]).
8. Chem J.K., Brill T.B., Thermal decomposition of energetic materials 54. Kinetics and near-surface products of azide polymers AMMO, BAMO and GAP in simulated combustion // Combustion and Flame, 1991. - Vol.87. - pp. 157-168.
9. Haas J., Eliahu, Yeshadyahy B., Welner S., Infrared laser-induced decomposition of GAP // Combustion and Flame, 1994. -Vol.96. -pp. 212-220.
10. Kubota N., Sonobe T., Jamamoto A., Shimizu H., Burning rate characteristics of GAP propellants // J. Propulsion and Power, 1990. - Vol.6, No. 6. - pp. 686-689.
11. Simmons R.L., Unusual combustion behavior of nitramines and azides. // In: Challenges in Propellans and Combustion. 100 years after Nobel (K.K. Kuo, Ed.). Begell House, Inc., New York, 1986. - pp. 24-37.

12.O.P. Korobeinichev, L.V. Kuibida, E.N. Volkov, A.G. Shmakov. Mass Spectrometric Study of Combustion and Thermal Decomposition of GAP // Combustion and Flame, 2002. - Vol. 129. - pp. 136–150.
13. C.-J. Tang, Y. Lee, T. A. Litzinger. Simultaneous temperature and species measurements of the glycidyl azide polymer (GAP) propellant during laser-induced decomposition // Combustion and Flame, 1999. - Vol. 117, No. 1–2. - pp. 244–256.
14.Novozhilov B.V. Nonsteady combustion of solid rocket propellants // "Nauka", Moscow, 1973 (R).
15.Merzhanov A.G., Dubovitskii F.I. On the theory of steady state monopropellant combustion // Proceedings of USSR Academy of Science, 1959. - Vol. 129, No. 1. - pp. 153-156 (R).
16.Davidson J.E., and Beckstead M.W. A three-phase combustion model of HMX // Proceed. 26th International Symposium on Combustion, The Combustion Institute, Naples, Italy, 1996.

2.4　HNF 的燃烧

硝仿肼 $N_2H_4C(NO_2)_3$(HNF)很有希望替代高氯酸铵作为推进剂配方氧化剂使用。在 20 世纪六七十年代,美国首次报道了 HNF 在推进剂中应用的情况[1,2]。后来一些苏联研究人员公布了 HNF 热分解研究结果[3]。文献[4]最早报道 HNF 与 HTPB 和双基系这样的黏合剂不相容。幸运的是,最近荷兰的研究[5]表明,HNF 与新型含能黏合剂 GAP 和 BAMO 相容性良好。这极大地促进了纯 HNF 和含 HNF 推进剂燃烧机理研究。

1. 理化性质

纯 HNF 是密度为 $1.86g/cm^3$、熔点为 124℃的针状晶体,其室温下的热扩散率为 $1.63\times10^{-3}cm^2/s$[6]。

HNF 分解实验[1]检测到其初始分解的主要产物为 NO_2,并假设 NO_2 与 HNF 再次反应产生 NO_2。用热电偶测量[2]显示,燃烧波中有 3 个区:首先温度升到 120℃,然后在 120 ~ 260℃温度范围内出现泡沫区,随后在 260℃以上汽化。在快速加热(T - Jump 技术)下的热分解显示,低于 260℃的第一阶段,HNF 吸热降解为肼和硝仿[7],随温度增加只测到有 H_2、H_2O、N_2、NO 和 CO_2 等小分子。

纯 HNF 的燃速比较快,在 10atm 下约为 6.5mm/s,在 70atm 下约为 30mm/s,燃

速压强指数约为 0.83,燃速温度敏感度系数约为 0.0012K^{-1}[8]。燃速的详细测量显示,在中等压强范围内与压强间的依赖关系(斜率)在 20atm 附近突变,压强指数由低压时 $n = 0.95$ 变为高压下 $n = 0.85$。图 2.7 中展示了燃速与压强间的数据关系[8,9]。燃烧表面温度随压强增大而升高,在常压时为 530K,在 $p = 10$atm 时约达到 675K[9]。

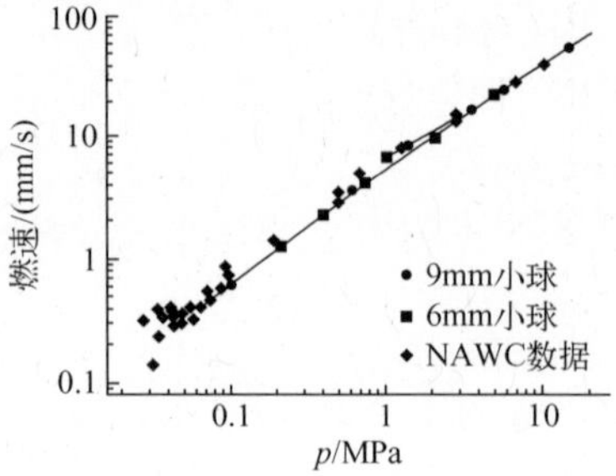

图 2.7　燃烧表面温度和压强间关系[8,9]

在纯 HNF 中加入少量的固态碳(石墨),可使中等压强下燃速略有增加。HNF 混入 5% 的石墨后,压强指数可降到 $n = 0.81$(HNF 自 0.3atm 起可自持燃烧)[9]。加入石蜡(10% ~20%)后,将使中等压强范围内(1 ~20atm)的燃速减少约 50%。

2、燃烧模拟

由于缺乏 HNF 燃烧的物理机制知识,且在数学建模方面研究的时间短,可研究的内容非常有限。文献[10]提出了一个 HNF 固态燃烧模型,文献[11]对该模型进行了进一步的发展和延伸。在该模型中,凝聚相采用零阶一维单吸热的总分解反应描述,凝聚相分解产物在气相中进一步反应是由分子不可逆的总反应描述:

$$B + M \rightarrow C + M$$

式中,B 表示凝聚相分解出的不稳定中间产物,如 NO_2、HONO、N_2O 等;M 表示不稳定产物,如 N、H、OH 或其他类似气相产物。

假定气相反应是高放热的,可以用 2 种方法来描述:低活化能限制[12]和经典的高活化能限制[13]。在低活化能限制情况下,物质 M 为链反应的不确定载体,其质量分数是恒定的,与主要物质 B 和 C 相比,可以小到忽略不计。因此,气相反应整体而言是二级反应,而相对于 B 则为一级反应。在高活化能限制情况下,气相反应被认为是经典的热分解反应。

以下模型是基于几种简化假设建立的,所有物质的分子质量相等,热物理系数恒定，Lewis 数值统一。凝聚相表面被外部激光辐射能 Q_r（W/m^2）照射，物质气泡吸收的辐射能可根据 Beer 定律的吸收系数 K_a 算得，求解凝聚相能量方程可给出质量燃速表达式[14,15]：

$$m^2 = \frac{A_c R T_s^2 \lambda_c \rho_c \exp(-E_c/RT_s)}{E_c[C_c(T_s - T_0) - Q_c/2 - f_r Q_r/m]} \tag{2.22}$$

式中，A_c 和 E_c 分别为指前因子和活化能；λ_c 为热传导系数；Q_c 为反应热；f_r 为反应区下面吸热分数。对于 HNF 而言，$Q_c = -7.2\text{cal/g}$，即反应为吸热反应，且 $E_c = 18000\text{cal/mol}$。

界面处的热平衡给出燃烧表面温度的计算表达式为

$$T_s = T_0 + Q_c/c_p + [\lambda_g(\partial T/\partial x)_{x=0} + Q_r](mc_p)^{-1}$$

要计算参数 $\lambda_g(\partial T/\partial x)_{x=0}$，一定要求解出低活化能限制条件下 $E_g \to 0$ 时气相能量和质量守恒方程，最后可得到

$$T_s = T_0 + Q_c + \frac{Q_c}{c_p} + \frac{Q_g}{c_p(1 + \kappa_g c_p m/\lambda_g)}$$

式中，κ_g 为气相特征反应区宽度。

气相反应在高活化能限制（$E_g \to \infty$）情况下，燃速表达式可表示为[15]

$$m^2 = \frac{2\lambda_g B_g M^2 P^2 c_p T_f^4}{E_g^2 Q_g^2} \exp(-E_g/RT_f) \tag{2.23}$$

从总的热平衡计算出火焰温度 T_f：

$$T_f = T_0 + \frac{Q_c + Q_g + Q_r/m}{c_p}$$

当取 $E_g = 40000\text{cal/mol}$ 和 $Q_g = 583\text{cal/g}$ 时，文献[11]计算了燃速与压强间的依赖关系，并与相似的 $E_g \to 0$ 情况进行了对比。后者的计算值与实验数据很吻合。这证明使用 $E_g \to 0$ 模型进行计算的结果，与燃速初始温度系数和燃烧表面温度与压强间关系的实验值很吻合。因此，可得出以下结论：采用气相低活化能限制简化模型就能很好地描述实验结果。

文献[16]尝试构建了纯 HNF 的瞬态燃烧模型。该模型是在 QSHOD 方法（准稳态气相、均相、一维）下形成的。凝聚相的热传导用零级热传导的放热方程代替。在燃烧表面处能量方程的边界条件，可用接口处热通量的简化形式表示。

气相热传递可用燃烧表面反应区附近均匀分布的恒定放热 KTSS 型模型[17]描述。要与浮动系数相匹配，常压下燃速采用 0.68mm/s，表面温度采用 553K。模型计算结果与激光辅助条件下静态自持燃烧的实验数据符合得很好。与激光

反冲实验相比，高频率下对外部的辐射通量扰动响应的结果偏高[18]。

需要注意的是，尽管示例中理论预测和实验结果之间的相关性很好，但迫切需要从理论和实验两方面进一步研究 HNF 燃烧机理的细节。事实上，较低温度下存在熔化现象，意味着亚表面层存在 HNF 液态物质，估计燃烧表面上方存在 HNF 蒸气。因为（根据文献[16]）在凝聚相有吸热反应，极可能有蒸发的情况，表面处的数学模型必须引入适当的热平衡，以及燃烧表面处的附加条件。后者，如果采用 Clausius - Clapeyron 方程，可以为燃烧表面温度与压强关系计算提供方便。

应该强调的是，在燃烧模型中要适当考虑每个相变过程。特别是在计算燃速对外部热通量扰动的响应时，如果没有考虑熔化的影响，将导致理论预测出错[19]。因此，文献[16]提出要彻底重视该情况。

Dendage 等综述了纯 HNF 和含 HNF 推进剂的物理化学特性[20]。对 HNF 的合成方法，对获得所需的 HNF 颗粒尺寸、形状的合成方法进行了详细论述，强调了要重复获得高质量 HNF 的工艺参数的优化过程。鉴于可用的文献比较有限和零散，要获得系统的实验数据，今后要对燃烧和合成方面开展详细研究。

最近，Ermolin 等[21]报道了 HNF 火焰结构的理论模拟结果。基于 HNF 热分解和燃烧文献的分析，得出了 HNF 释放出蒸气的路线：$HNF_{liq} \rightarrow (N_2H_4)_g + (HC(NO_2)_3)_g$。火焰结构使用了 47 个物种和 283 个基元反应，进行了详细化学反应动力学机理模拟。它是由水合肼$(N_2H_4)_g$的分解机理和三硝基甲烷$(HC(NO_2)_3)_g$（三硝基甲烷，NF_g）的分解机理组成，后者来自于燃烧表面的蒸发。该模拟涉及了 NF_g 的不同分解途径，其中包括$(NO_2)_2$、$HCNO_2$ 和 $HC(O)NO_2$ 自由基。利用燃烧表面处的产物组分，计算了 HNF 在 0.4、1 和 5atm 压强下的火焰结构，燃烧表面处的产物是由凝聚相反应进一步发展的，并与 HNF 的化学组成及生成焓一致（即遵循质量守恒和能量守恒原则）。计算可知，硝仿和肼（部分和氨）的气相反应放热导致邻近燃面火焰区温度升高，其值可将表面温度升高到 1300K。火焰温度的增加，与混合气体组分 $H_2O/N_2/N_2O/NH_3/NO/NO_2/HNO_2/CO/CO_2/HCNO/HCN$ 的反应有关。

对比 HNF 火焰的热结构和化学结构的试验数据和计算数据发现，在 HNF 火焰化学反应机理方面，需要持续开展理论和实验研究。为应对中间产物参数，需进行广泛的量子化学计算，获得不同压强下温度和浓度分布的可靠实验数据。

参考文献

1. G. von Elbe, R. Friedman, J.B. Levy, S.J. Adams. Research on Combustion in Solid Rocket Propellants: Hydrazine as a Propellant Ingredient // Atlantic Research Corp., Techn. Rep. DA-36-034-AMC-0091R, July 21, 1964.
2. E.T. McHale, G. Von Elbe. The Deflagration of Solid Propellant Oxidizers // Comb. Science Techn. 2, 227-237, 1970.
3. V.A. Koroban, T.I. Smirnova, T.N. Bashirova, B.S. Svetlov. Kinetics and Mechanisms of the Thermal Decomposition of Hydrazinium Trinitromethane // Tr. Mosk. Khim.-Tekhnol. Inst., 104, 38-44, 1979.
4. G.M. Low, Hydrazinium Nitroformate Propellant with Saturated Polymeric Hydrocarbon Binder // U.S.Patent 3,708,359, Jan 2, 1973.
5. J.M. Mul, P.A.O.G. Korting, H.F.R. Schöyer, Search for New Storable High Performance Propellants // AIAA Paper 88-3354, Boston, Massachusetts, 1988.
6. D.M. Hanson-Parr, T.P. Parr, Measurements of Solid Rocket Propellant Oxidizers and Binder Materials as a Function of Temperature // J. Energ. Mat, 1999. - Vol. 17/1. - pp. 1-48.
7. G.K. Williams, T.B. Brill, Thermal Decomposition of Energetic Materials 67. Hydrazinium Nitroformate (HNF) Rates and Pathways under Combustionlike Conditions // Comb. Flame 102, 418-426, 1995.
8. J.C. Finlinson, A.I. Atwood, HNF Burnrate. Temperature Sensitivity, and Laser Recoil Response from 1 to 6 atm // 34th JANNAF Comb. Meeting, West Palm Beach, Florida, 27-31 Oct. 1997.
9. J. Louwers, G.M.H.J.L. Galiot, M. Versluis et al., Combustion of Hydrazinium Nitroformate Based Compositions // 34th AIAA/ASME/SAE/ASEE Joint Propulsion Conference and Exhibit, July 1998, AIAA Paper 98-3385.
10. J. Louwers, G.M.H.J.L. Gadiot, M.Q. Brewster, S.F. Son, Model for steady-state HNF combustion // Intern. Workshop on Combustion Instability of Solid Propellants and Rocket Motors, Politecnico di Milano, 16-19 June 1997.
11. J. Louwers, G.M.H.J.L, Gadiot, M.Q. Brewster et al., Steady-state HNF combustion modeling // J. Propulsion and Power, 1999. Vol. 15, No. 6. –pp. 772-777.

12.M.Q. Brewster, M.J. Ward, S.F. Son. New paradigm for simplified combustion modeling of energetic solids: branched chain gas reactions // AIAA Paper 97-3333, 1997.

13.M.R. Denison, E. Baum. A simplified model of unstable burning in solid propellants // ARS Journal, 1961. - Vol. 31. - pp 1112-1122.

14.G. Lengelle. Thermal degradation kinetics and surface pyrolysis of vinyl polymers // AIAA Journal, 1970. - Vol. 8. - pp. 1989-1998.

15.M.M. Ibiricu, F.A. Williams. Influence of externally applied thermal radiation on the burning rates of homogeneous solid propellants // Combustion and Flame, 1975. - Vol. 24. - pp. 185-198.

16.J. Lowers, G. Gadiot, M. Versluis, et al., Measurement of steady and non-steady regression rates of hydrazinium nitroformate with ultrasound // Intern. Workshop on Measurement of Thermophysical and Ballistic Properties of Energetic Materials, Politecnico di Milano, Italy, June 1998.

17.H. Krier, J.S. T'ien, W.A. Sirgnano, M. Summerfield. Nonsteady burning phenomena of solid propellants: theory and experiments // AIAA J., 1968. - Vol. 6. - pp. 278.

18.J.C. Finlinson. Laser recoil combustion response of HNF, oxidizer from 1 to 6 atm // AIAA, 1997. – pp. 97-334

19. V. E. Zarko, L. K. Gusachenko, A. D. Rychkov. Effect of melting on dynamic combustion behavior of energetic material // Journal of Propulsion and Power, 1999. -No. 6.

20. P. S. Dendage, D. B. Sarwade, S. N. Asthana, H. Singh. Hydrazinium nitroformate (HNF) and HNF based propellants: A review // *Journal of Energetic Materials*, 2001. - Vol.19, No.1, pp. 41-78.

21.N. E. Ermolin, V. E. Zarko and H. H. Keizers, Chemical Processes in the HNF Flame // *Combustion Explosion, and Shock Waves*, 2006. - Vol. 42, No. 5. - pp. 509–520.

2.5 ADN 的燃烧

二硝酰胺铵[$NH_4N(NO_2)_2$,ADN]是另一种可用于固体推进剂中,具有良好发展前途的无氯、绿色高能氧化剂,其密度为 1.82g/cm^3,熔点为 92℃。纯 ADN 在 70atm 下的燃烧温度适中,可达到 2060K。在低压强条件下,其燃烧波温度分布曲线存在 3 个明显的区域(见图 2.8),同时伴有来自气相燃烧火焰区的相对较弱的热反馈。

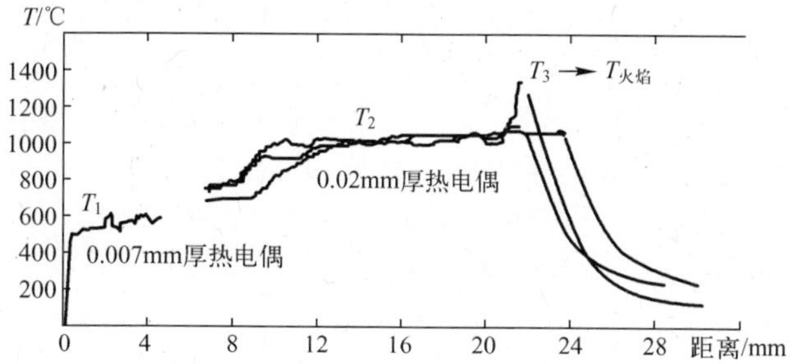

图 2.8 ADN 在低压条件下的燃烧波温度分布曲线[1]

实验研究表明[1],纯 ADN 在 2 ~20atm 和高于 100atm 压强范围内均可稳定燃烧;在压强低于 2atm 时,混有 0.2% 石蜡的 ADN 才能稳定燃烧。但从严格意义上讲,纯净的、不含任何杂质的 ADN 并不存在。纯 ADN 若要在环境压强下维持稳定燃烧,必须将预压制的 ADN 试样加热到 100℃ 以上,但 Korobeinichev 的研究发现[2],在常压条件下,预压制的 ADN 试样在 25℃ 初温下仍可维持稳定燃烧。这种不同 ADN 样品燃烧特性间的差异,可能是由于不同 ADN 样品的纯度不同所引起[3]。在燃速相对较高时,测定试样燃烧表面温度非常困难。因此,大部分文献报道的 ADN 样品燃面温度实验数据,均是一些低压、低燃速条件下的温度数据。例如,文献[1]报道的 ADN 样品在 2atm 和 5atm 下的燃烧表面温度(T_s)分别约为 320℃ 和 380℃;文献[2]报道的 ADN 样品在 3atm 下的燃烧表面温度为 400℃。

在 2K/min 的低升温速率条件下,ADN 的热分解放热反应温度为 127℃,分解热约为 61kcal/mol[4]。有研究认为[4,5],ADN 的热分解过程是由 ADN 从表面熔化层中首先汽化并生成氨(NH_3)和二硝酰胺氢(酸)[$HN(NO_2)_2$][4,5]所引发,随后是 $HN(NO_2)_2$ 的放热分解过程,并生成 N_2O 和 HNO_3。

Brill 等[6]采用铂丝以 2000K/s 的升温速率将 ADN 薄膜加热到 260℃ 并恒温,发现 ADN 在分解初始阶段即产生 NH_3、HNO_3 和 N_2O,而且红外测定结果表明,这些物质的含量还很高。然而,这一反应总体表现为轻微的吸热反应,无法统计其放热量。因此,他们假设,在快速热裂解条件下,ADN 从表面熔化层中汽化并生成 NH_3 和 $HN(NO_2)_2$ 的过程占主要地位,随后,NH_3 和 NO_2 在泡沫层或接近燃烧表面的气相层发生反应,且放出大量热。

此外,Mebel 和 Korobeinichev 分别利用理论[7]和实验[8]提出并证实了 ADN 的热分解过程,即在高温条件下,ADN 首先发生汽化,随后是气相分解而产生 NH_3 和 $HN(NO_2)_2$ 的过程,该实验过程是以金属丝(加热速率 90K/s)或静电火花加热(加热时间为0.01s)方式加热微量(10^{-4}g)ADN样品来实现的。ADN分解产物通过飞行时间质谱来测定。研究结果表明[8],在接近真空条件($p=10^{-6}$torr)下,ADN分解产物的质谱结果与常压或近常压条件下的质谱结果明显不同,这主要是由于ADN气体和其气相分解产物在真空室壁的吸附所引起。在实验压强为1~6torr时,与其他铵盐有所不同,ADN是以一个完整分子的形式汽化为气相分子,随后是更高气相温度下ADN气相分子分解反应生成NH_3和$HN(NO_2)_2$的过程。

该研究还表明,当压强升高(1~6atm)时,ADN分解产生氨和二硝酰胺酸(HD)的过程,首先还是ADN从表面熔化层中汽化形成气相ADN分子的过程。在1~6atm条件下,ADN的燃烧波结构采用分子束质谱及微型热电偶测温技术测得。研究发现,其燃烧波存在3个区,在压强为1~3atm时,没有观察到其发光火焰区。ADN汽化形成气相ADN分子并发生分解产生NH_3和HD后,在接近燃烧表面处发生HD的放热分解反应,该反应可使燃烧表面附近区域的温度升高约150K。在压强为3atm时,通过飞行时间质谱可以获得ADN试样燃烧过程中燃烧表面区附近到燃烧表面产物的质谱峰,其燃烧产物的质谱峰(质谱峰对应的物质列于峰值后的括号中)分别为63(HNO^{3+})、62(NH_2NO^{2+}、NO^{3+})、47(HNO^{2+})、46(NO^{2+})、45(HN_2O^+)、44(N_2O^+)、30(NO^+)、29(N_2H^+)、28(N^{2+})、18(H_2O^+)、17(NH^{3+}、OH^+)。在压强6atm时,距离ADN燃烧表面6~8mm处可观测到另一个高温区,该区的主要反应为氨与硝酸的氧化反应,燃烧温度为1400K。当压强为40atm时,存在第三个高温区,其测量的最终温度约为2000K。

从上述获得的燃烧波温度分布数据和燃烧火焰照片可以看出,在低压(低于3atm)条件下,ADN的燃烧波结构不包含发光火焰区[1,2,8]。ADN的燃烧波温度分布结果表明,在中等压强(低于10atm)条件下,由气相向燃烧表面的热反馈对燃烧表面的热平衡几乎没有贡献,燃速主要由固相反应控制。在1~3atm条件下,ADN燃烧表面附近气相燃烧产物的质谱结果表明,存在气相的ADN分子和$HN(NO_2)_2$[8]。随着压强升高,当达到6atm时,在高于燃烧表面6~8mm处,出现第二个高温区,在这一反应区内的反应主要是氨与硝酸的氧化反应。

以下为ADN燃烧机理的定性描述[1]:

假设在表面熔化层中,ADN分解形成凝聚相的硝酸铵和N_2O气体。在低压条件下,表层气泡破裂形成含有ADN和硝酸铵的凝聚相喷射液滴。随着压强增加,凝聚相中ADN的含量明显增加。燃烧表面温度主要由硝酸铵的离解控制。第二个火焰区的温度(1000~1200℃)主要由氨氧化控制。当压强达到10MPa

以上时，在第三个火焰区发现存在部分未反应的 N_2O 的分解。ADN 在 20～100atm 产生的不稳定燃烧现象，主要由于固相反应的放热增加使得亚表面熔化层过热而形成不稳定燃烧现象。在更高压强下（100atm），气相化学反应在 ADN 的燃烧过程中可能会占据主导作用而影响燃烧。不同二硝酰胺盐燃烧机理的类似结论见文献[9]。

ADN 燃烧气体火焰机理定量描述见文献[10]。反应气体混合物的一维非定常流反应方程组的建立及解法见文献[11]。燃烧火焰的反应动力学机理包括 $NH_3/N_2O/NO/NO_2/HNO_3/H_2O/N_2$ 气相混合物以及气相的 ADN、$HN(NO_2)_2$ 和 NH_2NO_2 的高温反应子机理。

为获得该问题的可靠解，燃烧表面附近的边界条件主要依据实验数据确定[8]。下方气体流量的边界条件对应于平衡条件。表 2.13 中列出了一个初始空间坐标下的气体组分及浓度的例子。

表 2.13　ADN 燃烧表面处的气体组分及摩尔百分比

NH_3	H_2O	N_2	NO	N_2O	HNO_3	ADN_{vap}
8	30	8	19	24	8	3

实际计算中，取表面温度 400℃，$p = 3$atm 下的质量流率为 1.97g/(cm^2·s)。与实验结果相比，在无火焰燃烧区（温度不超过 800K），除 NH_3 的空间浓度分布与实验结果有一定的差别外，其他的物质空间浓度分布都与实验结果吻合较好，尤其是当 ADN 蒸气浓度的边界条件设定为 0 时，其计算结果与实验结果吻合最好。

有关 ADN 燃烧火焰中更为详细的化学反应介绍可参见文献[12－14]。ADN 燃烧过程中总的化学反应机理包括 29 种物质和 218 个基元反应。同时假设在燃烧表面处 ADN 经历了离解、表面蒸发并形成 NH_3 和 $HN(NO_2)_2$。计算结果表明，在压强 0.04～60atm 范围内，在 ADN 燃烧火焰的第一火焰区，其化学反应的热释放主要来源于 $HN(NO_2)_2$ 参与的反应；在压强为 6atm 时，在 ADN 燃烧火焰的第二火焰区（最高温度 1500K），其化学反应的热释放主要来源于 ADN 分解产物（NH_3、N_2O、NO、NO_2、HNO_3）之间的反应，这些化学放热反应在第二火焰区中发挥着重要的作用，即

$$NH_3 + OH \rightarrow NH_2 + H_2O$$

$$OH + NO_2 + M \leftarrow HNO_3 + M$$

$$HNO_2 + M \rightarrow NO + OH + M$$

理论计算结果表明，这些物质的温度和浓度分布曲线与实验数据结果非常吻合。

对于 ADN 燃烧火焰的第三区，由于现有的实验测试手段很难测定，因此，关于该区的详细的实验结果还未见文献报道，但从理论计算结果来看，ADN 燃烧火焰的第三区主要在离燃烧表面 8mm 的位置，其最终火焰温度约 2200K。在 ADN 燃烧火焰的第三区，由于 NO 的分解速率很慢，因此，理论计算过程也相对较慢。为缩短理论计算时间，通过对其反应机理简化发现，简化机理最少需要包含 18 种物质和 36 个基元反应。同时为了对比，也对包含 28 种物质和 217 个基元反应的全机理进行了相应的理论计算，但其中不包括 ADN 汽化过程。

基于理论计算和实验数据，Ermolin 等[14]详细阐述了接近燃烧表面火焰区中 $HN(NO_2)_2$、气溶胶以及 ADN 蒸气对热释放的影响。结果表明，在高温火焰区，其放热主要来源于 $NH_3/N_2O/NO/NO_2/HNO_2/HNO_3$混合物的化学反应。在中等压强条件下，高温反应区和低温反应区之间存在一个诱导区。在此诱导区，主要发生的反应为 $HNO_3 + M \rightarrow OH + NO_2 + M$，其中 OH 自由基在燃烧过程中扮演着重要角色。

2006 年，Sinditskii 等[15]对 ADN 在 0.04 ~ 10MPa 下的燃烧波温度分布进行了详细的研究，燃烧波温度分布通过薄的钨铼热电偶测定。温度分布测量结果表明，ADN 火焰结构存在三个区。在低压（低于 1MPa）条件下，由燃气向燃烧表面的热反馈极小，ADN 在固相区的固相分解反应对燃烧起主导作用。在高压（高于 10MPa）下，燃速主要受第一火焰区中 HNO_3分解反应的影响。在中等压强下，由于固相区中 ADN 的固相分解反应放出的热不足以维持 ADN 的稳定燃烧，因此，在此压强下会产生不稳定燃烧现象。Sinditskii 等还认为，ADN 在固相区中发生的快速分解反应，可在 ADN 燃烧表面形成一层气凝胶云，而该气溶胶云的变化可能在 ADN 的燃烧机理中发挥着重要的作用。

值得注意的是，关于 ADN 燃烧表面存在的泡沫区和高浓度的气溶胶粒子，目前还没有得到实验证实，主要由于在气溶胶的测量技术方面还存在许多技术难题要解决。同时，从理论计算结果来看[14]，要实现用实验观察到燃烧表面附近的温度升高，燃烧表面气溶胶粒子的摩尔分数至少应比纯 ADN 或硝酸铵粒子的理论摩尔分数大 0.02。这一理论计算结果特别需要更为详尽的物质及气溶胶粒子浓度实验数据，特别是燃烧表面附近的实验数据来证实。事实上，由于在燃烧这种剧烈化学反应条件下，物质浓度的检测非常困难，因此，目前还没有可用的文献实验数据来定量验证 ADN 蒸气的理论计算结果。此外，精确测定 NH_3 在接近燃烧表面附近的摩尔分数，对证实详细化学动力学计算结果，揭示 ADN 的燃烧机理非常重要。

参 考 文 献

1. A.E Fogelzang, V. P. Sinditskii, V. Y. Egorshev et.al., Combustion behavior and Flame structure of Ammonium Dinitramide. Combustion and Detonation // 28th International Annual Conference of ICT, June 24 - June 27, 1997, Karlsruhe, Federal Rederal republic of Germany, pp. 99.1-99.14.

2. O. P. Korobeinichev, A. G. Shmakov, A. A. Paletsky. Thermal decomposition of ammonium dinitramide and ammonium nitrate. Combustion and Detonation // 28th International Annual Conference of ICT, June 24 – June 27, 1997, Karlsruhe, Federal Republic of Germany, pp.41.1-41.11.

3. A.E.Fogelzang. Personal communication, June 1997.

4. S. Lobbecke, H. Krause, A. Pfeil. Thermal decomposition and stabilization of ammonium dinitramide (ADN). Combustion and Detonation // 28th International Annual Conference of ICT, June 24 – June 27, 1997, Karlsruhe, Federal Republic of Germany, pp. 112.1-112.8.

5. G. B. Manelis. Thermal decomposition of dinitramide ammonium salt // 26th Int. Annual Conference of ICT, 04.07 – 07 – 07. 1995, Pyrotechnics Basic Principles. Technology, Application, 15.1-15.15.

6. T. B. Brill, P. J. Brush, D. G. Patil. Thermal Decomposition of Energetic Materials 58. Chemistry of Ammonium Nitrate and Ammonium Dinitramide Near the Burning Surface Temperature. Comb. Flame, 1993. - Vol. 92, No.1, 2. - pp. 178 - 186.

7. M. Mebel, M. C. Lin, K. Morokuma, C.F. Melius. Theoretical study of the gas-phase structure, thermochemistry, and decomposition mechanisms of NH_4NO_2 and $NH_4N(NO_2)_2$ // J. Phys. Chem. 1995. - Vol.99, No.18. - pp. 6842-6848.

8. O. P. Korobeinichev, L. V. Kuibida, A. A. Paletsky, A.G. Shmakov. Molecular-Beam Mass-Spectrometry to Ammonium Dinitramide Combustion Chemistry Studies // J. of Propulsion and Rower, 1998. - Vol. 14, No. 6. - pp. 991-1000.

9. V. P. Sinditskii, A. E. Fogelzang, A.I. Levshenkov, et al., Combustion Behavior of Dinitramide Salts // 36th Aerospace Sciences Meeting and Exhibit, Jan. 1998, Reno, AIAA Paper 98-0808.

10. N. E. Ermolin. Modeling of chemical processes in ammonium

dinitramide flame // III Int. Conf. ICOC 99, Institute of Applied Mechanics, Ural Branch RAS, Izhevsk, Russia, 2000, part 2, pp. 700-718 (R)..

11. N.E. Ermolin, O.P. Korobeinichev, A.G. Tereschenko et al., Modeling of kinetics and mechanism of chemical reactions in the flame of ammonium perchlorate // J. Chemical Physics (Russian), 1982. - No. 12. - pp. 1711-1717.

12. N. E. Ermolin. Structure of ammonium dinitramide flame // IV Int. Conf. ICOC 2002, Institute of Applied Mechanics, Ural Branch of RAS, Izhevsk, Russia, 2004. - pp. 341-368 (R).

13. N. E. Ermolin. Modeling of Pyrolysis of Ammonium Dinitramide Sublimation Products under Low-Pressure Conditions // Combustion, Explosion, and Shock Wave, 2004. - Vol. 40, No. 1. -pp. 92-109.

14. N. E. Ermolin. Heat-release mechanism in ammonium dinitramide flame // Combustion, Explosion, and Shock Wave, 2007. - Vol. 43, No. 5. - pp. 549-561

15. V. P. Sinditskii, V. Y. Egorshev, A.I. Levshenkov, V.V. Serushkin. Combustion of Ammonium Dinitramide, Part 2: Combustion Mechanism // Journal of Propulsion and Power, 2006. - Vol. 22, No. 4. - pp. 777-785. *See also:* V. P. Sinditskii, V. Y. Egorshev, A.I. Levshenkov, V.V. Serushkin, Combustion of Ammonium Dinitramide. Part 1: Burning Behavior // Journal of Propulsion and Power, 2006. - Vol. 22, No. 4. - pp. 769–776.

2.6 高氯酸铵的燃烧

高氯酸铵(AP)是一种可提供大量氧的化合物,因此,其可作为氧化剂广泛应用于复合固体推进剂中。1957 年,Friedman 与其团队[1]开始系统研究了 AP 的燃烧特性,并建立了 AP 的燃烧机理以及燃烧规律。研究结果发现,AP 存在低压和高压燃烧极限。为了更为深入地了解 AP 在宽的压强及宽初始温度范围的燃烧特性,最近几十年广大的科研工作者在此方面做了大量研究。研究结果表明,在某些条件下,为了满足 AP 燃烧过程中的燃烧波热损失,可能需要更高的燃烧压强极限(约 270atm[1])。后来的研究发现,即使在低压条件下,当热损失降为最小时(试样尺寸较大或表面有绝热材料),AP 的燃速与压强的关系仍然没有一个明确的结果。

AP 燃速与压强的关系,在一定的条件下可简单划分为 4 个区[2],如图 2.9

所示。由图可以看出,在 1、2 和 4 区内其 dm/dp 值为正值,因此在这几个区内 AP 燃烧稳定。在 3 区,AP 会产生不稳定(振荡)燃烧现象。当所使用的 AP 试样为 AP 单晶时,这种不稳定燃烧现象更明显[2]。当采用可燃的 AP 预压制片状试样或 AP 试样表面有热绝缘层时,在 3 区的燃速降幅会变小,在某些条件下甚至可变为平台状[2]。

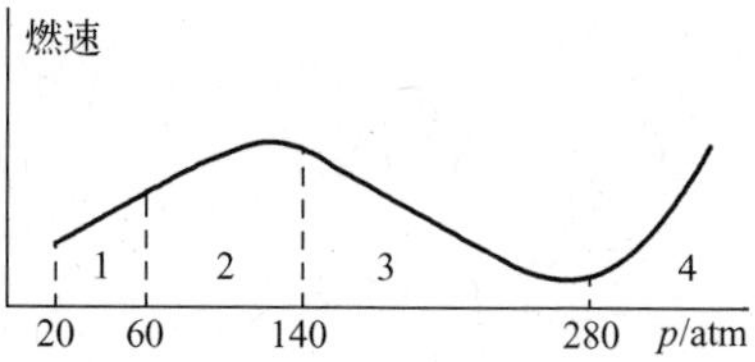

图 2.9　AP 的燃速与压强的关系曲线[2]

AP 燃速 - 压强曲线 4 个区的边界位置主要由 AP 试样的初始温度决定。在初始温度为 20℃时,AP 燃烧的低压燃烧极限约为 20atm;而在初始温度为 50℃时,AP 燃烧的低压燃烧极限约为 15atm。在压强为 140 ~ 150atm 时,AP 开始出现不稳定燃烧现象;随着压强增加,当压强达到 280 ~ 300atm 时,又转变为稳定燃烧。

AP 燃速 - 压强曲线上 1 区和 2 区($p = 56 \sim 70$atm[3])的边界,可通过燃速关系式($m \sim p^{\nu}$)中的压强指数 ν 来确定。ν 通常随压强的增加而逐渐减小,在 1 区时,其值约为 0.77[2]。通过对 AP 晶体熄火表面微观机构的研究发现,在上述 4 个区观察到的 AP 晶体的熄火表面结构存在一定差别[2]。如在压强区 1,AP 晶体的熄火表面覆盖了一层气泡和泡沫,而在压强区 2,其熄火表面却呈多孔状结构。

Glazkova 的研究表明[3],AP 试样在压强区 3 燃烧时,其燃烧表面会形成一种口袋状的结构同时还伴有针状物产生,而且在此压强区,针状物的浓度在表面燃尽时达到最大。随着压强的增加(压强区 3),针状物会完全覆盖在整个燃烧表面。

研究 AP 的燃速 - 压强关系,以及 AP 在不同压强范围燃烧过程中燃烧表面层的精细结构对揭示 AP 的燃烧机理至关重要。大量 AP 在高温区($T > 380$℃)和低温区($T < 300$℃)的热分解机理研究结果表明[4],AP 的燃速 - 压强关系虽然在一定条件下可以用一个简单的燃速公式来表示,但 AP 的固相分解机理却不能对所有的实验结果做出很好解释。大量的研究结果表明,AP 不仅存在高温固相分解过程,还存在低温分解及升华过程。在 AP 的低温分解及升华过程中,AP 在固相中首先发生解离生成氨和高氯酸,随后氨和高氯酸又继续发生汽化,进入气相并发生氧化还原反应而放出大量热。

为了建立 AP 的燃烧反应模型,Strunin 和 Manelis 等[5,6]引入了 AP 固相放热分解反应速率控制的概念。他们认为,AP 在燃烧过程中遵循以下步骤:

$$A_c \xrightarrow{\eta_s} B_g,\quad A_c \xrightarrow{1-\eta_s} A'_g \longrightarrow B_g \tag{2.24}$$

式中，η_s为反应物 A_c发生固相分解反应转化为 B_g的质量分数，剩余部分$(1-\eta_s)$的 A_c发生解离生成氨和高氯酸(A'_g)，随后氨和高氯酸又继续发生汽化并且产生最终产物 B_g。

有关式(2.24)所描述的 AP 分解反应过程的详细数学描述可参见文献[6]。数值分析结果表明，AP 在不同压强区燃烧时的分解反应过程主要取决于方程的输入参数，即反应的热效应和动力学常数，这与 1.2.2 节所介绍的系列反应类似。这里可将燃烧区分为燃速受固相反应速率控制的燃烧区和燃速受气相反应速率控制的燃烧区。在燃速受固相反应速率控制的燃烧区，其质量燃速可表示为[5]

$$m^2 = \frac{\rho\lambda}{J_0 Q}\frac{RT_s^2}{E}k_0\exp\left(-\frac{E}{RT}\right) \tag{2.25}$$

若分解反应为零级反应，则有

$$J_0 = 0.5\eta_s^2$$

若分解反应为一级反应，则有

$$J_0 = \eta_s + \left(1-\eta_s-\frac{q_s}{mQ}\right)\ln(1-\eta_s)$$

式中，q_s为 AP 在燃烧区中发生气相解离过程的热效应，$q_s=\lambda(\mathrm{d}T/\mathrm{d}x)_{x=0}\approx 0$；$Q$为式(2.24)所描述的 AP 分解反应过程 $A_c \to B_g$的分解热效应。

在式(2.25)中，m 的值主要取决于燃烧表面 T_s温度和 η_s值，η_s值决定了反应物在汽化过程中两个竞争反应($A_c \to A'_g$和 $A_c \to B_g$)的贡献大小。在文献[5，6]中，为了能对上述问题进行求解，需引入另外两个关系式，燃烧表面处的热平衡方程：

$$c(T_s-T_0) = Q\eta_s - L(1-\eta_s) \tag{2.26}$$

升华产物气体分压 p_s与固相分解产物气体分压$(p-p_s)$的关系方程：

$$\frac{p-p_s}{p_s} = \frac{r_d}{r_s}\frac{\eta_s}{1-\eta_s} \tag{2.27}$$

式中，p 为外部压强；r_d和 r_s分别为 1mol 反应物经分解和升华所产生的分解产物和升华产物的摩尔数。

式(2.27)的建立，需假设气相燃烧产物在接近燃烧表面区附近不因稀释作用发生溶解，物质的蒸发过程满足 Clausius – Clapeyron 方程。

$$p_s = B\exp\left(-\frac{L}{RT_s}\right) \tag{2.28}$$

通过计算式(2.25) – 式(2.28)可获得燃速受固相反应速率控制的燃烧区的燃速与压强的关系。

对于燃速温度系数，其定义式为[7]

$$\beta = \frac{\partial \ln m}{\partial T_0} = \frac{E}{2L}\frac{1}{T_m - T_s} + \frac{1}{T_s - T_0} \tag{2.29}$$

此式适用于 $L(T_m - T_s)/RT_s^2 \gg 1$ 时的中等压强条件，其中 T_m为最高燃烧温度。

在低压条件下，β 值主要受式(2.29)中第二项值的影响，且第二项值随着压强 p 的增大而减小。而在高压条件下，β 值主要受式(2.29)中第一项值的影响，且第一项的值随着压强 p 的增大而增大。因此，由 $\beta(p)$ 的变化特性即可看出，$\beta(p)$ 在整个压强范围内存在一个最小值。对于 AP 的 $\beta(p)$ 值计算结果可参见文献[7]，其计算结果与实验值非常吻合。这一事实或许可以从另外一个侧面逐步证明 AP 燃烧模型中燃速受固相反应速率控制的假设。但燃速压强指数的计算结果与实验结果仍存在一定的偏差。事实上，燃速压强指数 ν 的定义式为

$$\nu = \frac{\mathrm{d}\ln m}{\mathrm{d}\ln p} \approx \frac{E}{2L}, \quad \frac{\alpha L}{RT_s^2} \gg 1$$

式中，E 为式(2.24)所描述的 A→B 反应的反应活化能；$\alpha = (1 - \eta_s)[\eta_s + (1 - \eta_s) r_s / r_d](Q - L)/c$。

随着压强的升高，升华过程受到抑制，ν 会略有减小。在更极端的情况下，当 $p \to \infty$ 时，则 $\eta_s \to 1$，$\nu \to 0$（同时 $m \to$ 常数）。

Strunin 等[6]提出，AP 燃烧过程的燃速受凝聚相反应速率控制是一种过于理想的过程，$m(p)$ 的计算结果与实验结果并不完全相符，还存在较大的偏差。之后，Manelis 等[8,9]提出了更为完善的 AP 燃烧反应机理：

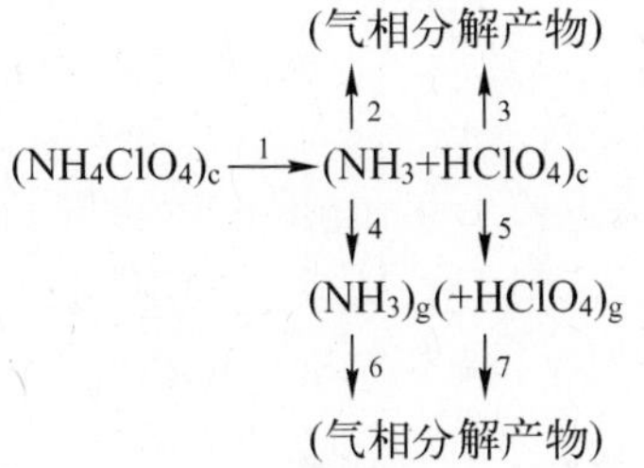

(2.30)

从式(2.30)所描述的 AP 分解反应过程可以看出，过程 1 为反应物 AP 的初始低温分解过程；过程 2 和 3 为 AP 初始低温分解产物的凝聚相分解过程；过程 4 和 5 为 AP 初始低温分解产物的升华过程；过程 6 和 7 为气态 NH_3和 $HClO_4$的气相分解反应。其中，c 和 g 分别表示凝聚相和气相。

从数学角度看，NH_3 和 $HClO_4$ 在反应物中的溶解能力可通过平衡速率常数 $K_1 = [NH_3]_c[HClO_4]_c$来表征，而且，在溶解和升华之间还存在一个质量守恒方程。

假设经过过程 6 和过程 7 发生的放热分解反应仍是 AP 燃烧过程中的燃速控制步骤，则燃速的近似方程可表示为[8,9]

$$m^2 = \frac{2\lambda}{\eta_s^2 Q}\frac{RT_s^2}{E}k_0\exp\left(-\frac{E}{RT}\right)K_1\frac{K_{HClO_4}}{K_{NH_3}}\frac{1+apK_{NH_3}}{1+apK_{HClO_4}} \tag{2.31}$$

式中，K_{HClO4}和K_{NH3}分别为$HClO_4$和NH_3的溶解速率常数；$\alpha = 1/\rho r_d$，ρ为AP的密度；η_s为通过过程2和过程3发生分解反应AP的分解质量分数，并伴有热效应Q。

ν和β的计算式为[9]

$$\nu = \frac{(T_m - T_s)E}{2RT_s^2}\left[1+\frac{(T_m - T_s)L}{2RT_s^2}\right]^{-1} - \frac{K_{HClO_4}}{K_{NH_3}}\frac{ap(K_{HClO_4}-K_{NH_3})}{2(1+apK_{NH_3})(1+apK_{HClO_4})} \tag{2.32}$$

$$\beta = \frac{E}{2RT_s^2} + \frac{T_m - T_s}{T_s - T_0}\frac{L}{RT_s^2}\left[1+\frac{(T_m - T_s)L}{RT_s^2}\right]^{-1} \tag{2.33}$$

对比NH_3和$HClO_4$蒸气的压强可以发现，AP燃烧过程中，$HClO_4$在固相中的溶解性更大，即$K_{HClO4} > K_{NH3}$。因此，随着压强增加燃速必然降低，这一点从式(2.32)和式(2.33)中也可以看出。由于在固相中可能会形成一些中间产物，而这些中间产物(如水)又有利于NH_3的取代平衡，因此对燃速降低的影响作用可能会更强。据文献[3]报道，当压强约为150atm时，AP燃烧表面的温度约为320℃，近似等于此压强下水的沸点(约360℃)，此时，AP的燃速将降低并产生不稳定燃烧现象。

Manelis和Strunin等[9,10]对上述模型假设下AP的燃烧稳定性进行了系统研究。结果表明，由于升华热(L)存在温度依赖性，因此随着初始温度升高，其燃烧稳定性增加[11]。而且，在AP的燃烧压强范围内，还可能存在燃烧不稳定的中间区。在此燃烧压强区，其燃烧不稳定，当在此燃烧压强范围之外，其燃烧过程为稳态燃烧。采用计算模型获得这一不稳定燃烧区的计算结果，与许多高氯酸的有机胺化物实验结果定性规律相符。

值得注意的是，尽管最近几十年在AP的燃烧方面开展了大量的研究工作，但仍然没有一个详尽的机理可以对AP分解燃烧过程进行系统阐述，特别是在考虑AP的固相反应的情况下，其反应机理更为复杂。此外，为了描述上述AP总的燃烧反应机理，一些更为复杂的燃烧反应机理逐渐引入AP的燃烧反应模型中。其中之一即Guirao等[12]在1971年提出的在固相反应中采用简单的总包反应机理，而在气相中则采用14种气相反应物的AP燃烧反应模型。事实上，该反应模型中固相反应采用的是一种扩展的“半—总包反应”机理，而且其背景假设还不太合理。后来Ermolin等[13-16]在1982－1995年先后提出了更加详细、更加合理的气相反应机理，但其没有考虑任何的固相反应过程。之后随着一些实验结果的发表，人们对AP的固相反应机理有了更为深入的认识[17]。Jing等[18]基于这些理论和实验数据结果，提出了AP的4步反应机理假设。他们认为，由于在亚表面液态层中的气泡压强相对较高，因此，固相AP在此条件下可按下式发生完全分解反应，并生成最终分解产物：

$$4AP \to 3.25HCl + 5.875H_2O + 1.146O_2 + 1.833N_2O + 0.375Cl_2 + 0.33NH_3$$

Jing 等[18]采用上述提出的4步固相反应机理，并对 Ermolin 的79步气相反应机理进行了少量修正，之后对 AP 进行了燃速建模计算。计算结果表明，在0.6atm 下算得的 AP 燃烧产物浓度的空间分布及温度分布，与实验结果非常吻合。对比一些 AP 的可用燃速实验数据以及30~110atm 范围内的温度敏感系数值发现，AP 的固相反应对其理论计算结果非常重要[18]。从 Tanaka 的研究结果[19]也可以看出，为了能建立更为详尽的 AP 燃烧机理模型，迫切需要有更为真实、更为详细的 AP 燃烧实验数据。

参考文献

1. R. Friedman, R. G. Nugeut, K. E. Rumbel, A. C. Scurlock. Deflagration of ammonium perchlorate // Proceed. 6th Symp. (Intern.) on Combustion, Reinhold, 1957. - pp. 612-619.

2. T. L. Boggs. Deflagration rate, surface structure and subsurface profile of self-deflagrating single crystals of ammonium perchlorate // AIAA Journal, 1970. - No. 5. - pp. 867- 873.

3. A. P. Glazkova. Catalysis of the explosives combustion // Moscow: Nauka, 1976 (R).

4. Mechanism of thermal decomposition of ammonium perchlorate. (Ed. by G.B. Manelis) // Institute of Chemical Physics, USSR Academy of Sciences, Chernogolovka, 1981 (R).

5. V. A. Strunin, G. B. Manelis, A. N. Ponomarev, V. L. Tal'roze. Ionizing radiation influence on the burning of ammonium perchlorate and of its mixtureswith fuels // Combustion, Explosion, and Shock Waves, 1968. - Vol. 4, No. 4. - pp. 584-590. (R)

6. V. A. Strunin, A. N. Firsov, K. G. Shkadinskiy, G. B. Manelis. Stationary burning of decomposing and evaporating condensed substances // Combustion, explosion, and shock waves, 1977. - Vol. 13, No. 1. - pp. 3-9.

7. V. A. Strunin, G. B. Manelis. On temperature coefficient of a burning rate of condensed substances // Combustion, Explosion and Shock Waves, 1975. - Vol. 11, No.5. - pp. 797-799 (R) (Brief communications).

8. G. B. Manelis, V. A. Strunin. The mechanism of ammonium perchlorate burning // Combustion and FIame, 1971. - Vol. 11. - pp. 69 - 77.

9. G. B. Manelis, V. A. Strunin. Mechanism of the combustion of ammonia and hydrazonia salts // In: Combustion and explosion. Proceedings of the III All-Union symposium on combustion and explosion, M.: Nauka, 1972. - pp. 53-57 (R).

10. V. A. Strunin, G. B. Manelis. On the explosives stationary burning stability limited by reactions in the condensed phase // Combustion, Explosion and Shock Waves, 1971. - Vol. 7, No. 4 - pp. 498-501.

11. B.V Novozhilov. Unsteady combustion of solid rocket propellants // Moscow, Nauka, 1973, pp. 176 (R).

12 C. Guirao, F.A. Williams, A Model for Ammonium Perchlorate Deflagration between 20 – 100 atm // AIAA Journal, 1971. -Vol. 9, No. 7. - pp. 1345-1356.

13. N. E. Ermolin, O. P. Korobeinichev, A. G. Tereschenko, V. M. Fomin, Measurement of concentration profiles of reactive components and temperature in ammonium perchlorate flame // Combustion, Explosion and Shock Waves, 1982. - Vol.18, No. 1. - pp. 46-49 (R).

14. N. E. Ermolin, O. P. Korobeinichev, A. G. Tereschenko, V. M. Fomin, Calculation of kinetics and statement of mechanism of chemical reactions in perchlorate ammonium flame // Combustion, Explosion and Shock Waves, 1982. - Vol. 18, No. 2. - pp. 61-70 (R)

15. N. E. Ermolin, O. P. Korobeinichev, A. G. Tereschenko, V. M. Fomin, Simulation of kinetics and chemical reaction mechanism in ammonium perchlorate flame // Khimicheskaya Fizika, 1982. – No.12.-pp. 1711-1717 (R).

16. N.E. Ermolin. Model for chemical reaction kinetics in perchloric acid-ammonia flames // Combustion, Explosion and Shock Waves, 1995. - Vol. 31, No. 5. - pp. 58-69 (R).

17. R. Behrens, L. Minier. Thermal decomposition behavior of ammonium perchlorate and of an ammonium perchlorate based composite propellant // 33rd JANNAF Combustion Meeting, 1996. - Vol. 1, CPIA #476.

18 Q. Jing, M. W. Beckstead, M. Jeppson. Influence of AP solid phase decomposition on temperature profile and sensitivity // AIAA 98-0448, 36th Aerospace Sciences Meeting and Exhibit, Jan. 12-15, 1998, Reno, NV.

19. M. Tanaka, M. W. Beckstead, A three phase combustion model of ammonium perchlorate // 32nd AIAA/ASME/SAE/ASEE Joint Propulsion Conference, July 1-3, 1996, Lake Buena Vista, FL.

2.7 双基推进剂的燃烧

莫斯科谢苗诺夫化学物理研究所的 Pokhil 与其合作者，曾在 20 世纪 50 年代系统研究了双基（DB）推进剂宽压强范围及初始温度下的燃烧机理和燃烧规律。在他们对双基推进剂燃烧机理的研究过程中，发现双基推进剂的燃烧过程有两个基本特征[1]：①凝聚相双基推进剂的汽化以及气相产物的化学反应的总热效应为放热过程；②双基推进剂的汽化过程也伴随有大量固相微粒产生。

双基推进剂燃烧过程的这两个基本特征对后来发展起来的推进剂燃烧理论的贡献意义非常重大。它是当代认识双基推进剂燃烧机理的基础，对后来的大量理论和实验研究产生了重要影响。

目前，双基推进剂燃烧机理研究中，多区域结构的概念在推进剂燃烧波结构的描述中大量使用。根据文献[1－4]的研究结果可知，在双基推进剂的燃烧过程中，放热反应主要发生在凝聚相的亚表面层、分散区的颗粒之间以及气相分解产物之间。

文献[1,5－8]报道了双基推进剂燃烧过程中不同区域对推进剂燃烧表面热平衡贡献的大致预估结果。结果表明，双基推进剂中凝聚相分解反应的放热量仅占整个燃烧过程所放出热量的一小部分（约为 7%～15 %，主要取决于燃烧室压强和推进剂的初始温度），维持燃烧波能够稳定传播所需热量的 70%～100% 来源于该凝聚相的热释放。在压强低于 100atm 时，随着压强和初始温度升高，凝聚相反应在推进剂燃烧过程中所起的作用也越来越大[1,6,9]。这些事实结果均需要对推进燃烧过程中凝聚相区的反应进行一些特殊的研究才可得以证实。

含能材料发生凝聚相分解反应的热效应很大，其燃烧表面处的温度（T_s）受分散程度的影响也很大。T_s 主要取决于含能材料的凝聚相消耗速率，而燃速又主要取决于燃烧表面的温度（T_s）值。Zarko 等[10, 11]在 1970－1980 年系统研究了推进剂燃烧过程中凝聚相颗粒的分散性，结果在真空条件下证实了 Pokhil 所提出的理论双基推进剂燃烧过程中会形成大量凝聚相分散性颗粒，同时也驳斥了在较高压强条件下推进剂燃烧产生的凝聚相分散性颗粒的分散度基本相同的假说。

根据文献[10,11]报道，在双基推进剂燃烧过程中，随着压强的增加，凝聚相颗粒产物的分散度由 $p<3$mmHg 的 30%～40% 降到了 $p=0.5$atm 时不超过百分之几。同时，燃烧增加了约 3～5 倍（在同一初温条件下）。

那么问题来了:凝聚相分解反应热效应(Q)的增加确实可引起燃速的增加,但凝聚相分解反应热效应(Q)的增加确实是凝聚相颗粒产物分散度降低引起的吗?

以含55%硝化棉(NC)、26%硝化甘油(NG)、13%的二硝基甲苯(DNT)和6%添加剂的双基推进剂为例,详细探讨这一问题(以下本节所用双基推进剂均采用该配方)。

首先,指定分散度(η_d)为离开燃烧表面呈分散状态的颗粒质量与同一时刻下燃烧过程所消耗的含能材料质量的比。对于双基推进剂 N,其燃烧过程中的颗粒分散度(η_d)在压强不大于 3mmHg 时约为 0.35,但在压强为 400mmHg 时却近似为 0,同时推进剂的燃烧增加了近 3 倍(初温 $T_0=120℃$)。如果不考虑双基推进剂中挥发性组分(NG 和 DNT)对燃烧波结构的特殊影响,那么会发现,η_d的增加必然导致 T_s的增加,且其增加量(ΔT_s)约为 $0.3Q_c/c>100K$。因此,推进剂的质量燃速(m)必然会增加,而且 m 会增加至少一个数量级,因为其与 $\exp(-E/RT_s)$成正比,而这里 E 值近似为20000cal/mol[12]。

文献[10,14]报道的研究结果表明,挥发性组分(NG 和 DNT)对推进剂的凝聚相热平衡有很大影响。事实上,在推进剂燃烧表面处的能量守恒方程为

$$c(1-\alpha)(T_s-T_0)+c\alpha(T_b-T_0)+\alpha L+c\alpha\Delta T_b=(1-\alpha)Q_c\eta_s' \quad (2.34)$$

式中,α 为推进剂配方中挥发性组分所占的质量分数;T_b为挥发性组分的沸点;L 为挥发性组分的汽化热。对于 NG 和 DNT,其相应的 T_b和 L 均近似相等[15]。$\eta_s'=1-\eta_s/(1-\alpha)$为非挥发性组分(NC)的分解度。

在式(2.34)中,等号右边项为凝聚相反应所放出的热量;等式左边第一项为不挥发性组分的温度由 T_0升高到 T_s所吸收的热量;等式左边第二项为挥发性组分的温度由 T_0升高到 T_b所吸收的热量;等式左边第三项为挥发性组分汽化所吸收的热量;等式左边第四项为挥发性组分在汽化后所吸收的热量。

由于挥发性组分脱离凝聚相反应层的时间和汽化时间都非常短,使得气相的温度升高值(ΔT_b)很小(近似为30℃[10]),因此,可粗略地假定 $\alpha c\Delta T_b/(1-\alpha)Q_c\eta_s'\ll 1$。此时,在低压条件下,由式(2.34)可知

$$T_s=T_0+\frac{Q_c\eta_s'}{c}-\frac{\alpha}{1-\alpha}\frac{L}{c}-\frac{\alpha}{1-\alpha}(T_b-T_0) \quad (2.35)$$

从式(2.35)可以看出,T_s的大小不仅取决于产物颗粒的分散度,还取决于挥发性组分的沸点(T_b)。因为随着压强的升高,T_b也会相应升高,这样挥发性组分的热消耗也会相应增加,导致 T_s的增加受限,进而影响推进剂的燃速。

燃烧表面附近燃烧波的传播类似于挥发或分解所形成的气相产物在不同压

强区间所形成的空间分布，因此，可以将该体系表示为

$$\lambda\frac{\mathrm{d}^2T}{\mathrm{d}x^2}-(1-\alpha)cm\frac{\mathrm{d}T}{\mathrm{d}x}+(1-\alpha)Q_c\Phi=0 \tag{2.36}$$

$$m\frac{\mathrm{d}\eta}{\mathrm{d}x}+\Phi=0,\ \Phi=\rho_c f(\eta)k_0\exp\left(-\frac{E}{RT}\right),\ x\leqslant0,\ \alpha<1 \tag{2.37}$$

式中，λ 为热导率；k_0为指前因子；E 为活化能；$f(\eta)$为反应机理函数。

方程(2.36)中不包含与热消耗有关的项，如分解热、挥发性组分的气化热。这样处理主要由于，蒸气前缘相对于化学反应区可以看作是一种“外部”作用，而挥发性组分则看作是“冷端”在边界条件中得以体现，即

$$\begin{cases}x\to-\infty,\eta'\to0,T\to T_0^*\\ x=0,\eta=\eta_s',\dfrac{\mathrm{d}T}{\mathrm{d}x}=0\end{cases}$$

将方程(2.37)边界条件以及 $T_s=T_0^*+Q_c\eta_s'/c$ 代入式(2.36)并积分，结果恰好与方程(2.35)相符，即

$$T_0^*=T_0-\frac{\alpha(T_c-T_0^{**})}{1-\alpha},\ T_0^{**}=1-\frac{L}{c}$$

根据 Zeldovich - Franck - Kamenetskii 假设以及 $f(\eta)=1$ 对体系的方程(2.36)、方程(2.37)进行求解得

$$m^2=2\lambda\rho_c\frac{RT_s^2}{E}k_0\frac{\exp\left(-\dfrac{E}{RT_s}\right)}{\eta_s'^2}(1-\alpha)Q_c \tag{2.38}$$

为了解决该问题，需要知道 η_s'与内部和外部燃烧参数的关系。最简单的处理方法即采用经验方程：

$$\eta_s'=\eta_{s1}-B\delta_b$$

式中，δ_b为化学反应产生的气相前缘与汽化产生的气相前缘间的距离；B 为经验常数；η_{s1}为 $T_b=T_s$时化学反应进度。在 $p\geqslant p_1$条件下，当满足 $|T_s-T_b|\leqslant RT_s{}^2/E$ 时，则假定 η_s'的值为 η_{s1}。

根据 δ_b与 m、T_s、T_b及 T_0的关系，则 η_s'可表示为

$$\eta_s'=\eta_{s1}-\frac{B\lambda}{cm(1-\alpha)}\ln\left(\frac{T_s-T_0^*}{T_b-T_0^*}\right) \tag{2.39}$$

联立式(2.38)、式(2.35)、式(2.39)以及 $T_b(p)$ 的 Clausius - Clapeyron 方程，可得

$$T_b=\frac{L}{R}\ln\left(\frac{p_0}{p}\right),\ p_0=\mathrm{const}$$

求解该方程组即可求得 m、T_s以及 η'_s。

燃速与 T_0和 p 有如下关系：

$$\nu \cong \frac{E}{2L}\left(\frac{T_b}{T_s}\right)^2, \ \beta \cong \frac{E}{RT_s^2} \tag{2.40}$$

从式(2.40)可以看出，β 与 ν 的表达式非常相似，这一点从一些文献中也可以得到证实。与 β 不同的是，ν 还与压强(p)有关，这主要是由于 T_b是 p 的函数。随着压强降低，T_b的降幅较 T_s大，由式(2.40)可知，$m(p)$受压强的影响作用减弱，具体结果可参见文献[1]。

对于双基推进剂，研究发现，当取 $E \approx L \approx 20000$cal/mol 时，理论计算结果与实验结果非常吻合。例如，在 $p < 1$atm 时，β 的实验测试结果为 $2.5 \times 10^{-2}\ \mathrm{K}^{-1}$，而理论计算结果约为 $2 \times 10^{-2}\mathrm{K}^{-1}$；在 $p \leqslant 10^{-1}$atm 时，ν 的实验测试结果在 0.3 ~ 0.4，而理论计算结果为 0.3；在 $10^{-1} < p < 1$atm 时，ν 的实验测试结果为 0.6，而理论计算结果约为 0.5。因此，即使在分散度变化较大的条件下，仍然可以利用燃烧表面的热平衡关系来推断 $u(p, T_0)$的计算与实验结果。

2.7.1 凝聚相反应区热释放可变时的燃烧模拟

大量研究表明[1,5,6]，在硝化棉(NC)或火药的燃烧过程中，凝聚相反应区的热释放 Q_c主要与 p 和 T_0有关。这主要是由于当一定量(η_d)的凝聚相组分分解形成气相组分时，通常假设其分解热 $Q_c = Q_0(1 - \eta_d)$。其中，Q_0为凝聚相组分完全分解为气相物质时所释放出的热，而 η_d又是 T_s和 p 的函数[14]。然而，当压强 $p \geqslant 1$atm 时，分散度对 Q_c的影响却与实验结果相矛盾[10,11]。

接下来在不考虑分散度的影响下，利用双基推进剂凝聚相反应区的简单模型来解释 Q_c变化特性。硝酸酯的热分解过程首先产生于 $CO - NO_2$ 键的吸热断裂，同时产生二氧化氮和烷氧自由基[12,16]，最后这两种产物又进行第二步的化学氧化反应。对于 NC 基的双基推进剂，研究人员普遍认为其燃烧过程是一个多步化学转变过程。Zenin 认为[12]，假设双基推进剂的燃烧过程与其低温热裂解过程最本质的区别在于动力学常数不同，燃烧过程实际上是一个反应速率控制步骤不断变化的过程。然而，很明显，反应速率控制步骤的变化并不一定会导致总的反应热效应 Q_c的变化。对于像 NC 和 NG 这样的复杂化合物，认为其首先发生 $-NO_2$键的断裂，之后是一系列已知的平行反应。接下来有条件地将这一系列平行反应分为两类反应热效应，分别为 Q_2和 Q_3的总包竞争反应，事实上可以假定 $Q_3 > Q_1$。式(2.41)是初始推进剂 A 经产物 B 最后生成气相产物 P_1和 P_2的示意过程[17]。

$$A \xrightarrow{K_1,\,Q_1} B \begin{cases} \xrightarrow{K_2,\,Q_2,\,1-\eta_s} P_1 \\ \xrightarrow{K_3,\,Q_3,\,\eta_s} P_2 \end{cases} \tag{2.41}$$

式中，$K_i(i=1,2,3)$为相应分解过程的反应速率常数；B 为中间产物（溶有 NO_2 的脱硝推进剂）；η_s为 B 经热效应为 Q_3的反应过程的反应百分数。

此时，总的反应热效应 Q_c在推进剂分解为气相产物过程中，由不同反应过程的热效应所决定，即

$$Q_c = Q_1 + Q_2(1-\eta_s) + Q_3\eta_s \tag{2.42}$$

式中，Q_1为单位质量推进剂发生初始 $-NO_2$键断裂所产生的热效应。

根据 Zenin[12]的分析，在中等压强条件下，A→B 和 B→P 这两个反应过程在推进剂燃烧波结构上可以很容易区分开，B→P 反应过程实际上是在第一步分解过程完全完成以后才开始的，因此，可以近似认为第一步反应（2.42）的转化率为 1，双基推进剂发生分解反应总的热效应主要取决于有 NO_2参与的第二步凝聚相分解反应过程[1]。同时，实验结果也证实，在 NO_2气体产物最少时推进剂分解过程总的热效应最大[16]，而且，随着压强的增大，Q_c逐渐增大，而反应产物中 NO_2的浓度却逐渐降低。

此外，Aleksandrov[18]的实验结果也间接表明，有易挥发性中间产物参与的第二步凝聚相反应，对整个推进剂的热分解过程非常重要。Aleksandrov 通过高温脉冲量热研究发现[18]，与厚度小于 3μm 的 NC 薄膜相比，厚度为 12 ~ 13μm 的 NC 薄膜的热释放速率比更高。这主要是由于 NC 薄膜的厚度越大，NO_2的扩散过程越易受阻，因此，会有更多的 NO_2参与推进剂的第二步凝聚相分解反应，从而放出更多的热。Andreev 对硝基化合物分解反应的速率常数的分析也表明[19]，在硝基化合物上方的挥发性中间产物的扩散性能对其分解反应过程有很大的影响。

假设热效应为 Q_3的反应过程，其反应速率主要取决于参与第二步凝聚相分解反应的 NO_2浓度，因此热效应 Q_2将主要由脱硝酸产物的分解反应产生。因此，在燃烧过程中，就每种反应过程而言，其分解反应进度将主要取决于 NO_2参与第二步反应的概率。这一概率取决于 NO_2分子在反应区内减少的条件，即微量 NO_2分子的扩散与渗入速率。

总之，NO_2参与第二步反应的概率主要取决于反应区的宽度 δ、扩散系数 D、线燃速 u 以及 NO_2分子在熔化层的浓度与其在初始推进剂中的浓度比 C/C_0（C_0 和 C 分别为 NO_2在初始推进剂以及液化反应层的浓度）。由于 NO_2参与第二步反应的概率与反应热效应为 Q_3的分解反应的反应进度呈线性关系，因此 η_s可表示为 C/C_0、D、δ、u 和 K_3的函数，即

$$\eta_s = \xi'\left(\frac{C}{C_0}\right)^{n_1}\left(\frac{u\delta}{D}\right)^{n_2}\left(\frac{K_3\delta^2}{D}\right)^{n_3} = \xi'\pi_1^{n_1}\pi_2^{n_2}\pi_3^{n_3} \tag{2.43}$$

下面将分别考虑指数 n_1、n_2和 n_3的值。假设 NO_2参与反应的反应级数为一级[12]，即 $n_1 = 1$。考虑到 NO_2参与整个反应区 δ 的化学反应的概率是相同的，因此可假设 $\eta_s \sim \delta/l_d$，其中 l_d为特征扩散长度。但 $\delta/l_d = \delta/(D\delta/u)^{1/2} = \pi_2{}^{1/2}$，因此 $n_2 = 0.5$。由于 π_3为化学反应特征速率与扩散速率比的平方，因此两个竞争反应的表观结果主要取决于反应过程中一级反应速率常数的比，即 $n_3 = 0.5$。进一步考虑到 $K_3 = u/\delta$，因 $\pi_3 = \pi_2$，则式(2.43)可简化为

$$\eta_s = \left(\frac{C}{C_0}\right)\left(\frac{u\delta}{D}\right), \quad \xi' = \text{const} \tag{2.44}$$

又由于 $\delta \sim T_s{}^2/u(T_s - T_0)$、$D \sim T_s/\mu$ 以及 $\mu \sim \exp(E'/RT_s)$，因此，有

$$\eta_s = \xi p T_s \exp\left(\frac{E'}{RT_s}\right)\frac{1}{T_s - T_0}, \quad \xi = \text{const} \tag{2.45}$$

式(2.45)主要假设 NO_2的溶解热接近于0，且其溶解度与压强成正比，即 $C \sim p$。

在式(2.44)中引入分解程度的概念并不会使双基推进剂燃烧过程的数学模型复杂化。对于燃速控制反应为凝聚相反应的燃烧过程，在燃烧表面处，凝聚相物质并不能完全转变为气相，因此，要以数学方程组的形式来表示燃烧波的传播。根据式(2.42)和式(2.44)，只需以 $Q_c(\eta_s)$项取代 $Q_0\eta_s{}'$项即可。其中 Q_0是一常数，为凝聚相分解反应的热效应；$\eta_s{}' = 1 - \eta_d = f(p, T_0, u)$，为燃烧表面处凝聚相转变为气相的转化率。

根据文献[20]，燃速 u 可表示为

$$u^2 \sim T_s^2 \exp\left(-\frac{E_3}{RT_s}\right)\frac{1}{Q_c^2} \tag{2.46}$$

两个平行反应($B \rightarrow P_1$和 $B \rightarrow P_2$)的活化能几乎相同，因为对于有 NO_2参与的氧化反应，其活化能 $E_3 = 19000$cal/mol[12]，而对于纯纤维素在 260 ~ 310℃的分解反应，其活化能 $E_2 = 14000 \sim 26000$cal/mol[21]。

对于双基推进剂，其燃烧性能的理论计算结果与实验结果的对比可通过 $Q_c(T_0)$、$Q_c(p)$、$u(T_0)$和 $u(p)$来比较：

(1) 将式(2.42)两边对 T_0求导，同时考虑到 $T_s = T_0 + Q_c/c$，则可求得 $Q_c(T_0)$为

$$\frac{\partial Q_c}{\partial T_0} = \frac{c\left(1 - \dfrac{E'}{RT_s}\right)}{\dfrac{cT_s}{\eta_s(Q_3 - Q_2)} + \dfrac{E'}{RT_s} + \dfrac{T_0}{T_s - T_0}} \tag{2.47}$$

纯 NC 的 E'值约为 28000cal/mol[22]。虽然在推进剂整个燃烧过程中 E'值

在不断发生变化，但其值仍然很大，因此，$E'/RT_s \gg 1$。由式(2.46)可以看出，$\partial Q_c/\partial T_0 < 0$。

下面研究热效应 Q_1、Q_2和 Q_3的影响。通常认为，在 $\eta_s = 1$ 时燃烧的热效应最大，为 $Q_{c,\max}$。从式(2.42)可以看出，$Q_{c,\max} = Q_1 + Q_3$。这里，Q_1的计算值为推进剂中 $CO - NO_2$ 键键能的总和，近似为 -400cal/g，$Q_{c,\max} = 800\text{cal/g}$[16]，因此 $Q_3 = 1200\text{cal/g}$。如果脱去硝基的 NC 与普通纤维素没有本质的区别，则可认为 Q_2值也近似为 0[23]。在压强 $p \geq 1\text{atm}$ 时，转化度 $\eta_s \approx (Q_c - Q_1)/Q_3 = [c(T_s - T_0) - Q_1]/Q_3$近似为 0.5。因此可得出

$$\frac{\partial Q_c}{\partial T_0} \approx -c \tag{2.48}$$

从式(2.48)可以看出，随着 T_0的增加，Q_c逐渐减小。从物理意义上讲，随着 T_0的增加，T_s也会随之增加，因此，NO_2 分子由凝聚相向气相的扩散运动性能($D \sim T_s/\mu$)也随之增加，故参与第二步凝聚相反应的 NO_2 量会减少，从而导致 Q_c逐渐减小。这一结果从 η_s的减小中也可以得到证实。

(2) 将式(1.86)和式(1.88)两边对 p 求导，同时考虑到 $T_s = T_0 + Q_c/c$，则可求得 $Q_c(p)$。忽略对 η_s和 T_s的倒数项，则可简化为

$$\frac{\partial Q_c}{\partial \ln p} = \frac{(Q_3 - Q_2)\eta_s}{1 + \dfrac{(Q_3 - Q_2)\eta_s E'}{cRT_s^2}} \tag{2.49}$$

假设$(E'/RT_s)(Q_3 - Q_2)\eta_s/cT_s \gg 1$，则

$$\frac{\partial Q_c}{\partial \ln p} \cong \frac{cRT_s^2}{E'} \tag{2.50}$$

图 2.10 为对应于式(2.47)的 $Q_c(T_0)$关系图。推进剂的比热容为 T_0在 $-200 \sim 100$℃范围内的平均值，E'值假定为 12500cal/mol。类似的 $Q_c(T_0)$实验数据图可参见文献[5,6,24,25]。图 2.11 为由式(2.49)计算得到的 $Q_c(p)$关系图，具体的实验数据可参见文献[5,6,24,25]。

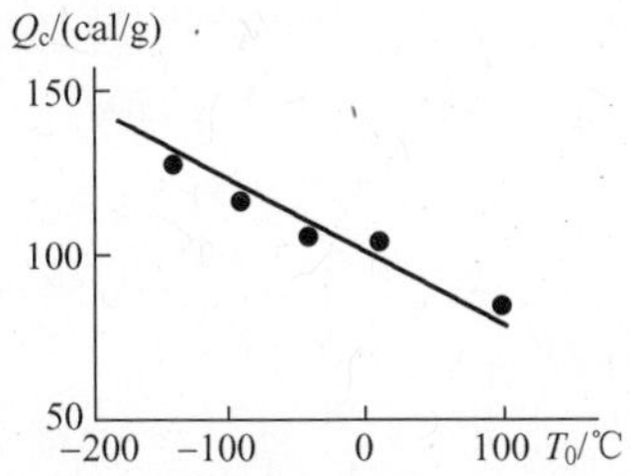

图 2.10　双基推进剂 N 在 $p = 20\text{atm}$ 时 Q_c随 T_0的变化关系

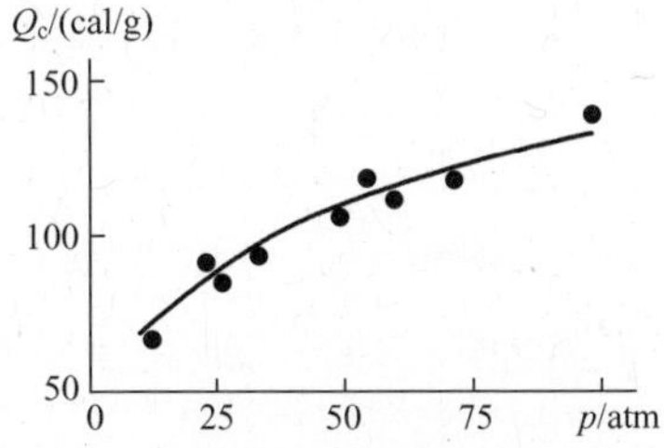

图 2.11　双基推进剂 N 在 $T_0 = 20$℃时 Q_c随 p 的变化关系

（3）根据式（2.46），可求得燃速温度敏感系数的类似表达式为

$$\beta=\frac{\partial\ln u}{\partial T_0}\cong\frac{1}{T_s-T_0}\left(1+\frac{E}{E'}\right)$$

（4）同样，燃速压强指数可表示为

$$\nu=\frac{\partial\ln u}{\partial\ln p}\cong\frac{\dfrac{E_3}{2RT_s}}{\dfrac{E'}{RT_s}+\dfrac{cT_s}{(Q_3-Q_2)\eta_s}}\cong\frac{E_3}{2E'}$$

因此，该模型可用于合理准确地描述双基推进剂在较宽的压强范围内燃烧时的燃速变化规律。

2.7.2 初始温度对燃速的影响

文献[24,6,27]分别从不同方面研究了双基推进剂初始温度对燃速的影响。从文献[24]的实验数据可以看出，在压强为20atm时，推进剂的燃速温度系数$\beta=\partial\ln u/\partial T_0$由初始温度$T_0=-150$℃的$\sim0.5\times10^{-3}\mathrm{K}^{-1}$增加到初始温度$T_0=140$℃的$15\times10^{-3}\mathrm{K}^{-1}$，类似的结果在其他压强条件下也存在。Zenin 等[24]的研究结果表明，随着T_0的增加，燃烧表面温度T_s受T_0的影响作用越强，因此，在压强为20atm时，其T_s对T_0的微分值$r_N=\partial T_s/\partial T_0$，由$T_0$在$-100\sim-150$℃范围内的$\sim0.2$变为$T_0$在$100\sim140$℃范围内的$\sim0.5$。在压强为1atm时，$r_N$值的变化仍然很大，由$T_0$在$-100\sim-200$℃范围内的0.1变为$T_0$在$50\sim100$℃范围内的1.0。

Zenin 等[24]的研究结果表明，燃速与燃烧表面温度T_s存在唯一函数关系，因此，可将初始温度T_0对u的影响问题转变为T_0对T_s的影响问题。利用燃烧表面的热平衡式

$$\bar{c}(T_s-T_0)=Q_c=\sum Q_i \tag{2.51}$$

又可将T_0对T_s的影响问题转变为T_0对Q_c的影响问题。其中，$\bar{c}$为推进剂在$T_0\sim T_s$温度范围内的平均比热；$\sum Q_i=Q_{ch}+Q_{th}+Q_r+Q_{alt}$为单位质量推进剂温度由$T_0$升高到$T_s$需要的总热量，$Q_{ch}$为凝聚相化学分解反应所放出的热；$(Q_{th}+Q_r)$为通过气相热传导$Q_{th}$和火焰热辐射$Q_r$所产生的凝聚相表面的热反馈；$Q_{alt}$为其他可能（或可选）的热源或热沉。式（2.51）为单位质量推进剂的热平衡关系式，适用于压强较低的环境，即适用于压强大于1atm的环境。

双基推进剂凝聚相中的热变化$(Q_{ch}+Q_{th})=Q'_c$可通过文献[24]中提供的化学反应区边界处的不同热流Δq数据来计算，即$(Q_{ch}+Q_{th})=\Delta q/\rho cu$。而对于不含金属添加剂的推进剂来说，其$Q_r$对$\sum Q_i$的贡献相对较低（$Q_r\ll Q_{ch}+Q_{th}$[5,28]）。

因此,只需比较$\bar{c}(T_s - T_0)$和$(Q_{ch} + Q_{th})$的值即可得到 Q_{alt}的值。值得注意的是,$\bar{c}(T_s - T_0)$和$(Q_{ch} + Q_{th})$是通过不同的方式计算得到的,并不影响两者之间的比较。

表 2.14 列出了根据文献[24]数据结算得到不同 T_0时的$(Q_{ch} + Q_{th})$值。表中还列出了推进剂在压强为 20atm、$\bar{c}$为 0.3cal/(g·K)时,根据 $T_s(T_0)$的实验数据由式(2.51)得到的$\bar{c}(T_s - T_0)$值。$\bar{c}$值为双基推进剂在所研究温度范围内(-200~-150℃)的平均比热容,具体实验数据可参见文献[28-31]。

表 2.14　双基推进剂的燃烧波结构参数

T_0/℃	-150	-100	-50	0	50	100	140
T_0/℃	250	260	270	300	340	360	380
Q'_c/(cal/g)	150	140	125	110	110	85	75
$\bar{c}(T_s - T_0)$/(cal/g)	120	110	95	90	90	80	75
Q_{alt}/(cal/g)	-30	-30	-30	-20	-10	-5	0

从表 2.14 可以看出,由式(2.51)得到的推进剂凝聚相区的放热值只有在假设热效应为 Q_{alt}(与文献所报道的相应 T_0值有关)的放热过程存在时,才与实验测试值非常接近。

这些影响因素的本质到底是什么? Konev 等[28]认为,不可逆的放热"低温反应"在推进剂的燃烧过程中起着重要的作用。事实上,当式(2.51)中选用适当的$\bar{c}$值时,$Q_c = \bar{c}(T_s - T_0)$值和 $Q_c = Q_{ch} + Q_{th}$的值在低温和 $Q_{alt} > 0$ 的高温时是相等的。然而这却与文献[28]所报道的经过热处理后推进剂的燃烧特性不相符。实际上,与未处理的初始温度为 20℃的推进剂相比,推进剂在 130℃条件下加热 1h 后,燃速提高了 7%~12%。这些实验结果以及在假定凝聚相反应中存在反应速率控制步条件下得到的 $u(T_0)$关系,与 Konev 等关于"低温反应"在推进剂的燃烧过程中起重要作用的假说是不成立的。

从硝化棉与硝化甘油的溶胀过程研究结果可以看出[32],硝化棉并不能完全溶于硝化甘油,只有在某些特定的浓度和温度范围内才可以完全溶解。随着温度升高,硝化棉与硝化甘油的混合物在高于某温度时可产生相分离现象,一部分为硝化棉,另一部分为硝化甘油。许多实验结果也证实,以硝化棉和硝化甘油为基本组分的推进剂在一定温度条件下会产生相分离现象。由于许多性能发生改变后推进剂会产生一些薄片状结构,因此,研究推进剂这些薄片状结构对燃速的影响非常有意义。

下面主要介绍双基推进剂在加热过程中发生相分离现象的本质并预估其临

界混合温度(LCMT)。根据文献[32]的结果,对比推进剂主要组分的含量,可以得到临界混合温度约为 60 ~ 90℃。由于硝化甘油对硝化棉的塑化过程是放热的[33],因此,要使硝化棉与硝化甘油发生相分离现象必须对其体系进行加热。对于推进剂,这一过程特别明显,当环境温度高于 60℃时,推进剂的热容值增加特别明显,由 60℃时的 0.35cal/(g · K)增加为 92℃时的 0.5cal/(g · K)[31]。实际上,由于发生相分离现象的温度还与硝化甘油渗入硝化棉基体的深度有关,因此,实际发生相分离现象的温度范围可能比临界混合温度更高,同时也给热分析方法确定相分离的温度带来了一定的困难。此外,随着温度的增加,放热分解反应的热效应也会进一步掩盖相分离这一现象。

在体系加热或冷却过程中,其结构与热力学性能的滞后也是相分离现象的一种特殊表现。有研究证实,双基推进剂在 130℃条件下预热 1h 再冷却后,其 1atm 下的燃速较 20℃的推进剂增加了 10%。根据上述实验与讨论结果,可以认为,当推进剂在高于其临界混合温度保持很长一段时间后,其推进剂组分实际上已发生了相分离。当以很短的时间对其进行冷却处理时,硝化甘油与硝化棉的缓慢溶胀过程并不能完全完成,因此,在燃烧过程中并不需要消耗反应热以使硝化棉和硝化甘油发生相分离,故其燃速相对较高。

由于在 T_0 高于临界混合温度时发生的相分离现象本质上是一种扩散现象,因此,通过不同加热时间来改变推进剂的初温,从而获得不同的燃速。升温时间也对推进剂的燃速有很大影响,通常需要几十分钟达到所需的初温,如果推进剂在此加热过程中相分离进行得非常充分,则其燃速可能会远高于采用快速升温方式推进剂的燃速。例如,由于推进剂在燃烧过程中可吸收外部的热辐射能,但 Konev 的研究结果却表明[28],推进剂在已知辐射热流密度的热源照射下燃烧时,其燃速低于经加热而发生相分离的推进剂的燃速[34]。这一燃速差异在 $q_r \geqslant 3\text{cal}/(\text{cm}^2 \cdot \text{s})$ 时明显高于实验误差,而且 $q_r \geqslant 3\text{cal}/(\text{cm}^2 \cdot \text{s})$ 时恰好对应于推进剂初始温度高于 60℃(接近于预估的 LCMT)时的情况。此外,通过采用不同的推进剂初温($T_0 >$ LCMT)或采用不同的辐射热流密度,所得到的各燃速对应的燃速温度敏感系数 $\beta = \partial \ln u / \partial T_0$ 也不同:

$$\frac{\beta(T_0)}{\beta(q_r)} = \frac{r_N(T_0)}{r_N(q_r)} \cong 2.5, \quad r_N = \frac{\partial(T_s)}{\partial(T_0)} \tag{2.52}$$

这里的燃速温度敏感系数计算用到的燃速关系式为:$u \sim \exp(-\text{const}/T_s)$。

通过式(2.51)及表 2.13 中的数据,即可求得式(2.52)中不同方程得到的燃速比和燃烧表面温度敏感系数比值。Simonenko 等[35]计算结果表明,采用不同初温或采用不同辐射热流密度得到双基推进剂的燃速比恰好在 2 ~ 3。

参考文献

1. P. F. Pokhil. Author's abstract of Dr. Sci. Thesis. Moscow, Institute of Chemical Physics, USSR Academy of Sciences, 1954. See also in the book: Theory of the combustion of propellants and explosives (Yu. Frolov, Ed.) // M., Science, 1982. - pp. 117-140. (R)

2. E. I. Maksimov, A. G. Merzhanov. Theory of combustion of condensed substances // Combustion, Explosion, and Shock Waves, 1966. - Vol. 2. - pp. 25-31. (R)

3. E. I. Maksimov, A. G. Merzhanov. On one model of the combustion of nonvolatile explosives // Reports of the USSR Academy of Sciences, 1964. - Vol. 157. - pp. 412-415. (R).

4. B. L. Crawford, C. Hugget, J. J. McBrady. Mechanism of the burning of double-base propellant // J. Phys. Coll. Chem, 1950. - Vol. 54. - pp. 854 - 862

5. A. A. Zenin. Author's abstracts.of PhD Thesis // Moscow, Institute of Chemical Physics, USSR Academy of Sciences, 1962 (R).

6. V. M. Maltsev, P. F. Pokhil. Evaluation of the thermal effect of initial stage of the combustion of propellants and explosives // Journal of Applied Mechanics and Technical Physics, 1963. - Vol. 2. - pp. (R) 173-174.

7. P. F. Pokhil, Leading stage of burning // Combustion, Explosion, and Shock Waves, 1969. - Vol. 5. - pp. 439-440 (R), (Brief communications).

8. G. K. Adams, Mechanics and chemistry of solid propellants // Oxford: Pergamon Press, 1967.

9. V. D. Barsukov, V. P. Nelayev. On the thermal effect of the zones of chemical transformation on the burning rate of the condensed system // Journal of Engineering Physics (Russ.), 1975. - Vol. 29. - pp. 989-993. (R)

10. V. Ya. Zyryanov. Author's abstracts of PhD Thesis // Novosibirsk: Institute of Chemical Kinetics and Combustion, 1980 (R).

11. V. E. Zarko, V. Ya. Zyryanov, V. V. Chertishchev. Experimental study

of dispersion in combustion of condensed systems // Combustion and Explosion. Proceedings of IV All-Union symposium on combustion and explosion, Chernogolovka, 1977. - pp. 226-230 (R).

12. A. A. Zenin. On one model of a reaction layer in the condensed phase of double base propellant // Reports of the USSR Academy of Sciences, 1973. - Vol. 213. - pp. (R) 1357-1360.

13. C. Guirao, F.A. Williams, A Model for Ammonium Perchlorate Deflagration between 20 – 100 atm // AIAA Journal, 1971. -Vol. 9, No. 7. - pp. 1345-1356.

14. V.E. Zarko, V.Ya. Zyryanov, K.P. Koutzenogii, Combustion mechanism of double-base propellants at subatmospheric pressures // 16th Intern. Symposium on Combustion Process.Book of Abstracts, Karpacz, 1979. - pp. 59-60.

15. A. F. Belyayev. Combustion, detonation and the work of explosion of the condensed systems // M.: Nauka, 1968 (R).

16. G. V. Manelis, Yu. I. Rubtsov, L. P. Smirnov, F. I. Dubovitskiy. Kinetics of the thermal decomposition of pyroxylin // Kinetics and Catalysis (Russ.), 1962. - Vol. 3. - pp. 42-48.

17. V. Ya. Zyryanov. On the heat evolution in the condensed phase of the burning propellant // Reports of the USSR Academy of Sciences, 1980. - Vol. 251. - pp. (R) 632-635.

18. V. V. Aleksandrov. Author's abstract of PhD Thesis. Novosibirsk, Institute of Chemical Kinetics and Combustion, Siberian Division of the Academy of Sciences of the SSSR, 1970 (R).

19. K. K Andreyev. Thermal decomposition and combustion of explosives // 2nd Ed. Moscow, Nauka, 1966 (R).

20. V.A. Strunin. On the condensed phase zone in combustion of explosives // Journal of Physical Chemistry (Russ.), 1965. - Vol.39. - pp. (R) 433-435.

21.G. Janos, F. Sandor. // Magy. Kem. Fol., 1975. - Vol. 81. - pp. 36-40.

22. G. A. Grinyute, P. I. Zubov, A. T. Sazharovskiy. Effect of temperature

on the time dependence of the strength of nitrocellulose films // In the book: The mechanism of the processes of film formation from the polymeric solutions and the dispersions, M.: Nauka, 1966. - pp. 165-170 (R).

23. R.R. Baker. Thermal decomposition of cellulose // Journal of Thermal Analysis and Calorimetry, 1975. - Vol. 8. -pp. 163-167.

24. A. A. Zenin, O. I. Nefedova. Burning of ballistite powder over a broad range of initial temperatures // Combustion, Explosion, and Shock Waves, 1967. - Vol. 3, No. 1. -pp. 26-31.

25. A. A. Zenin, B. V. Novozhilov. Single-valued dependence of the surface temperature of ballistite on the burning rate // Combustion, Explosion, and Shock Waves, 1973. - Vol. 9, No. 2. - pp. 209-213.

26. V. V. Aleksandrov, E. V. Konev, V. F. Mikheyev, S. S. Khlevnoy. Surface temperature of burning nitroglycerine powder // Combustion, Explosion, and Shock Waves, 1966. - Vol. 2, No. 1. - pp. 38-41. (R)

27. A. D. Margolin. On the rate control stage of combustion // Reports of the USSR Academy of Sciences, 1961. - Vol. 141. - pp. 1131-1134 (R).

28. E. V. Konev. Author's abstract of PhD Thesis // Novosibirsk: Institute of Chemical Kinetics and Combustion, 1967 (R). See also E.V. Konev, S.S. Khlevnoi, Solid propellant burning in the presence of radiant flux // The Physics of Combustion and Explosion, 1966. – No. 4. - pp. 33-41.

29. A. I. Korotkov, O. I. Leypunskiy. Dependence of the burning rate temperature coefficient of propellant at atmospheric pressure on the initial temperature // In the book: Physics of explosion, No 2, M.: USSR Academy of Sciences, 1953. - pp. (R) 213-224.

30. V. F. Zhdanov, V. P. Maslov, S. S. Khlevnoy. Thermophysical coefficients of nitroglycerin powder at low temperatures // Combustion, Explosion, and Shock Waves, 1967. - Vol. 3, No. 1. - pp. 23-25.

31. D. B. Balashov. Thermodynamical properties of nitroglycerin powders in the pressure range up to 2600 kg/cm^2 and temperatures 20-92^{0}C // Journal of Physical Chemistry (Russ.), 1966. - Vol. 40. -pp. 3065-3070.

32. V. A. Golovin, Yu. I. Lotmentsev, R. I. Shneyerson. Study of the compatibility of nitroglycerin with nitrocellulose by the static method of

measuring the pressure of saturated vapor // High-molecular Compounds (Russ.), 1975. - Vol. A17. - pp. 2351-2354.

33. A. G. Gorst. Propellants and explosives // M.: Mashinostroyeniye, 1972 (R).

34. Ya. B. Zeldovich, O. I. Leypunskiy, V. V. Librovich. Theory of the unsteady combustion of powder // M.: Nauka, 1975. - pp. 131.

35. V. N. Simonenko, V. E. Zarko, K. P. Kutsenogiy. Experimental study of the conditions for auto- and forced fluctuations of the rate of combustion of a powder // Combustion, Explosion, and Shock Waves, 1980. - Vol. 16, No. 3. - pp. 298 -304.

2.8 可蒸发含能材料的新概念燃烧模型

2.8.1 概述

现代含能材料（如RDX、HMX、ADN、HNF等在燃面处熔化和蒸发）燃烧领域理论和实践工作方面的关键总结[1]，在结果上表现出了很明显的矛盾。大量的实验（主要苏联/俄罗斯做的）表明[2-18]，凝聚相放热反应放出大量热，这足以使含能材料加热到燃面温度，因此，发展与研究现象相符的、综合性的数学模型很重要。应该注意，仅当基于热电偶测量值精确和正确时，这种考虑才有效。最近出现了关于中等压强下这些信息是不正确的重要评论[19]。然而，虽然这些评论不完全合理，考虑到这些评论做的构思，至少理论结构合理。

对于含能材料凝聚相和气相全部放热反应的燃烧模型已经在文献[20]中有所发展，当对于宽泛区间、且输入信息多变时进行计算，证实了在一维框架内，含能材料凝聚相强烈热释放无稳态燃烧区。计算中，认为经短暂点火期，温度上振荡较大，呈非稳态燃烧，导致热爆炸和熄火，人们期望通过详细数学模型计算，观察到相似的燃烧行为[21-23]。然而，文献[21-23]的作者并未说明所选的输入数据能支持稳态燃烧区存在的理由。特别是，由文献[23]可知，凝聚相遵循吸热反应处理，与现有实验数据矛盾。

对问题研究表明[24]，含能材料的不稳定燃烧、凝聚相强烈放热与燃面下方高温造成燃面蒸发相关。实际上，这意味着凝聚相放热提供了足够热量使温度升至表面温度。图 2.12 定性地展示了温度分布的不稳定性,且亚表面处最大。燃烧表面从起始位置向左偶尔的小位移,可产生非常尖锐的温度分布坡度,导致燃烧表面蒸发热流增强。分布形式从 ABCDE 变为 ABFCDE,并进一步变为 ABDE。BD 层必定蒸发很快,但随后 B 点的运动无法继续:进入气泡的大量热损失会导致暂时的熄火;负面的“反馈”有稳定效果。文献[24]采用小扰动的方法进行了更详细的研究。

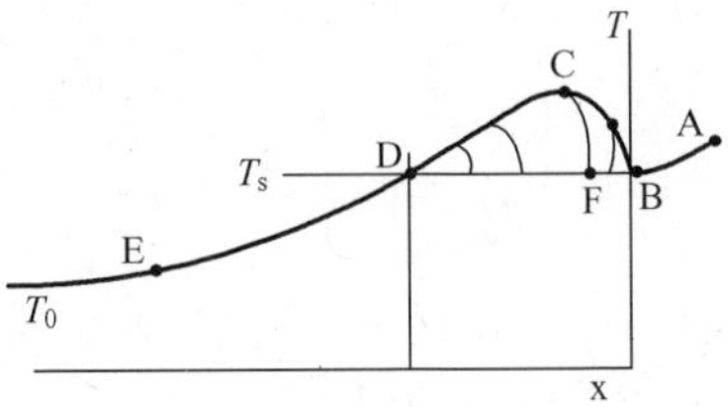

图 2.12　表面最大温度分布图

在间歇性的闪烁和熄火形式下,研究燃烧的不稳定性,不能采用 Zeldovich - Novozhilov 瞬态燃烧模型[25,26]的框架描述,这意味着表面存在准静态反应区和均相反应区。相反,讨论的不稳定性是指燃烧表面的无序振荡特性,后者的出现是由于燃烧表面缺乏同步振荡机制。表面上随机分布气体注入的波动,造成了燃面上方空间气流的不均匀性。

假设在燃烧表面不同点处燃速存在异步振荡,允许在负反馈情况下形成振荡递减的可能机制(Le Chatelier 原则),其提到的燃烧表面处喷射率的振荡引起了气相湍流,这增加了热量和质量传递系数及到表面热反馈的有效值。需要注意的是,前期文献[27,28]讨论了均相混合物燃烧产生的湍流,这些气流扰动是由于燃烧混合物的化学和几何结构的非均匀性引起的。这里讨论了亚表面层反应的不稳定性引起的一种湍流,这种情况在理想的均相含能材料中也可能发生。

很显然,凝聚相越热,气相固有湍流的热反馈越强。这有利于提高燃速,含能材料在凝聚相反应区内停留的时间相应地缩短。后者减小了凝聚相放热,降低了亚表面层的过热行为,使过热引起的振荡幅度减小。简单地说,新概念状态指:如果改变蒸发的含能材料燃烧过程的“输入”参数,凝聚相放热反应使亚表面形成过热状态,导致反应区出现不稳定性,由不稳定性产生的湍流所抑制。这一过程的数学模拟意味着气相传输系数扩大,确保了由于向燃烧表面的热量反馈增加而减少了亚表面层过热状态。这一概念为含能材料燃烧模型和实验数据处理提供了新的可能性。

2.8.2　燃烧表面非均匀性反应的合理解释

不同含能材料[29-33]准稳态燃烧,观察到了燃烧表面存在的“交叉波”或间歇性“热点”现象。基于上述考虑,可以认为,这种现象反映了凝聚相反应区不稳定性的事实。这种假设与高能反应介质中反应区内固有的不稳定性相一致,实际上,这种假设早期是为气相火焰建立的(著名的 Landau 潜心研究了火焰的微结构),后来是为爆轰波而建。现在可以说,这种局部不稳定行为是由于典型的含能材料在凝聚相放热反应及燃烧表面处蒸发放热所引起。

需要注意的是,对燃烧表面处"交叉波"速度处理的基本证据不充分。要试图将这个速度与 SHS(自持高温合成)[30,33]过程中热点的旋转燃烧速度[36]进行关联,并没有事实依据。与 SHS(自持高温合成)对比,含能材料燃烧表面"热点"的演化,与表面上方气流的流体力学性能有很强的依赖关系。特别是,热气流切向吹至燃烧表面上已熄灭的点,可方便地点燃表面,而无气流吹动情况下,点火延迟时间变得很重要。

假定含能材料燃烧表面"交叉波"是由于表面不稳定相的振荡变化引起的,似乎"交叉波"、爆轰波表面和气相火焰前阵面性质相似。同时,众所周知,相变的速度是无限制的(原则上,它比光速度更快),因此,"交叉波"并未以实际的物质和能量传输。

例如,以燃烧表面斜坡表示"交叉波"前阵面,并对应于快速燃烧区。含能材料在台阶附近最可能的热行为是热爆炸。在台阶区运动方向上,忽略预热层中储存的一部分热量,较短时间内提供的总热量几乎不影响燃烧波。

很明显,如在接近燃烧极限时,接近含能材料临界直径处,燃烧表面发光物体(点)的尺寸、形状和瞬态特性变得非常重要。需要注意的是,讨论的是在含能材料燃烧区域内的概念范畴,包括气相燃速控制区。2.8.5 节给出了燃烧区传输的例子。

2.8.3 负面侵蚀作用的解释

侵蚀的负面作用,如在相对缓慢的切向气流作用下,含能材料燃烧表面燃速降低,已通过实验[38,39]和理论[40-43]进行了揭示。此外,提出的概念,对含能材料气相燃速控制区的作用效果给出了很好的解释。新的定性解释仅适用于含能材料凝聚相"自加热"区,且无气流吹动的情况,此时,材料凝聚相放热可足以使其加热到燃烧表面温度。

假设沿燃烧表面的切向气流破坏了不稳定反应区产生的"固有"湍流结构,这将减弱气相到燃烧表面的热反馈作用;图 2.13 展示了这种作用。含能材料的凝聚相是图片底部的黑色部分;在分界面上方,随距离增大(即对应于图片的暗灰色到白色),气相温度增加,反应区局部的不稳定性引起了气相区温度扰动,并在对流和扩散作用下逐步消失[见图 2.13(a)]。由于局部不稳定引起的喷射痕迹并未在图 2.13(a)中直观见到,但这些痕迹出现在图 2.13(b)中,并显示出了局部闪光结果,闪光伴随着低温喷射气流。因此,瞬态循环气流致使表面附近区域升温,气流循环图如图2.13(a)所示,实际上这与普通的热流湍动和质量传输机理相类似。

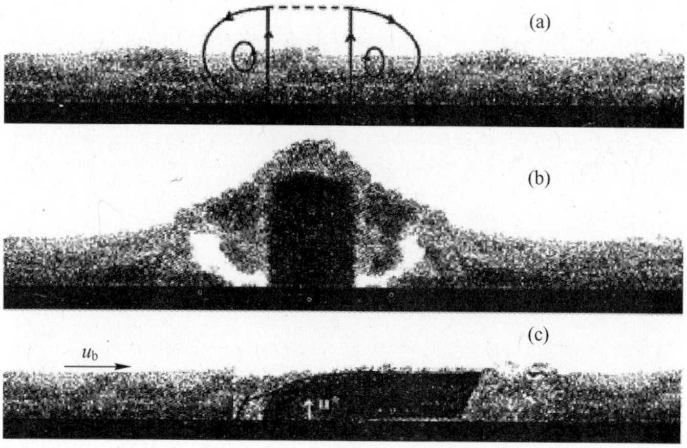

图2.13　“热点”附近气相运动示意图
(a)气流循环;(b)分解气体产物喷出;(c)内外部气流间相互作用。

图2.13(c)展示了切向气流吹扫燃烧表面情况下的气流图形,使切向气流速度低于整体破坏含能材料“固有”湍流结构的临界速度,即含能材料表面存在薄边界层,切向气流仅能使喷出的气流变形。如图2.13(c)所示,当“热点”上方存在一个垂直速度分量,喷射体积左边气流有微小移动,右边缘外部的那些微小体积流实际上没有垂直速度分量。因此,喷射的气体呈圆柱形,倾向于燃面右侧。所以,与无气流和无燃面热反馈减弱情况相比,喷射时气流循环变弱,自持燃烧强度也和燃速一样变弱,后者意味着“负侵蚀”效应的存在。

可假设切向气流速度越高,降低气体体积混合(循环强度)系数作用越强,对燃烧表面的热反馈也越少,这在图2.14线1处进行了描述。混合系数ε_0的初始值与含能材料自持燃烧温度曲线上的最大值相对应;同时,随切向气流速度v增大,混合系数在气相速度阈值处从0点逐步增大。因此,如图2.14所示,如期望有效混合系数(以及热反馈和含能材料燃烧速度)有极小值,定义的ε值可由$D=D_0(1+\varepsilon)$获得,其中,D和D_0分别为有及没有切向气流作用下的燃烧扩散系数。

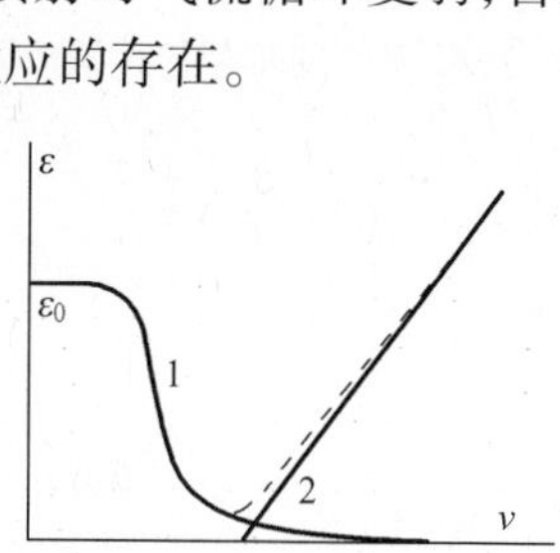

图2.14　$\varepsilon(v)$定性图

负侵蚀效应的机理假设可以定量解释实验结果[39],除此之外,目前还没有更合理的解释(详见2.8.4节)。

2.8.4 蒸发的含能材料燃速模拟分析

由非均相表面反应引起的"内在固有"湍流在反应区过热的自我调节理念，可使用 Zeldovich 燃速公式[44,45]模拟蒸发的含能材料燃烧。此公式适应于凝聚相一侧燃烧表面零温度梯度情况。要与数学问题近似，需在气相过程中构建一个模型，并在其中引入适当强度的湍流，以供零温度梯度的燃烧表面使用。

用简单的亚表面零级放热反应考虑燃烧模型，如果能有效地去除通过表面的气相分解产物（如通过扩散方式），则零级反应假设是有效的。该反应以速度 $W = k_c \exp(-E/RT)$ 和热效应 Q 进行，直到产生最终产物。物质的分解分数为 α，剩余的含能材料 $(1-\alpha)$ 伴随热效应 (L) 而发生蒸发，α 值要在计算中确定，气相中含能材料蒸气分解与速率 W_g 和热效应 $(Q+L)$ 相关。

燃烧波中的热平衡公式为

$$\begin{cases} m\Delta H - Qm\alpha = \lambda\varphi_{sc} = q_g - m(1-\alpha)L \\ m(1-\alpha)(Q+L) = m\Delta H_g + q_g \end{cases} \tag{2.53}$$

式中，m 为质量燃速；$\Delta H = c(T_s - T_0) + Q_m$ 为加热凝聚相所需的热量；Q_m 为熔化热效应；φ_{sc} 为从凝聚相边缘到燃烧表面处的温度梯度；q_g 为从气相至燃烧表面处的热传导；$\Delta H = c_g(T_{max} - T_s)$ 为加热气相所需的热量。确定 T_s 和 q_g 对计算十分重要，气相比热容值可以取常数。

根据方程(2.53)可得

$$(Q+L)\alpha + q_g/m = \Delta H + L, \quad Q = \Delta H + \Delta H_g \tag{2.54}$$

当取 $c_g = c$，可由式(2.54)中第二个关系式得出 T_{max}。按照燃速通用表达式（源于文献[1]中 Merzhanov - Dubovitskii 公式）的假设有如下形式：

$$(m\Delta H)^2 = 2\lambda Qk_c(RT_s^2/E)(1-\delta^2)^{-1}\exp(-E/RT_s), \quad \delta = 1 - \alpha Q/\Delta H \tag{2.55}$$

静态燃烧物体对应条件 $\delta \geqslant 0$，当 $\delta = 0$ 及 $\Delta H = \alpha Q$ 时，式(2.55)可转换成 Zeldovich 公式，即

$$(m\Delta H)^2 = 2\lambda Qk_c(RT_s^2/E)\exp(-E/RT_s) \tag{2.55'}$$

燃烧表面条件由 Clapeyron - Clausius 方程表示，即

$$\begin{cases} a(0)(p/1at) = \exp(\mu L/RT_b - \mu L/RT_s) \\ \exp(-E/RT_s) = [a(0)(p/1at)]^{E/\mu L}\exp(-E/RT_b) \end{cases} \tag{2.56}$$

式中，$\alpha(0)$ 为表面上方的物质的量分数；T_b 为 $p = 1\text{atm}$ 下的沸点。

$\alpha(0)$ 可由蒸气的物质的量分数方程 $\alpha(x)$ 进行计算，但要考虑蒸气及其分解产物混合作用。当忽略扩散对燃烧热的影响，蒸气的总物质的量流 j_v 为

$$j_v = (av - D\nabla a)/(RT/P) \tag{2.57}$$

式中,v 为气体混合物的线性速率;RT/P 为 1mol 理想气体的体积;$(aV - D\nabla a)$ 为蒸气流的体积。考虑到式(2.57)和 $P/RT = \rho/\mu, \rho V = m$,蒸气的质量流速($g_v$)能以如下形式表示:

$$g_v = \mu_v j_v = (\mu_v/\mu)(am - \rho D\nabla a) \tag{2.58}$$

式中,μ 和 ρ 分别为相应气体混合物的摩尔质量和密度,有时为了简化,摩尔质量比 μ_v/μ 可进行归一化处理,但对大部分含能材料不真实(对于 HMX 等于 12,对于 CL-20 甚至更高)。

气相混合物的摩尔质量分数由下式计算:

$$\mu = \frac{\rho}{\sum c_i} = \frac{\sum \mu_i c_i}{\sum c_i} = \sum \mu_i a_i$$

式中,c_i为第 i 种组分体积摩尔数;α_i为第 i 种组分体积摩尔分数;尤其对于蒸气(摩尔质量 μ_v)和其分解产物(摩尔质量 μ_{pr})混合物,相对的体积摩尔分数为 α 和$(1-\alpha)$。

$$\mu = \mu(a) = a\mu_v + (1-a)\mu_{pr} \tag{2.59}$$

含能材料表面释放的蒸气在气相距离 h 处完全被消耗:$g_v = \int_x^k W_s \mathrm{d}x$。尤其是它能用简单的式子 $W_g = \mathrm{const} = K_g(P/1at)^n$ 替代,则

$$g_v = (h - x)W_g \tag{2.60}$$

相应地,在含能材料表面处质量平衡如下:

$$g_v(0) = (1-\alpha)m = hW_g \tag{2.61}$$

将方程(2.58)、方程(2.59)代入方程(2.60)后,可得

$$\psi \mathrm{d}a/\mathrm{d}\eta + a[1 - (1-\alpha)(1-k)\eta] = k(1-\alpha)\eta, \quad a_{\eta=0} = 0 \tag{2.62}$$

式中,$\psi = \rho D/mh, \eta = 1 - x/h, K = \mu_{pr}/\mu_v$,如沿反应区方向 ρD 保持为平均量值,则 $D \sim T^{3/2}/P, \rho \sim \mu/RT, \rho D \sim \mu T^{1/2}$。因此,如果温度增大 4 倍、$\mu$ 减小 50%,ρD 量值则保持一定。

要获得紧缩形式解,引入新的变量 $\xi = \lceil 1 - (1-\alpha)(1-K)\eta \rceil/d$, $d = \sqrt{2\Psi(1-\alpha)(1-K)}$ 则很方便。方程(2.62)可写成一个新的形式:

$$\mathrm{d}a/\mathrm{d}\xi - 2a\xi = (\xi - 1/d)2k/(1-k), \quad a_{\xi=1/d} = 0 \tag{2.62*}$$

假设 ρD 为常数,解如下方程:

$$\frac{1-k}{k}a = -1 + \mathrm{e}^{\xi^2 - 1/d^2} - \frac{\sqrt{\pi}}{d}\mathrm{e}^{\xi^2}[\mathrm{erf}(\xi) - \mathrm{erf}(1/d)] \tag{2.63}$$

要得到 T_s温度下的解,首先检查热平衡方程[与方程(2.60)类似]:

$$q(h)-q=(Q+L)(h-x)W \tag{2.64}$$

此处整体热流 q 可由下式计算:

$$q=mc_{g}(T-T_{s})-\lambda_{g}\mathrm{d}T/\mathrm{d}x \tag{2.65}$$

边界条件是 $T(h)=T_{max}$。当 λ_g 为常数,可得到式(2.64)和式(2.65)的解为

$$\vartheta=(1-\alpha)[(\psi/Le)(\exp(\eta Le/\psi)-1)-\eta)](Q+L)/\Delta H_{g} \tag{2.66}$$

式中,$\nu=(T_{max}-T)(T_{max}-T_{s})-1$;$L_{e}=\rho Dc_{g}/\lambda_{g}$;$\Psi=\rho D/\mathrm{mh}$。另一个边界条件 $T(x=0)=T_s$ 给出了与 Ψ/L_e、α 和 T_s 间的关联关系:

$$1=(1-\alpha)[(\psi/Le)(\exp(Le/\psi)-1)-1)](Q+L)/\Delta H_{g} \tag{2.67}$$

因此,对于6个未知参量 m、h、α、T_s、Ψ 及 $\alpha(0)$,有6个方程:(2.55)、(2.56)、(2.61)、(2.67)、(2.73)及 $\psi=\rho D/\mathrm{mh}$。另外,考虑湍流(切向气流或反应区不稳定性引起[1,46])作用,湍流对扩散和热扩散率系数有重要作用。

$$\begin{cases}D=D_{0}+\varepsilon D_{0},\lambda_{g}/c_{g}\rho=(\lambda_{g}/c_{g}\rho)_{0}+\varepsilon D_{0}\\ Le\approx\dfrac{D_{0}+\varepsilon D_{0}}{(\lambda_{g}/c_{g}\rho)_{0}+\varepsilon D_{0}}=Le_{0}\dfrac{1+\varepsilon}{1+\varepsilon Le_{0}},Le_{0}=\left(\dfrac{c_{g}\rho D}{\lambda_{g}}\right)_{\varepsilon=0}\end{cases} \tag{2.68}$$

忽略6个方程中的 h 值,可获得气相变化条件下 m 值的计算表达式(当 $\alpha\ll 1$ 时,燃速在由气相控制的情况下很有效):

$$m=k_{3}\left(\frac{p}{1at}\right)^{n/2}\sqrt{\frac{1+\varepsilon}{\psi(1-\alpha)}},k_{3}=\sqrt{k_{g}(\rho D)_{0}} \tag{2.69}$$

更重要的是,采用简单的转换式,能获得含 T_s,$a(0)$,d,ζ_1,α,ε,ψ,Le 和 δ 未知数的抽象的方程组[方程(2.70)-(2.76)],采用 Mathcad 程序可方便求解。方程(2.71)可通过忽略 m 后由方程(2.55)和方程(2.69)获得。

$$1/T_{s}=1/T_{b}-(R/\mu L)\ln(a(0)P/1at) \tag{2.70}$$

$$1=\frac{k_{2}}{1+\varepsilon}\left(\frac{T_{s}}{T_{s}-T_{0}+Q_{m}/c}\right)^{2}\frac{[a(0)(P/1at)]^{E/\mu L}(P/1at)^{-n}}{1-\delta^{2}}(1-\alpha)\psi \tag{2.71}$$

$$\delta=1-\alpha Q/[c(T_{s}-T_{0})+Q_{m}] \tag{2.72}$$

$$\frac{1-k}{k}a(0)=-1+e^{\xi_{1}^{2}-1/d^{2}}-\frac{\sqrt{\pi}}{d}e^{\xi_{1}^{2}}[\mathrm{erf}(\xi_{1})-\mathrm{erf}(1/d)] \tag{2.73}$$

$$\xi_{1}=\xi_{\eta=1}=[1-(1-\alpha)(1-k)]/d \tag{2.74}$$

$$d=\sqrt{2\psi(1-\alpha)(1-k)} \tag{2.75}$$

$$\frac{Q-c(T_{s}-T_{0})-Q_{m}}{(Q+L)(1-\alpha)}=(\psi/Le)(\exp(Le/\psi)-1)-1 \tag{2.76}$$

$$Le = Le_0 \frac{1+\varepsilon}{1+\varepsilon Le_0} \tag{2.77}$$

$$k_2 = \frac{2\lambda}{c\ (\rho D)_0} \frac{k_c}{k_g} \frac{QR}{cE} \exp(-E/RT_b) \tag{2.78}$$

要获得无切向气流吹动情况下的解,需先设 $\varepsilon = 0$,经迭代得到 $\delta > 0$ 对应的亚表面温度最高值(反应区不稳定),则该解可用普通的方式求解。如果迭代到 $\delta < 0$,表明反应区不稳定,在这种情况下,有必要取 $\varepsilon = 0$ 并找到 ε_0,其对应的条件 $\delta = 0$。在这种情况下,可以用由"热点"引起的"本征"湍流的概念,模拟不稳定燃烧抑制机理。基于方程(2.70) - 方程(2.76)的解可计算出燃速[方程(2.69)]和热通量 q_s/m[方程(2.54)]。

在切向气流吹动情况下,可用方程(2.70) - 方程(2.76)有效获取幅值为 ε 的燃烧过程参数,ε 对应于气体流速的变化范围。图 2.15 显示了这种计算的例子,计算中的一些输入参数选择了传统含能材料数据(特定的含能材料必须单独检验):$p = 100\text{atm}$, $T_0 = 300\text{K}$, $Q = 800\text{cal/g}$, $c = c_g = 0.3\text{cal/gK}$, $Q_m = 20\text{cal/g}$, $L = 80\text{cal/g}$, $T_b(1\text{atm}) = 880\text{K}$, $E = 37\text{kcal/mol}$, $R = 2\text{cal/molK}$, $\mu_v = 296\text{g/mol}$, $\mu_{pr} = 29.6\text{g/mol}$, $Le_0 = 1.05$, $K_2 = 170$, $n = 1.6$。也有人认为,吹动气流与含能材料燃烧最终产物性质相同。

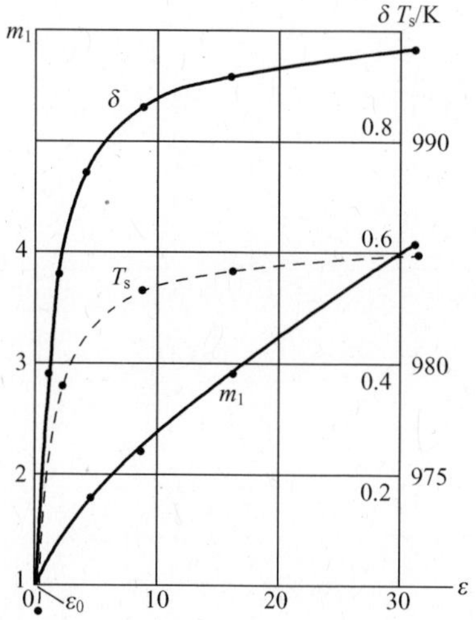

图 2.15　δ、T_s 及 m_1 与 ε 间依赖关系曲线

初始计算 ε_0 值建立在相应的类稳态自持燃烧基础上:$\varepsilon_0 = 2.16$。这意味着由于"固有"的湍流作用扩散系数变高 1.216 倍;ε 为计算值,是在 0 ~ 30 区间变化得到。分析图 2.15 可得出几个定性结论,$\delta(\varepsilon)$ 曲线值清晰的变化,从 ε 值较

小的凝聚相“自加热”燃烧区到 ε 值较大的“强制气化”衰减燃烧区。δ 表示了穿过燃烧表面火焰热反馈热量百分比(去除了含能材料蒸发热消耗)。实际上“强制汽化”区很明显,线性的 $m_1(\varepsilon)$ 依赖于高的 ε 值,此处,$m_1=m(\varepsilon)/m(\varepsilon_0)$ 为燃速侵蚀系数,表示了燃烧表面处强切向气流作用下的燃速增量。

最终,$T_s(\varepsilon_0)$ 曲线显示,在强气流作用下燃烧表面温度增加,如初次所见那样,质量传输增加可能导致蒸气被绝热气流稀释(最终燃烧产物来源于气流内部)。然而,另一因素伴演着重要角色:随 ε 值增大,相应地气流速度 $(1-\delta)$ 值降低,$(1-\delta)$ 值代表了燃烧表面整体热平衡中凝聚相反应产生的热值贡献。因此,随着 ε 值(接近燃烧表面处,分解的混合产物中蒸气质量分数)增加,燃面处的温度趋近于沸点。

图 2.16 中的计算值 $\varepsilon_0(T_0)$ 与前面例子所用的相同输入参数算得,可见在初始温度低于 $-15℃$ 时 $\varepsilon_0\equiv 0$,含能材料燃烧表面上方缺乏“固有的”湍流作用:凝聚相放热不足以提供燃烧波自持燃烧所需热,气相为燃烧表面热平衡提供了 δ 比例的热反馈(这是在反应区的冷边界处),且 $\delta>0$。该例中燃速由 Merzhanov - Dubovitskii 公式[式(2.55)]计算,$\varepsilon_0(T_0)$ 计算值与实验值性质上一致[39],负侵蚀效应会在某特定负初始温度下完全消失。

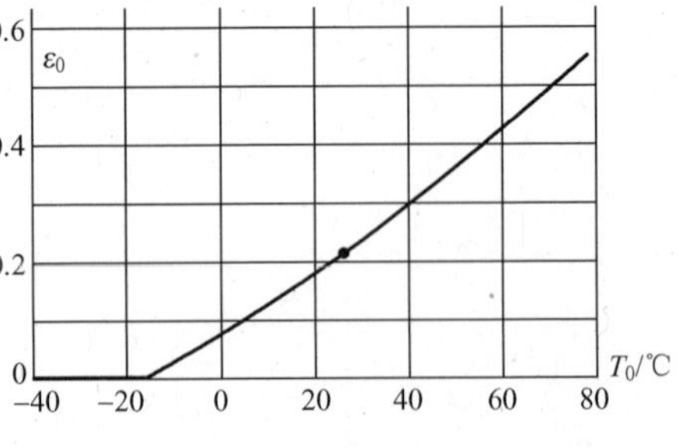

图 2.16　ε_0 与起始反应温度间关系的计算曲线

现在,检验一下侵蚀系数值 $m_1=m(\varepsilon)/m(\varepsilon_0)$ 在变量 ε(气流速度)变化时的行为。根据图 2.17 能假设 ε 的最小值很小,$\varepsilon_{\min}/\varepsilon_0\ll 1$,进一步假设 $m_1(\varepsilon)$ 曲线可线性外推到主要的 $\varepsilon\in(0,\ \varepsilon_0)$。$m_1$ 的最小值可由下式计算:

$$m_{1\min}=m_1(0)\approx 1-\varepsilon_0\ (\mathrm{d}m_1/\mathrm{d}\varepsilon)_{\varepsilon=\varepsilon_0} \tag{2.79}$$

从图 2.17 曲线可看出,当无气流时,$m_1=1$ 且 $\varepsilon=\varepsilon_0$。当起始切向气流以相对较小的流速吹过燃烧表面时,$m_1$ 的重要性逐步减弱至 m_1' 的极值。受“内部”和外部湍流作用影响,该值为 ε 极小值。随气流速度增大,m_1 值增大,并大于均值,达到 $m_1=1$。

似乎由式(2.97)计算的 $m_{1\min}$ 值过于考虑了负侵蚀效应,主要用于定性估计。要精确计算 m'_{1min}，则要采用基于共轭燃烧和流体力学的详细数学模拟。

由式(2.79)及方程(2.55)－方程(2.67)算得的大体结果列于图 2.18，计算时所用输入值与上述计算采用的输入值相同。

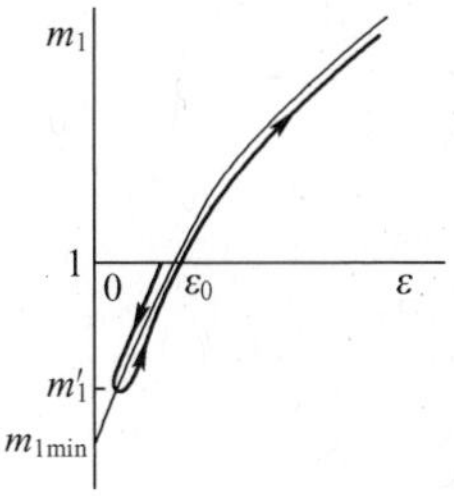

图 2.17　$m_1(\varepsilon)$性能的定性说明

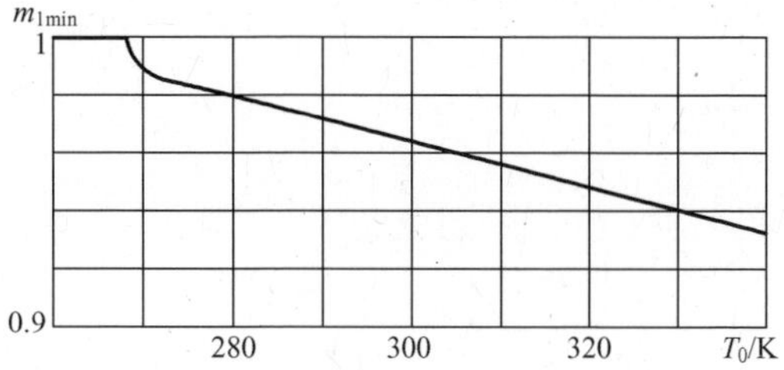

图 2.18　m_1与起始反应温度间关系的计算曲线

图 2.18 中曲线 $m_{1min}(T_0)$ 与文献[39]报道的实验数据很相符。注意，正如文献[46]所示的那样，对于能自持燃烧的富燃料推进剂，当氧化剂粒度较粗时，燃烧机理也相类似。对于采用吹入气流来强化混合气相产物的，可能会导致推进剂的小火焰熄灭。

参 考 文 献

1. L.K. Gusachenko, V.E. Zarko. Combustion models for energetic materials with completely gaseous reaction products // Combustion, Explosion, and Shock Waves, 2005. - Vol. 41, No. 1. - pp. 20-34.

2. A.A. Zenin , S.V. Finjakov. Characteristics of RDX combustion zones at different pressures and initial temperatures // Combustion, Explosion, and Shock Waves, 2005. -Vol. 42, No. 5. - pp. 521-533.

3. A.A. Zenin, V.K. Bobolev, O.I. Leipunskii, A.P. Glazkova. Investigation of temperature profile in ammonium perchlorate combustion wave // Applied Mathematics and Thechnical Physics, 1964. - No 3. - pp. 154-158 (R).

4. O.I. Leipunskii, A.A. Zenin, V.M. Puchkov. Effect of catalyst on characteristics of the combustion zone of condensed material. Combustion and Explosion // Proceeds. of III All-Union Symposium on Combustion and Explosion, Moscow, Nauka (Science), 1972. - pp. 74-77.

5. A.A. Zenin. Experimental study of the combustion mechanism and

hydrodynamics of the combustion products of solid propellants // Dissertation (Doct. Science), Moscow, Institute of Chemical Physics, 1976.

6. A.A. Zenin. Processes in combustion wave zones of double base propellants // In: Physical processes in combustion and explosion. Moscow, Atomizdat, 1980. - pp. 69-105 (in Russian).

7. A.A. Zenin. HMX and RDX: combustion mechanism and influence on modern double-base propellant combustion // J. Prop. Power, 1995. - Vol. 11, No. 4. - pp. 752-758.

8. A.A. Zenin, V.M. Puchkov, S.V. Finjakov. Characteristics of HMX combustion waves at various pressures and initial temperatures // Combustion, Explosion, and Shock Waves, 1998. -Vol. 34, No. 2. - pp. 170-176.

9. A.A. Zenin, V.M. Puchkov, S.V. Finjakov. Physics of ADN combustion // AIAA Paper 99-0595, Jan. 1999.

10. A.A. Zenin, S.V. Finyakov, N.G. Ibragimov. Physics of nitrozoamine combustion as a monopropellant and as an ingredient of modern propellants // Proceedings of 30ty international annual conference of ICT, Karlsruhe, FRG, 1999, - P. 51. - pp. 1-13.

11. A.A. Zenin, S.V. Finyakov. Burning wave structure and combustion mechanism of glycidil-azide / nitramine mixtures // Proceedings of 31st international annual conference of ICT, Karlsruhe, FRG, 2000, P 132.

12. A.A. Zenin, S.V. Finyakov. Physics of combustion of HTPB/nitramine compositions // Proceedings of 32st international annual conference of ICT, Karlsruhe, FRG, 2001. - Vol. 8. - pp. 1-24.

13. A.A. Zenin, S.V. Finyakov. Physics of combustion of energetic binder-nitramine mixtures // Proceedings of 33rd international annual conference of ICT, Karlsruhe, FRG, 2002. - V. 6. - pp. 1-14.

14. A.A. Zenin, S.V. Finyakov. Combustion mechanism of new polymer / oxidizer compositions // Proceedings of 34th international annual conference of ICT, Karlsruhe, FRG, 2003, P 54. - pp.1-13.

15. A.A. Zenin, S.V. Finyakov. Physics of combustion of solid mixtures with active binder binder and new oxidizer // Proceedings of 35th

international annual conference of ICT, Karlsruhe, FRG, 2004. - P 144. - pp. 1-16.

16. V.P. Sinditskii, V.Yu. Egorshev, M.V. Berezin, et al. Combustion study of high energetic carcass nitramine hexanitrohexaasaisowurzitane // Chemical Physics, 2003. - Vol.22, No 7. - pp. 69-74.

17. V.P. Sinditskii, V.V. Serushkin, S.A. Filatov, V.Yu. Egorshev. Flame structure of Hydrazinium Nitroformate // Combustion of energetic materials, edited by K.K. Kuo, L.T. DeLuca, Begell House Inc., New York, 2002. - pp. 576.

18. M.W. Beckstead, Condensed-phase control? Or gas-phase control? // Combustion, Explosion, and Shock Waves, 2007. - Vol. 43, No. 2. - pp. 243 -245.

19. V.E. Zarko, L.K. Gusachenko, A.D. Rychkov. Modeling of transient combustion regimes of energetic materials with surface evaporation // Challenges in Propellants and Combustion - 100 Years after Nobel, Kenneth K. Kuo, ed. Begell house, inc. New York, Wallingford (U.K.), 1997. -pp. 1014-1025.

20. Y.C. Liau, V. Yang. Analysis of RDX monopropellant combustion with two-phase subsurface reactions // J. Prop. Power, 1995. - Vol. 18, No. 4.

21. Y.C. Liau, V. Yang, S.T. Thunell. Modeling of RDX/GAP pseudo-propellant combustion with detailed chemical kinetics // Combustion of Energetic Materials (Eds. K.K. Kuo, L.T. DeLuca), Begell House Inc N-Y, 2002. - pp. 477-499.

22. K.V. Meredith and M.W. Beckstead. Laser-induced ignition modeling of HMX // Proceedings of 39th JANNAF Combustion Meeting, Colorado Springs, Dec. 2003.

23. L.K. Gusachenko, V.E. Zarko, A.D. Rychkov. Instability of a combustion model with surface vaporization and overheat in the condensed phase // Combustion, Explosion, and Shock Waves, 1997. - Vol. 33, No. 1. - pp. 34-40

24. B.V. Novozhilov. Chaotic nonstationary burning rate and combustion of powder // Khimicheskaya Fizika (Chemical Physics), 2004. - Vol. 23,

No. 5. - pp. 68 (in Russian).

25. A.A. Belyaev, Z.I. Kaganova, B.V. Novozhilov. Combustion of Volatile Condensed Systems behind the Stability Limit of the Stationary Regime // Combustion, Explosion, and Shock Waves, 2004. - Vol. 40, No. 4. - pp. 425 -431.

26. S.S. Novikov, P.F. Pokhil, Yu.S. Ryazantsev, L.A. Sukhanov. Model of "permanent non-stationarity" of the combustion zone of composite condensed systems // Zhurnal Prikladnoi Mekhaniki I Tekhnicheskoi Fiziki (Applied Mechanics and Technical Physics), 1968. - Vol.3. -pp. 128-133 (in Russian).

27. V.Ya. Zyryanov, V.M. Bolvanenko, O.G. Glotov, Yu.M. Gurenko. Turbulent model for the combustion of a solid fuel composite // Combustion, Explosion, and Shock Waves, 1988. -Vol. 24, No. 6. -pp. 652-660

28. V.N. Marshakov, A.G. Istratov, V.M. Puchkov. Combustion-Front Non-One-Dimensionality in Single- and Double-Base Propellants // Combustion, Explosion, and Shock Waves, 2003. - Vol. 39, No. 4. -pp. 452-457.

29. V.N. Marshakov, A.G. Istratov. Wave Structure of The Solid–Propellant Combustion Front // Progress in Combustion and Detonation (Edited by Borisov A.A., Frolov S.M., Kuhl A.L.) Intern. Conf. on Combustion and Detonation. Zel'dovich Memorial, 30.08-03.09 2004, Moscow, Russia, M: TORUS PRESS Ltd.,2004, CD disk, Paper W2-2, 11 pp.

30. V.N. Marshakov. Application of the hypothesis of spot-pulse combustion mechanism to the analysis of the propellant combustion behavior under pressure drop. Combustion of condensed system // Proceeds. of IX All-Union Symposium on Combustion and Explosion, Chernogolovka, 1989, 47-51 (in Russian).

31. A.V. Ananiev, A.G. Istratov, Z.V. Kirsanova, et al. Instability of self-sustaining combustion of powders and explosives, Chemical Physics of the Processes of Combustion and Explosion // Proceeds. of XII All-Union Symposium on Combustion and Explosion, Part. 1, Chernogolovka, 2000

(in Russian).

32. V.N. Marshakov, A.G. Istratov. Critical diameter and transverse waves of powder combustion//Combustion, Explosion, and Shock Waves, 2007. - Vol. 43, No. 2. -pp. 188-193.

33. L.K. Gusachenko, V.E. Zarko. Analysis of the phenomenological models for unsteady burning of homogeneous solid propellants // Combustion and Plasma Chemistry, 2005. - No. 3. -pp. 175-184 (R).

34. L.K. Gusachenko, V.E. Zarko. Analysis of non-stationary combustion models for solid propellants // Combustion, Explosion, and Shock Waves, 2007. - Vol. 43, No. 6 .

35. S.S. Rybanin. The propagation velocity of the spinning wave // HDP IV (Proceedings of the 4th Int. Symposium on behavior of dense media under high dynamic pressures), Tours-France, 1995. - pp. 85-90.

36. L.K. Gusachenko, V.E. Zarko. Erosion burning. Modeling problems // Combustion, Explosion, and Shock Waves, 2007. - Vol. 43, No. 3. - pp. 286-296.

37. V.N. Vilyunov, A.A. Dvoryashin. An experimental investigation of the erosive burning effect // Combustion, Explosion, and Shock Waves, 1971. - Vol. 7, No. 1. - pp. 38-42

38. V.N. Vilyunov, A.A. Dvoryashin. Effect of the initial temperature of a condensed substance on the value of the negative erosion // Combustion, Explosion, and Shock Waves, 1973. -Vol. 9, No. 4. - pp. 521-522.

39. V.K. Bulgakov, A.M. Lipanov. Theory of erosion combustion of solid rocket propellants // Moscow, Nauka (Science), 2001 (in Russian).

40. V.K. Bulgakov, A.M. Lipanov. Combustion of condensed material with blowing // Combustion, Explosion, and Shock Waves, 1983. - Vol. 19, No. 3. -pp. 279-282.

41. V.K. Bulgakov, A.M. Lipanov, A.Sh. Kamaletdinov. Numerical studies of the erosional combustion of condensed matter // Combustion, Explosion, and Shock Waves, 1986. - Vol. 22, No. 6. - pp. 717-721.

42 V.K. Bulgakov, A.M. Lipanov, V.N. Vilyunov, A.I. Karpov. The

negative-erosion mechanism in solid-fuel combustion // Combustion, Explosion, and Shock Waves, 1989. - Vol. 25, No. 4. - pp. 410-412 (R)

43. V.A.Strunin, G.B. Manelis, A.N. Ponomarev, V.L. Tal'rose. Effect of ionizing radiation on the combustion of ammonium perchlorate and composite systems based on ammonium perchlorate // Combustion, Explosion, and Shock Waves, 1968. -Vol. 4, No. 4. - pp. 339-342.

44. G.B. Manelis, G.M. Nazin, Yu.I. Rubtsov, V.A.Strunin. Thermal decomposition and combustion of explosives and powders // Moscow, Nauka (Science), 1996 (in Russian).

45. L.K. Gusachenko, V.E. Zarko. Peculiarities of erosive combustion in heterogeneous systems. // Energetic materials. Structure and properties. Proceedings of 35th Int. annual conference of ICT, Karlsruhe, FRG, 2004.- P.90, - 10 pp.

第3章　单氧化剂异质凝聚相体系的稳态燃烧

3.1 引　　言

异质凝聚相体系由多种不同特性的组分组成，具有三维非均相物理结构，固体火箭推进剂是这种体系的典型代表。从微观组成看，推进剂中的黏合剂形成了网络结构，而大量粉末填料（氧化剂、高能炸药、添加剂、金属燃料及燃烧催化剂等）分布于这些网络结构中。需要注意的是，在一定条件下，固体推进剂（SP）可以分为均质和异质两类，二者的差异主要是化学反应区的厚度与组分混合长度之间的比值不同，而该比值随着初始条件和燃速值不同发生变化。

除了按照推进剂中各组分的功能对材料进行分类外，还可以根据材料本身是否能自持燃烧可将异质固体推进剂中的各组分分为惰性组分和含能组分两类。惰性组分（不能自持燃烧）在推进剂的燃烧表面受到燃烧火焰的热反馈作用直接气化，而含能组分（某些类型的氧化剂、炸药添加剂及一些键合剂）则在燃烧火焰的热反馈作用下进行燃烧。由于在燃烧的过程中各组分之间存在混合和热交换作用，因此推进剂中含能组分的燃速较其单独燃烧时的燃速有所不同，或高或低。

因此，从理论角度来看，对于异质推进剂的燃烧过程，不仅需考虑各组分自身的热力学和动力学参数，还需要考虑各组分进入反应区后的混合扩散过程。一般认为，固体推进剂的燃烧规律主要取决于填料所表现出的有效粒径，更准确地说是填料颗粒的平均粒径分布函数。

固体推进剂燃烧照片可以表征燃烧表面不同组分变化时的瞬态行为，可以表现出不同物理化学性质的推进剂组分及其之间的相互作用形成的复杂界面。正是由于各组分在燃烧时会产生许多种变化，因此不可能对固体推进剂燃烧波进行普适的描述，更现实的方法是在一定限定条件或极端条件下建立模型，而该模型只应用于特定的范围，注意此处首先讨论的是对火焰模型的分析，应用这些模型时，应对复杂情况进行简化以求获得近似解。

对于限定条件，首先想到的是将填料的粒径假设为很小或很大（Bakhman

等[1]提出的动力学扩散火焰行为)。第一种情况是,组分在进入化学反应区之前进行充分混合(准均相模型);第二种情况是,颗粒物的粒径超过了预热层的厚度。而对于相对预热层厚度属于中等粒径的颗粒,需要对火焰表面、固相表面的热波及扩散波结构用不同方法进行平衡,从而修正模型,这些模型中的平均值既可以是推进剂燃烧表面的几何平均值(空间平均值),也可以是在相当长一段时间内燃烧前沿在指定方向上向推进剂主体传播过程的平均值(时间平均值)。

3.2 准均相体系

如果体系的非均相特性不影响燃烧的基本过程,这种体系称为准均相体系。准均相体系的燃速可以通过均质推进剂的燃速关系式求得,但前提是该体系是非均相体系。例如,以 AP 为基的典型推进剂,在很低的压强下,其燃烧的决定步骤是在气相火焰(由于低压下 AP 无法自持燃烧,见第 2 章)。低压下气相火焰距离燃烧表面有一定距离气体,在该区域中预混后燃烧,因此,这种状况下推进剂不能描述为非均相。然而,当 AP 颗粒的粒径尺度与该固相层的厚度相当时,该过程中包含了复杂的物理化学变化过程,此时,推进剂呈现出非均相特点。

3.2.1 表面组分均匀混合的配方

众所周知,许多固体推进剂组分在燃烧表面以熔融的形式存在。如果氧化剂与黏合剂都熔融,那么它们之间有可能发生混合和相互作用。当然,推进剂不可能完全像均相体系那样燃烧,甚至在完全混合之前,高活性的氧化剂就可以与可燃物在液相中发生反应,此时放出的热是不均匀的。此外,没有完全混合的组分气化后形成单独的气流,此时气相中的热也是不均匀的。文献[2-4]中试验结果表明,在足够高的压强范围内,含硝胺填料的推进剂,且填料粒径在适当范围内时,其燃烧仅仅与粒径值略有相关。文献[3]中展示了固体推进剂(基本配方为奥克托今或黑索今与聚氨酯黏合剂)在压强 $p=20\text{MPa}$ 下燃烧前后的表面照片,在熄火的样品表面可以观察到均匀的细颗粒结构,这些颗粒的粒径要远小于未燃烧样品表面的颗粒粒径,表明这种体系的燃速控制步骤主要在气相,显然可以采用适用于均相体系的模型。文献[4]对早期建立的含硝化甘油类的均相推进剂(见第 2 章)模型进行了验证,结果发现决定含硝化甘油推进剂燃烧速度的步骤主要在凝聚相,该模型也可适用于含硝胺炸药的固体推进剂。

文献[4]的模型中,验证了气相控制燃速的燃烧行为,该模型也在含硝胺的双基系推进剂中进行了应用。

$$u_1(T_s)=u_2(T_2) \tag{3.1}$$

$$u_1(T_s)=A_s\exp(-E_s/RT_s) \tag{3.2}$$

$$u_2(T_2)=p\sqrt{\frac{\lambda_2Q_2\varepsilon^2z_2\exp(-E/RT_2)}{\rho^2c[c(T_s-T_0)-Q_1](RT_2)^2}} \tag{3.3}$$

$$c(T_2-T_0)=Q_1+Q_2,Q_1=\alpha Q_{sox}+Q_{sDB} \tag{3.4}$$

式中，角标 2 代表气相；α 为填料（硝胺）的质量分数；Q_{sox}和 Q_{sDB}分别为硝胺和黏合剂的放热量（cal/g）。当填料为奥克托今、黏合剂为双基体系时，模型中的常数取值为：$c=0.37\mathrm{cal/(g\cdot K)}$，$\lambda_2=10^{-4}\mathrm{cal/(cm\cdot s\cdot K)}$，$\rho=1.54\mathrm{g/cm^3}$，$E_s=14\mathrm{kcal/mol}$，$z_s=36000\mathrm{cm/s}$，$\varepsilon^2z_s=1.4\times10^8\mathrm{cm^3/(g\cdot s)}$，$Q_2=330\mathrm{cal/g}$，$Q_{sDB}=100\mathrm{cal/g}$，$Q_{sox}=50\mathrm{cal/g}$，$T_0=293\mathrm{K}$。由于缺乏可靠数据（奥克托今的详细参数见第 2 章），所以 Q_{sox}的值被称作匹配系数。注意，由于式（3.1）中的 u_2值与 T_s 相关，因此式（3.1）－式（3.4）组成了联立方程组，考虑到配方中的 T_2只与 Q_1有关，Q_2的释温效应可以忽略，方程组简化为

$$\nu=\partial\ln u/\partial\ln p,\quad \beta=\partial\ln u/\partial T_0$$

$$\nu=\left(1+\frac{1}{2}\frac{T_s}{T_s-T_0-Q_1/c}\frac{RT_s}{E}\right)^{-1}$$

$$\beta=\left(\frac{RT_s^2}{E}+2(T_s-T_0-Q_1/c)\right)^{-1}$$

3.2.2　小粒径非均匀组分配方

假设填料颗粒的粒径足够小，那么即使没有发生熔融反应，也可以将异质推进剂体系的燃烧视为准均相燃烧。文献[6]建立了这类体系的燃烧模型，该模型基于如下假设：

（1）燃烧速度的决定步骤为凝聚相反应；

（2）氧化剂热分解速度是推进剂燃烧速度的主要影响因素；

（3）推进剂可视为一维准均相体系，并且燃烧时为一维燃烧，例如氧化剂颗粒的粒径远小于预热层的厚度的情况。

方程中考虑了氧化剂（例如 AP）的放热分解、可燃物的吸热分解、可燃物被氧化剂的气相分解产物氧化、表面的吸热过程（升华、蒸发和扩散等）。在凝聚相区 $0\leqslant x<\infty$ 的模型方程为

$$\lambda\mathrm{d}^2T/\mathrm{d}x^2+mc\mathrm{d}T/\mathrm{d}x+Q_1\omega_1-Q_2\omega_2+Q_3\omega_3=0 \tag{3.5}$$

$$m\mathrm{d}\eta_i/\mathrm{d}x+\omega_i=0,\quad i=1,2,3 \tag{3.6}$$

边界条件为

$$x\to\infty,\eta_i\to0,T\to T_0;x=0,\eta_i=\eta_{si},T\to T_s$$

式中，η_1为氧化剂的分解度；η_2为可燃物的分解度；η_3为可燃物的氧化度；Q_i和 ω_i

分别为相关反应的反应热和反应速率。

$$\omega_1 = \rho k_1 \exp(-E_1/RT),\quad \omega_2 = \rho k_2 \exp(-E_2/RT) \tag{3.7}$$

$$\omega_3 = s\rho_g \left(\frac{1}{k_k} + \frac{1}{k_D}\right)^{-1},\quad k_k = k_3 \exp(-E_3/RT), k_D \sim D \tag{3.8}$$

式中，k_i 与 E_i 分别为第 i 个反应的指前因子和活化能；ρ 为凝聚相的密度(常数)；s 为每 1cm^3 推进剂中氧化剂的比表面积；ρ_g 为氧化剂的气相密度；D 为分散系数。

该模型中未对凝聚相中的气体(溶液、小气孔等)进行具体定义，氧化剂的蒸发度($1-\eta_{s1}$)与给定压强下燃烧表面的饱和蒸气压(B 和 L 均为常数)有关：

$$1-\eta_{s1} = (B/p)\exp(-L/RT_s) \tag{3.9}$$

由式(3.5)—式(3.9)可以获得 $m(p, T_0, s)$，且可由 Zeldovich 分析法[7]可得

$$m^2 \approx \frac{2\lambda R T_s^2}{E_1 c^2 (T_s - T_0)^2}\left(Q_1\omega_1(T_s) - Q_2\omega_2(T_s) + Q_3\omega_3(T_s)\right) \tag{3.10}$$

由式(3.5)和式(3.6)可得

$$\int_0^{\eta_s} \frac{\omega_i}{\omega_1 \mathrm{d}\eta} \approx \eta_s \omega_i(T_s)/\omega_1(T_s), i = 2,3 \tag{3.11}$$

为获得 T_s，将式(3.5)进行积分，

$$c(T_s - T_0) = Q_1\eta_{s1} - Q_2\eta_{s2} + Q_3\eta_{s3} \tag{3.12}$$

联立方程(3.7) - 方程(3.12)，可以求得 m、T_s、η_{s1}、η_{s2} 和 η_{s3}，这些均为 p、T_0、s 的函数。对比上述熔融和速度控制步骤在气相的模型，该模型给出了必要条件 $m(s)$。根据建立模型系数的大小，能够获得不同形式的 $v(p)$、$\beta(p)$、$v(T_0)$ 及 $\beta(T_0)$ 曲线，并且获得燃烧稳定极限的数值，这样便可以定性地解释大部分固体推进剂的燃烧过程。

如果去除模型中较苛刻的初始假设条件，将气相区剧烈反应引入模型，那么就可以去除“燃速决定步骤在凝聚相区”的假设，这样就可以利用该模型描述第2章中均相推进剂的燃烧过程[8]。利用该模型，在以下两种情况下，可以通过解给定方程组获得很宽参数范围条件下的燃速值：①不考虑凝聚相区的放热；②不考虑气相区的热释放。继而可以计算出线性燃速的总和，但在求解时，必须要考虑到凝聚相反应区存在多孔性这个假设[8]。

文献[6]研究了是否可以去除模型中氧化剂颗粒粒径要远小于预热层厚度这一假设，结果表明只有保留了这一假设，填料和黏合剂(氧化剂和可燃物)表面的温度才能视为相等，否则就需要考虑二者之间的差别。既然如此，通过引入二者之间发生热交换的有效系数可以考虑将非均相体系近似视作准均相体系，该有效系数与单位体积推进剂内二者的接触面积成正比。该方法已在文献[9]

中有所描述,文献[9]中,将可燃物、催化剂或金属填料等分散加入均质推进剂,研究其燃烧,结果表明,如果填料的粒径 d 接近或大于预热层的厚度,那么这些物质与推进剂其他组分之间的化学反应可以忽略不计(因反应的比表面面积很小),这些物质可视为惰性添加剂,该惰性物质被推进剂其他组分传递的热量加热,因此,在热传导方程中,求解散热量的表达式为

$$F = -SNq \tag{3.13}$$

式中,S 为颗粒的表面积;N 为 $1cm^3$ 体积中的颗粒数;q 为进入颗粒的热通量。

假设 $S \sim d^2$、$N \sim \alpha/d^3$、$q \sim \lambda(T - T_0)/d$,其中 α 为预混分散组分的质量分数。那么方程(3.13)可以变为

$$F \sim \lambda\alpha(T - T_0)/d^2 \tag{3.14}$$

在 $0 < x < \infty$ 的空间区域内,可以忽略已分解组分的反应(预热区),那么很容易求解 F 与 T 的线性方程:

$$T = T_0 + (T_s - T_0)\exp\left[-x\frac{mc}{2\lambda}\left(1 + \sqrt{1 + \alpha\left(\frac{2\lambda}{mcd}\right)^2}\right)\right] \tag{3.15}$$

T_s 的方程可由边界条件 $x = 0$ 时进入预热层的热通量($-\lambda dT/dx$)获得,热通量可根据方程(3.15)计算,也等于来自反应区的热通量:

$$\frac{mc}{2}(T_s - T_0)\left(1 + \sqrt{1 + \alpha\left(\frac{2\lambda}{mcd}\right)^2}\right) = mQ\eta_{s1} \tag{3.16}$$

式中,Q 为推进剂分解的热效应。分解度 η_{s1} 与 p,T_s 相关,可由式(3.9)求出,其中颗粒物的影响可以忽略。

$$m \sim \exp(-E/2RT_s) \tag{3.17}$$

通过方程(3.9)、方程(3.16)与方程(3.17)可以获得 m,T 和 η_{s1},并且可以看出,对于粒径较大的颗粒($2\lambda/(mcd) < 1$),对 $m(d)$ 的依赖度增加。根据式(3.15)和式(3.16),当 d 增加时,$T(x)$ 与 T_s 低于不含颗粒物的推进剂,这表明由于 d 中的 α 增加,导致了各成分表面之间的热交换减少,从而相对的热损失减小。考虑到各组分界面上的非均相反应,该方法不适用于粒径较小的颗粒(更准确地说是 $2\lambda/(mcd) \gg 1$)。但对于 $2\lambda/(mcd) \gg 1$ 的情况,可以忽略温度的不均匀及组分内部的热交换。

组分界面上的反应可以认为是准均相,可以根据之前的准均相模型[6]给出递减的 $m(d)$。因此,对于较小的 d,函数 $m(d)$ 逐渐递减;对于较大的 d,函数值逐渐增大,函数 $m(d)$ 具有最小值。类似的考虑和计算可以用来预估 $v(d)$ 的最大值,其中 $v = \ln m/n\ln p$。有趣的是推进剂燃烧试验中也发现了相似的结果[9],该推进剂的成分为 75% AP(粒径小于 56nm),15% 碳氢黏合剂(无法独立燃烧)及 10% 不同粒径 d 的碳(不同粒径 $\approx 1\mu m$, $< 70\mu m$, $100 \sim 200\mu m$, $300 \sim$

400μm)，试验获得了 $m(d)$ 的最小值和最大值，并且发现当压强增加时，$m(d)$ 的最小值向 d 减小的方向移动，这主要是由于预热层的厚度减小造成。

3.2.3 准均相燃烧模型的重要评价

以下将讨论3.2节中提到概念的更多细节。有很多固体推进剂组分在燃烧表面的凝聚相反应区中熔融，为了将这一过程描述为一维反应，需要考虑不同组分混合熔融现象。而在以下情况将出现例外：当气相区为推进剂燃烧的主要控制步骤时，并且从组分表面喷出的气体在发生反应之前先进行了混合，即 $x_k > x_D$，其中 x_k 为“动力学长度”，$x_k \sim m/p^{\delta}$（m 为质量流率，δ 为反应级数，p 为压强)，x_D为“扩散长度”，$x_D \sim \rho_g D/m$（ρ_g为气体密度，D 为扩散系数）。对于组分表面有不熔融成分时，当 p 降低时，如果 $v-\delta < -v, v < \delta/2$，那么可以得到 $\rho_g D=$ 常数这一规律。反之亦然，随着 p 增加，如果 $v > \delta/2$，原则上这个规律依然存在(见3.3节中BDP型模型)。

文献[3,4]中报道的模型适用于固体推进剂中质量分数为 α 的组分在燃烧表面完全混合熔融，并且气相反应区决定推进剂燃速的情况，但是这些模型不适用于配方中硝胺含量发生显著变化的推进剂。

(1) 该模型没有考虑含有一定质量分数硝胺的推进剂气相区的参数变化。因为考虑参数变化比描述燃烧表面的熔融层更困难，其中为了计算 Q_1，假设混合的组分分解时互不影响，但试验时发现，相对于凝聚相区，不能预先知道气相反应区内燃速控制步骤的区域和气相组分消耗的程度，当 α 变化时，式(3.3)中的热量 Q_2决定 T_2，且与 α 呈非线性关系。此外，由于 E_2变化，燃速的控制步骤也发生改变[10]，因此也不需考虑 Q_1与 α 的关系。

(2) 如果双基推进剂的燃速控制步骤在凝聚相区，那么当 α 足够小时，固体推进剂的燃速控制步骤也在凝聚相区。这种情况下，当填料的质量分数 α 在很大范围内改变时，推进剂的燃烧更适合用单元推进剂模型来描述。

对于含小粒径氧化剂颗粒、燃速控制反应在凝聚相区的固体推进剂燃烧模型，应该强调的是在这种情况下，氧化剂的粒径比凝聚相反应区厚度小很多，而不是比预热层的厚度小，这一点在文献[6]中述及。通过对反应区进行整合可获得式(3.10)和式(3.11)，这些反应区的一维方程(3.5)和(3.6)中未考虑填料的粒度，实际上等于隐藏着一个假设，即这些物质的粒度要小于反应区的厚度。这里需要注意的是如果氧化剂颗粒的粒径小于预热层的厚度，但大于反应区的厚度时，预热区中的温度是相等的，只是在反应区外由于放热而导致温度分布不均一，在这种情况下，对式(3.10)与式(3.11)求导的结果是不准确的，考虑放热的情况会在3.3节(UTD模型)中提到。

文献[7]给出了反应区厚度的估算公式：$\Delta x_{ch}=(RT_s^2/E)/(dT/dx)$，其中$dT/dx$为温度梯度的特征值，相当于$u(T_s-T_0)/\kappa$，$\kappa$为热扩散系数。利用公式估算推进剂的反应区厚度，其中典型双基推进剂的燃烧特征值为：$E\approx 20$kcal/mol，$T\approx 650$K，$R=1.96$cal/(mol·K)，$T_0\approx 300$K，$u\approx 0.5$cm/s，$x\approx 0.001$cm^2/s，可以获得$\Delta x_{ch}\approx 2\mu$m。因此，对于准均相体系的情况，当$D_0\ll 2\mu$m（其中$D_0$为氧化剂颗粒粒径时），燃烧模型只适用于含超细填料的推进剂，然而实际中这种超细填料很少使用，这种准均相体系的燃烧模型可用于描述含有多分散超细氧化剂的推进剂（见第4章）。

从以上的情形可以看出，要像文献[6]中那样将燃烧模型应用于氧化剂粒径$D_0>\kappa/u$的均相体系似乎不太可能[9]。然而，文献[9]中提出将组分之间的热交换考虑进模型中的做法还是值得肯定的，很重要的一点是文献中提出最初的均相组分中加入具有反应性的预混颗粒，反应只在颗粒的表面相对温度较高的位置进行，由于较大尺寸d的颗粒存在散热作用，单位面积燃烧表面上的颗粒物反应面积相应变小。

根据文献[9]中的描述，对于较小的d，d对$m(d)$的影响程度降低，此时准均相模型可以适用。但随着d增加，反应区的比表面积降低，d对$m(d)$的影响程度增加，颗粒物燃烧时有散热作用，且热损失的功率系数（单位体积）随d的增加而降低。因此，实验都遵循一个基本的规律：$m(d)$曲线中存在最小值并随着p的增加向d减小的范围移动。

尽管在$d\gg\Delta x_{ch}$时已经发生热散失，但文献[9]从数学上对$d\gg k/u$的情形进行了验证，其中最令人感兴趣的d的变化范围是$k/u>d>\Delta x_{ch}$，虽然该范围在试验中常被排除，但值得注意的是，仍可用平均化的方法获得在该区域的热导率一维等式，且此方法可行。

最后，进入颗粒的热流分布用$q\sim\lambda(T-T_0)/d$描述会导致较大的误差：当d较小时，会高估热量损失（实际上，当$d\to 0$时，热量损失会趋于无穷大，这种情形下$T_s\to T_0$），但对于d较大的情形时，会低估热量损失。

3.3　预热区均匀温度分布的非均相体系（UTD模型）

假设氧化剂颗粒的尺寸远大于凝聚相反应区的厚度，略小于预热层的厚度，即$\Delta x_{ch}<D_0\ll k/u$。在这种情况下，预热层中的温度可视为是均一的，但气相中的温度分布不均匀。此外，由于氧化剂颗粒燃烧时从燃烧表面放出气体的时间及先后次序不同，瞬时表现的特性也不同，因此需要考虑凝聚相反应区热量释放的不均匀性。为了使推导的热平衡方程得到应用，可假设预热层为一维温度分

布，将传递进入凝聚相的热量在推进剂表面进行平均。对于 UTD 模型，这种平均处理可以模拟发生在推进剂表面以下厚度为 D_0尺寸范围内热流量的真实水平。作为 UTD 模型的主要特点，可以认为推进剂表面的平均质量燃速是放热过程的均值。

3.3.1 氧化剂周围黏合剂表面的非均相反应

Hermance[12]建立了当氧化剂颗粒尺寸超过反应区厚度时的推进剂燃烧模型，该模型后来被证实是一种限制条件很多、应用范围很窄的模型，但是该模型成为其他后来版本的 UTD 模型的基础。该模型只应用于氧化剂质量分数为 α、尺寸为 D_0的推进剂，但事实上推进剂中氧化剂的尺寸是多分散的，因此还应该考虑以下化学反应过程：

（1）发生在样品横截面 s_0上平面部分 s_t（质量流量 m_f热效应 Q_f）的燃料－黏合剂的吸热分解反应；

（2）氧化剂两阶段的分解放热总和（$Q_{gp}-Q_L$）；

（3）在黏合剂的曲面 $s_{\varepsilon f}$（与晶体周围凹进部分接触的面，见图 3.1）上的固体氧化剂热分解产物之间发生的非均相放热反应（质量流率为 m）。

在气相火焰中，(1)、(2)和(3)反应过程生成的气体产物与热效应 Q_F相互作用，假设气体产物有充足的时间混合并且气相火焰是一维的，整个推进剂样品的燃烧表面温度是均匀的，那么对于 $D_0<k/u$ 的情形，凝聚相预热层的热导系数一维方程是有效的，则黏合剂的热分解（裂解）可以描述为

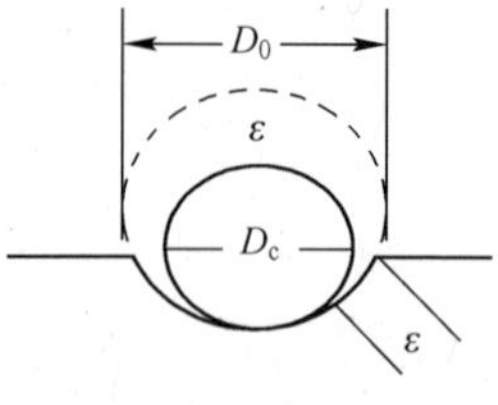

图 3.1 燃烧表面组元的示意图[12]

$$m_f \sim \exp(-E_f/RT_s) \tag{3.18}$$

非均相的反应可以描述为

$$m_{\varepsilon f} \sim C\exp(-E_\varepsilon/RT_s) \tag{3.19}$$

式中，C 为环形间隙（氧化剂晶体凹陷的深度 ε）中的氧化剂浓度。假设该浓度相当于氧化剂晶体表面的平衡分压，则

$$C \sim \exp(-E_{ox}/RT_s) \tag{3.20}$$

对于晶体周围较窄范围内，且非均相反应为中等速度的情况下，这种假设是合理的。如果考虑氧化剂，假设可以适用于黏合剂燃烧行为，那么总的质量燃速就与黏合剂的消耗率成正比，即

$$ms_0(1-\alpha)=s_f m_f+s_{\varepsilon f}m_{\varepsilon f} \tag{3.21}$$

同样，相比新加工推进剂样品的黏合剂平面面积，可以假设在环形间隙中的黏合剂的燃烧使黏合剂的平面面积 s_f忽略不计。因此，可用 $s_f=(1-\alpha)s_0$代入

平衡方程，得到

$$m = m_{\mathrm{f}} + (s_{\varepsilon\mathrm{f}}/s_0)m_{\varepsilon\mathrm{f}}/(1-\alpha) \tag{3.22}$$

为了获得 $s_{\varepsilon\mathrm{f}}$，需要知道单个球晶周围的间隙面积，该面积近似等于 $\pi D_{\mathrm{c}}\varepsilon$（见图 3.1），其中 D_{c} 为燃烧的晶粒被黏合剂平面截得的横截面直径。由于推进剂中的氧化剂颗粒随机分布，那么不同位置的氧化剂对应不同 D_c 和 $\varepsilon(D_{\mathrm{c}})$ 尺寸的燃烧面，因此有

$$s_{\varepsilon\mathrm{f}} = \sum_{i=1}^{N} \pi D_{\mathrm{c}i}\varepsilon(D_{\mathrm{c}i}) = \pi N(D_{\mathrm{c}}\varepsilon)_{\mathrm{av}} \tag{3.23}$$

式中，N 为颗粒数，其截面位于样品的切面。特别是如果假设 $\varepsilon(D_{\mathrm{c}}) \sim D_{\mathrm{c}}$，那么可以利用已知的求积法，用含无序结构组分的多元混合物代替具有相同比例足够大的混合物截面积，则混合物的体积为 $\sum \pi D_{\mathrm{c}i}^2/4 = \zeta s_0$，其中 ζ 为氧化剂的体积分数。

另一方面，在样品横截面上，只有用 $\pm D_0/2$ 修正那些中心排列不规整的颗粒尺寸，这些颗粒的体积为 $v = s_0 D_0$，因此，对于 N 个氧化剂颗粒，可以获得以下关系式：

$$\begin{cases} N = \zeta v/(\pi D_0^3/6) = 6\zeta s_0/\pi D_0^3 \\ \sum \pi D_{\mathrm{c}i}^2/4 = \zeta s_0 = N\pi(D_{\mathrm{c}}^2)_{\mathrm{av}}/4 = (3/2)\zeta s_0(D_{\mathrm{c}}^2)_{\mathrm{av}}/D_0^2 \\ (D_{\mathrm{c}}^2)_{\mathrm{av}} = \dfrac{2}{3}D_0^2 \end{cases} \tag{3.24}$$

将 $\varepsilon(D_{\mathrm{c}}) \sim D_{\mathrm{c}}$ 代入式(3.23)可得

$$s_{\varepsilon\mathrm{f}}/s_0 = 4\zeta\varepsilon/D_{\mathrm{c}} \tag{3.25}$$

实际上，$\varepsilon/D_{\mathrm{c}} \neq$ 常数，但是计算方程(3.23)的过程仍较为复杂，文献[12]中提出可以用式(3.25)近似计算 $s_{\varepsilon\mathrm{f}}/s_0$，当 $D_{\mathrm{c}} = D_0\sqrt{2/3}$ 时可计算 $\varepsilon(D_{\mathrm{c}})/D_{\mathrm{c}}$ 的值。

假设间隙的深度 ε 等于 AP 从初始球面的顶部沿对称轴线烧掉部分的尺寸，即有

$$\begin{cases} \varepsilon = D_0 - D = u_{\mathrm{ox}}(t_{\mathrm{c}} - t_{\mathrm{ign}}),\ u_{\mathrm{ox}} \sim p^{\delta},\ t_{\mathrm{ign}} \sim D_0^{n+1}/p^k \\ tc \sim L/u,\ L = D_0(1 + 1/\sqrt{3})/2,\ u_{\mathrm{f}} = m_{\mathrm{f}}/\rho_{\mathrm{f}} \end{cases} \tag{3.26}$$

式中，u_{ox} 和 u_{f} 分别为氧化剂和黏合剂的线性燃烧速度；t_{ign} 为氧化剂的点火时间；t_{c} 代表黏合剂表面燃烧成为平面的时间点。此时氧化剂的截面直径为 $D_{\mathrm{c}} = D_0\sqrt{2/3}$；式(3.26)中的常数 δ、k、n 及其他比例因子可从文献中获得。

在燃烧表面上单位质量固体推进剂的热平衡表达式可以写成

$$\begin{aligned} c(T_{\mathrm{s}} - T_0) = &-\alpha Q_{\mathrm{L}} + (\alpha - m_{\varepsilon\mathrm{f}}s_{\varepsilon\mathrm{f}}/ms_0)Q_{\mathrm{gp}} + \\ &Q_{\varepsilon\mathrm{f}}m_{\varepsilon\mathrm{f}}s_{\varepsilon\mathrm{f}}/ms_0 - (m_{\mathrm{f}}s_{\mathrm{f}}/ms_0)Q_{\mathrm{f}} + Q_{\mathrm{F}}\exp(-\zeta^*) \end{aligned} \tag{3.27}$$

式(3.27)右侧的第一项代表了氧化剂热分解的第一阶段吸收的热量,第二项代表分解反应的第二阶段放出的热量,事实上是接近氧化剂表面部分放出的热量。在这种情况下,需要考虑在间隙中已经与黏合剂发生反应的氧化剂,这些氧化剂不参与这一阶段的反应。剩余的项代表了间隙中放出的热量,包括在表面部分的黏合剂热裂解时放出的热量与气相反馈回的热量总和。$\exp(-\zeta^*)$代表接近燃烧表面释放到火焰中的热量分数。对于二级反应的关系式可以表达为

$$\zeta^* = mcx^*/\lambda, x^* = m\tau/\rho_F, 1/\tau \approx \rho_g \exp(-E/RT_F) \tag{3.28}$$

假定气体火焰的热效应Q_F与p和T_0无关,而火焰温度的变化规律遵循如下关系:

$$c(T_F - T_0) = Q_F + Q_s \tag{3.29}$$

为了进一步简化,假设凝聚相与气相的比热容相等,实际上二者的值也较为接近,因此这种假设不会对结果带来较大误差。式(3.29)中的Q_s代表表面上放出的所有热量,即等于式(3.27)中等号右侧除去最后一项的所有项之和,这显然与压强和初始温度有关。

以上公式可以联系起来,用数学方法计算$m(p, T_0, \alpha, D_0)$。必须要注意的是这个模型只针对AP作为氧化剂的推进剂,对于由AP和聚硫黏合剂组成的推进剂体系,实验证明,利用该模型计算的$m(p)$的值在很宽的压强范围内($\approx$1000atm)与实验值吻合得很好,并且对温度的敏感程度很低。在最初的科研成果文献[12]中也报道了该模型的缺点,已经证明在AP晶体周围有限范围的间隙中存在非均相反应。事实上,后来发现[17,18](见3.4节),推进剂中的AP在燃烧过程中不会在晶体周围消退,这对使用该模型描述AP基的推进剂燃烧时带来了问题。然而文献[12]中的概念还是有用的,尤其是对于研究含不能独立燃烧氧化剂的推进剂的燃烧,比如含高氯酸钾的推进剂。

3.3.2 竞争火焰(Beckstead - Derr - Price)模型

文献[17]中报道的实验发现在真实的推进剂燃烧过程中,AP颗粒的周围不会形成间隙,而这也成为建立竞争火焰模型[13]的基础,即BDP模型(B/D/P分别代表模型建立者姓名的首字母)。

对比Hermance的模型[12],BDP模型中假设黏合剂扮演着被动的角色,其燃速(或分解速率)受氧化剂燃烧速率的影响。图3.2为该模型的假设:燃料与氧化剂之间的反应并不是发生在AP颗粒周围形成的环形层中,而是发生在扩散火焰中。AP的热分解反应被分成两个阶段,第一阶段在凝聚相区发生,对比文献[12],该阶段考虑了吸热,因为除了升华游离出部分AP外,还包括吸热的凝聚相中几乎70%的AP都分解成最终产物。

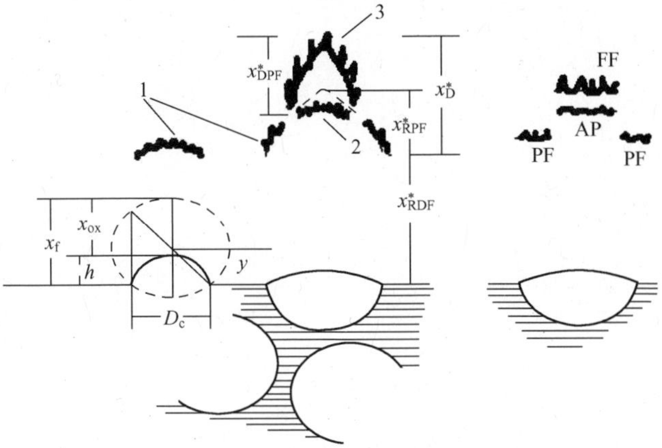

图3.2　BDP模型火焰示意图

第二阶段为AP的纯动力学"自燃火焰"，氨被高氯酸氧化是该阶段的主要反应。与在自然火焰2(AP)接触的火焰包含两部分：初始火焰1(PF)和最终扩散火焰3(FF)。最终火焰的温度 T_F 可以通过以推进剂配方为基础的热动力学方法计算出来，该火焰与压强关系不大。

因此，需要考虑推进剂表面的非均匀放热过程，即AP的热量释放与黏合剂表面的热量吸收，在决定火焰形状的气相中需要解决二维热传播和物质扩散的问题，解决的方法在3.4.2节中给出。与Burke－Schumann解决问题的方法[13]类似，在氧化剂或燃料上的火焰与推进剂中组分之间的化学计量比有关。通常燃料过量时火焰向AP一侧倾斜，但在含大尺寸AP的多分散组分体系的燃烧过程中可能会发生相反的情形，有研究者认为初始火焰开始于距AP与燃料接触线之上某一"动力学"高度 x^*_{RFF} 的位置。

假设黏合剂表面是平面，且蒸发所吸收的热量为 Q_f，那么对于氧化剂表面热裂解及推进剂表面总的热平衡关系可以表达为

$$m_{ox}=A_{ox}\exp(-E_{ox}/RT) \tag{3.30}$$

$$\begin{aligned}s_0 m_T c(T_s-T_0) = &-m_{ox}s_{ox}Q_L - m_f s_f Q_f + \beta_F Q_{PF} m_T S_0\times\exp(-x^*_{PF}cm_T/\lambda)\\ &+(1-\beta_F)m_{ox}S_{ox}[Q_{AP}\exp(-x^*_{AP}cm_{ox}/\lambda)+Q_{FF}\exp(-x^*_{FF}cm_{ox}/\lambda)]\end{aligned} \tag{3.31}$$

需要注意的是，m_T 和 T_s 都是 p、T_0、D_0、α 的函数。其中 m_{ox} 和 m_f 分别代表氧化剂和黏合剂的质量燃速(g/cm^2s)；T_s 为表面温度，与文献[12]中相同，假设整个表面温度均为同一温度。由于该模型认为黏合剂是次要角色，T_s 不需要满足类似于式(3.30)的表达式，因此这种表面温度均匀分布的假设不会产生较大的误差。

在式(3.31)中，样品的总燃面为 $s_0=s_{ox}+s_f$，s_{ox} 和 s_f 分别为氧化剂和黏合剂的表面积，其中氧化剂的表面是曲面(见图3.2)，这是由于实际上AP晶体表面

要高（或低）于黏合剂，高度为h。在文献[13]中，该高度被引入到表达式h/D_0和$s_{ox}/s_0=f(\zeta,h/D_0)$中，其中$\zeta$为推进剂中AP的相对体积分数，并认为AP晶体的形状是球截形。用s_0m_T、$s_{ox}m_{ox}$和s_fm_f的值分别表示推进剂燃烧表面的总质量流量、AP与黏合剂气体产物的质量流量，三者之间的关系为

$$m_{ox}s_{ox}=\alpha s_0m_T,m_fs_f=(1-\alpha)s_0m_T \tag{3.32}$$

式中，α为推进剂中AP的相对质量分数。

本节末将讨论m_T与推进剂平均线性燃速之间的关系。由式(3.32)和式(3.31)可得：

$$\begin{aligned}c(T_s-T_0)=&-\alpha Q_L-(1-\alpha)Q_f+\beta_FQ_{PF}\exp(-x_{PF}^*cm_T/\lambda)+\\&\alpha(1-\beta_F)[Q_{AP}\exp(-x_{AP}^*cm_{ox}/\lambda)+Q_{FF}\exp(-x_{FF}^*cm_{ox}/\lambda)]\end{aligned} \tag{3.33}$$

式(3.33)等号左侧表示单位质量的推进剂从T_0加热至T_s所需要的热量，右侧αQ_L和$(1-\alpha)Q_f$分别表示质量分数为α的氧化剂和$(1-\alpha)$的黏合剂发生蒸发或化学分解转化为气态所需要的热量，式中其余的项代表由不同火焰反馈回燃烧表面的热量（见图3.2）。其中Q_{PF}、Q_{AP}和Q_{FF}分别表示火焰1、火焰2和火焰3的热效应。Q_{PF}是火焰中计算出的每克反应产物产生的热值，Q_{AP}和Q_{FF}是火焰中每克AP消耗产生的热值。因此，式(3.33)中关于火焰2和火焰3的变量都乘以α。β_F是指燃烧进入火焰1中AP的质量分数，而$(1-\beta_F)$表示在火焰2和火焰3中反应的AP的量，并且认为氧化剂和燃料（无论是凝聚相还是气相）的热容都相同。式(3.33)中的指数函数部分表示在距离燃烧表面x^*位置的火焰所释放的热量。实际上，常用于描述δ分布热源[式(1.13)]类型的关系式。式(3.34)相当于在燃速控制步骤中δ级反应的平面气体火焰模型，利用该式可以计算x_{AP}^*：

$$x_{AP}^*=mox/(k_{AP}\cdot p^\delta),\delta=1.8,k_{AP}=1.12(\mathrm{cm}^3\cdot\mathrm{s}\cdot\mathrm{atm}^\delta)^{-1} \tag{3.34}$$

式中，k_{AP}和δ为经验值。火焰1和火焰3的形状接近，均为抛物线状。参考文献中根据BDP模型计算的值，在高度为x_D^*的抛物线火焰进入凝聚相区的总热流量等于相同的平面火焰放热量，该火焰具有与抛物线火焰相同的投影面积和高度$\bar{x}_D^*$（即距离抛物线火焰基线的高度）：

$$\bar{x}_D^*=A_{sh}x_D^*,A_{sh}\approx0.3 \tag{3.35}$$

式(3.35)中的抛物线火焰高度$\bar{x}_D^*$是一个值得关注的量，由Burke－Schumann的分析和结论（见3.4.2节）可知，抛物线火焰的高度与其底部的直径接近，比如接近AP颗粒截面的直径D_c，并和黏合剂在同一平面上（见图3.2）。图3.2中右侧描述的抛物线火焰，可以用“等效的”平面火焰代替，其高度可以通过以下公式计算：

$$\bar{x}_{FF}^* = x_{AP}^* + 0.3x_{DFF}^*, \bar{x}_{PF}^* = x_{RPF}^* + A_{sh}x_{DPF}^* \tag{3.36}$$

对于初始火焰的动力学高度 x_{RPF}^*，通常用类似于式(3.34)的公式来求得：

$$x_{RPF}^* = m_T/(k_{PF} \cdot p^{\delta_{PF}}) \tag{3.37}$$

正如文献[19]中所指出，后来的 BDP 模型版本中，系数 k_{AP}、k_{PF}[式(3.34)和式(3.37)]被引入了相应火焰的温度公式中：

$$k \sim \exp(-E/RT) \tag{3.38}$$

初始火焰与最终的扩散火焰温度值可以用基于推进剂配方的热力学方法计算获得，主要与推进剂中的燃/氧比(f/ox)有关，即 $k_{PF} = k_{PF}(f/ox)$ 。在式(3.38)中，k_{AP}的值与(f/ox)及颗粒尺寸均有关系，由于 T_{AP}会因最终火焰的热影响有所增加，因此，在文献[19]改进的 BDP 模型中 T_{AP}可用如下方程表示：

$$T_{AP} = T_F - \frac{Q_{FF}}{c}(1 - e^{(x_{FF}^* - x_{AP}^*)cm_{ox}/\lambda}) \tag{3.39}$$

式(3.36)中，扩散长度 x_{DFF}^*和 x_{DPF}^*（“抛物线”高度，见图 3.2）的大小可用 Burke - Schumann 的解法求得（详见 3.4.2 节）。根据文献中的解法，“抛物线”扩散火焰的高度主要与火焰底部直径有关，并且与气相混合物中 f/ox 值及其他参数有一定关系。尤其是图 3.2 中顶部的虚线表示部分的扩散火焰，文献中认为该火焰为 AP 固有火焰。在真实情况下，穿过 AP 的火焰锋，气相混合物改变了 f/ox 比，燃料含量的增加也导致了最终扩散火焰的延长。

在 BDP 模型中，假设产物的含量 mD_0 足够低（$mD_0 < 10^{-3}$ g/(cm · s)，见 3.4.2 节)，根据 Burke - Schumann 的解法，“抛物线”火焰高度等于火焰底部的直径，在这种情形下，假定扩散火焰的形状也为抛物线，那么就很容易用几何方法计算出高度。文献[13]中没有规定第二个公式[式(3.36)]的 A_{sh} 值，但根据“几何学”方法进行估算，其值明显不等于 0.3，当 $x_{AP}^* - x_{RPF}^* \geqslant x_{DPF}^*$[见文献[13]，式(3.36)]时，$A_{sh}$ 由 0.3 变为 $0.5(x_{RPF}^* + x_{AP}^*/x_{DPF}^*)$。

在初始火焰中参加反应的氧化剂质量分数为 β_F，等于主火焰在抛物线底部的环投影面积与底部总面积之比，即

$$\beta_F = (x_{AP}^* - x_{RPF}^*)/x_{DPF}^* \tag{3.40}$$

由图 3.2 可明显看出尽管 AP 颗粒的尺寸相同，但在每个时刻燃烧表面积均有很大的范围。由于式(3.33)是根据整个样品表面的平均值获得的，因此式中后面几项都使用了颗粒的有效直径 D_c，尽管其中的 β_F、x_{PF}^*和 x_{FF}^*都与抛物线底部直径有关。如果使用样品表面每个颗粒的界面总和，计算的结果一定更加精确，但计算起来较为复杂，因此 BPD 模型使用 D_c 估算则更加简便，Hermance 将 D_c 的值定义为：$D_c = D_0\sqrt{2/3}$ 。

以下是 BPD 模型中引用的一些关系式。

(1) 火焰中的热效应由式(3.33)求出,式中,

$$Q_{AP}=c(T_{AP}-T_0)+Q_L \tag{3.41}$$

$$Q_{PF}=c(T_F-T_0)+\alpha Q_L+(1-\alpha)Q_f \tag{3.42}$$

$$Q_{PF}/\alpha=Q_{AP}+Q_{FF} \tag{3.43}$$

假设推进剂气相与固相的热容相同,$c\approx 0.3\text{cal}/(\text{g}\cdot℃)$。AP 燃烧过程中释放的热量消耗在两个方面:①使 AP 温度从 $T_0=300\text{K}$ 加热至 $T_{AP}\approx 1400\text{K}$;②AP汽化游离时的热损失为 480cal/g。因此,燃烧波中的总放热量等于 0.3(1400 - 300) + 480 = 810cal/g。但是,这些热量中有一部分在 AP 固相内部及颗粒表面损耗,文献[13]指出,这部分热量约为 75%(文献[20]中假设等于 70%),并且该值不会随压强和初始温度变化。

式(3.42)表明在初始火焰中的热量主要用于将反应物由 T_0加热至 T_F(T_F为推进剂燃烧最终产物的温度)及用于燃烧表面反应物之间的能量转换两方面。模型中认为反应物以与推进剂配方中相同的比例$(1-\alpha)/\alpha$ 进入火焰 1(而通常情况为非化学计量比),也就是说,在这个比例下,$T_F(\alpha)$可以计算出来。式(3.43)表示 1g AP 在火焰中燃烧[式(3.43)左侧]或在火焰 2 与火焰 3 中燃烧[式(3.43)右侧]时,释放相同的热量。

需要注意的是在很多情况下,火焰 3 很小,特别是 Beckstead[21] 认为火焰 3 对燃烧表面热平衡的影响可以忽略不计,但根据式(3.34)和式(3.39)需要考虑火焰 3 对 x_{AP}^*和 T_{AP}^*的影响。

(2) 式(3.31)包含参数 m_T,而 $m_T=m_{ox}s_{ox}/\alpha s_0$。对于表达式中的 s_{ox}/s_0,由于 AP 颗粒的凸面和凹面可视为球面(见图 3.2),假设所有 AP 颗粒截面的直径与黏合剂平面面积相同,则

$$D_c=D_0\sqrt{2/3} \tag{3.44}$$

这种情况下,等效平面面积 s_{pox}与真实的总表面积应该相等,该总面积由不同的推进剂中随机分布的 AP 颗粒和黏合剂平面组成。因此可以从计算 s_f/s_{pox}开始,而(s_f+s_{pox})是推进剂样品截面的平面面积。AP 和黏合剂在较大的推进剂样品中可视为具有相同比例的截面,比如 $s_{pox}/(s_{pox}+s_f)=\zeta$,其中 ζ 为 AP 的相对体积分数,则

$$s_f/s_{pox}=(1/\zeta)-1 \tag{3.45}$$

此外,根据几何学可知对于球截面,侧面积与底面积之比为

$$s_{ox}/s_{pox}=1+(2h/D_c)^2 \tag{3.46}$$

将式(3.44)、式(3.45)、式(3.46)联立,可得

$$s_{ox}/s_0=\zeta[1+6(h/D_0)^2]/[1+6\zeta(h/D_0)^2] \tag{3.47}$$

注意,文献[19]中提出式(3.47)中 h 的值可由公式 $h^2=0.5(h_+^2+h_-^2)$求

得,其中 h_+ 和 h_- 会在以后解释[见式(3.51)]。

(3) 对于引入的 h/D_0 项,可以应用圆幂定理求得(见图 3.2):

$$(D_c/2)^2 = x_f(D_0 - x_f) \tag{3.48}$$

$$D_c^2 = (2/3)D_0^2,\ x_f/D_0 = 0.5(1 \pm \sqrt{1/3}) \tag{3.49}$$

$$h = x_f - x_{ox};x_f = u_f t, x_{ox} = u_{ox}(t - t_{ign}), h = x_f(1 - u_{ox}/u_f) + u_{ox}t_{ign} \tag{3.50}$$

这里假设当 AP 颗粒到达燃烧表面时,黏合剂以恒定的线速度 u_f 燃烧一段时间 t,AP 以恒定的线速度($u_{ox} \neq u_f$)燃烧一段时间 $t - t_{ign}$(t_{ign} 为 AP 的点火时间),此时,"平面"AP 的截面直径为 $D_c = D_0\sqrt{2/3}$。

根据式(3.47)和式(3.48),可得

$$h_t/D_0 = 0.5(1 \pm 1\sqrt{3})(1 - u_{ox}/u_f) + u_{ox}t_{ign}/D_0 \tag{3.51}$$

h 值的不确定性表明相同数量级的直径 D_c 可能得出两种不同颗粒截面。

在模型中不同的燃速 u_{ox} 和 u_f 仅用于计算 h,u_f 可利用类似式(3.30)的表达式获得:

$$u_f\rho_f = A_f\exp(-E_f/RT_s) \tag{3.52}$$

注意式中 $u_f\rho_f$ 不同于式(3.32)中的 m_f,这是因为 m_f 为某段时间的 $u_f\rho_f$ 的平均值,而利用式(3.52)计算时,u_f 指在 AP 颗粒的界面与黏合剂平面的直径达到 $D_c = D_0\sqrt{2/3}$ 时刻的燃速值。

该模型中不考虑 u_f 的变化,这是由于 BDP 模型的研究者认为 m_T 和 T_s 在计算时与 h/D_0 和 m_{ox}/m_f 关系不大。显然,如果假设 $h = 0$,$s_{ox}/s_0 = \zeta$,计算值不会有太大误差,后来 Beckstead 提出的竞争模型[21]中也基于这种假设(见 3.5.2 节)。

(4) 在 m_T 与燃速 u 之间的相关性研究方面,文献[13]中错误地认为 $m_T = u_p\rho_p$,其中 ρ_p 为推进剂的密度(在后来版本的模型中已将该错误进行了修正),文献中提出样品的燃烧表面(非平面)上的质量流率为 $s_0 m_T$,另外,这个量是利用样品的平面截面($s_{pox} + s_f$)求得的:

$$s_0 m_T = (s_{pox} + s_f)\rho_p u_p, u_p = (m_T/\rho_p)s_0/(s_{pox} + x_f)$$

联立式(3.44) - 式(3.46)可得 u_p 和 m_T 之间的关系式为

$$u_p = (m_T/\rho_p)[1 + 3\zeta(h/D_0)^2] \tag{3.53}$$

将式(3.32)、式(3.34) - 式(3.37)和式(3.40)代入式(3.33)中后,式(3.30)和式(3.33)变得比较近似,二者可用迭代法。式(3.30)中的 E_{ox} = 22kcal/mol,同时选择合适的 A_{ox} 时,计算值可以与 $T_s(p)$ 下的实验值吻合得很好。但是,依赖 $T_s(p)$ 时,只对小尺寸的 AP 颗粒的推进剂的计算值和试验值有较好的一致性,对于 D_0 = 200μm,T_s 和 m 的计算值通常比实验值小。总之,在限定的 p、T_0、D_0 和 α 时,该模型的预估值与实测值具有很好的一致性。

特别指出的是,特征依赖性 $m(p)$ 已经获得,其内涵如下:在低压下,当 $x_{PF}^* <$

x_{AP}^*(见图 3.2)时,仅存在“自燃的”动力学火焰($x_{RPF}^* \gg A_{sh}x_{DPF}^*$),当压强升高时,燃烧过程转为扩散控制($A_{sh}x_{DPF}^* > x_{RPF}^*$),如果此时 $x_{PF}^* < x_{AP}^*$,燃速曲线 $m(p)$ 会稍微倾斜甚至出现平台。最后,随着压强继续增加,不等式变为 $x_{PF}^* > x_{AP}^*$、$\beta_F < 1$,在高压下 AP 颗粒的动力学火焰 2 变为气相热量的主要贡献者,燃速曲线 $m(p)$ 再次变得陡峭。不难看出对于该模型,低压下含较大颗粒的推进剂较小颗粒更容易获得略微倾斜的燃速曲线 $m(p)$。究其原因是因为 BDP 模型中的特征量 $\beta = \alpha\ln m/\alpha T_0$ 与 AP 颗粒尺寸有关。对于小 D_0,扩散控制火焰为主,$\beta(D_0)$ = 常数;随着 D_0 的不断增加,燃烧行为发生变化,由于 $\beta(D_0)$ 迅速增加,加强了纯 AP 火焰 2 的影响程度[44],这些结论都与实验结果吻合。

3.3.3 局部非均匀氧燃比的影响

King[15] 在 BDP 模型的基础上建立了一个新的燃烧模型,该模型保留了竞争火焰模型并修正了几乎所有剩下的元素。由于 Hermance 模型在燃烧表面的平均参数会导致预估误差,该模型将氧化剂燃速 u_{ox} 的暂时变化及邻近黏合剂的燃速 u_f 也考虑进去。

为了解决单个颗粒的燃烧行为的测试困难,需要假设推进剂具有有序结构。假设燃烧是在一个具有面对称结构尺寸为 $D_1 \times 0.866D_1 \times 0.82D_1$ 的平行六面体中进行,而直径为 D_0($D_0 < 0.82D_1$)的 AP 球形颗粒在该平行六面体的中心位置,其余的空隙为黏合剂。与 BDP 模型相同,假设黏合剂表面的温度 T_s 与 AP 表面的相同,且黏合剂表面为平面,AP 的表面为球面(见图 3.2)。那么 AP(颗粒顶部)和黏合剂的质量燃速可以用以下表达式表示:

$$m_{ox} = A_{ox}\exp(-E_{ox}/RT) \tag{3.54}$$

$$m_f = A_f\exp(-E_f/RT) \tag{3.55}$$

也正如 BDP 模型中那样,对于 AP 和黏合剂的总热平衡可以表达为以下形式(为了简化,可以假设 $c_f = c_{ox} = c$):

$$m^* c(s_f + s_{pox})(T_s - T_0) = -m_{ox}s_{ox}Q'_{ox} - m_f s_f Q'_f + q^* \tag{3.56}$$

$$m^*(s_f + s_{pox}) = m_f s_f + m_{ox}s_{ox} \tag{3.57}$$

式中,m^* 为六面体燃烧表面总的质量流速;q^* 为气相流向燃烧表面的总热通量;Q_{ox} 和 Q_f 分别为固相反应时产生的相变热。

由式(3.54)-式(3.56)可求得未知量 T_s,m_{ox} 和 m_f。对比 BDP 模型,只需要由式(3.54)和式(3.55)即可计算六面体表面某时刻的总质量流速。

从推进剂表面的几何结构来看,燃料表面积 s_f 和 AP 截面面积(与燃料相交的平面)s_{pox} 代表了六面体横截面积的总和,即

$$s_{\mathrm{f}} + s_{\mathrm{pox}} = 0.866D_1^2 = \mathrm{const} \tag{3.58}$$

通过 D_1 和 D_0 的值可以计算出 AP 的体积分数：

$$\zeta = (\pi D_0^3/6)/(0.866 \cdot 0.82D_1^3) \tag{3.59}$$

在 BDP 模型中存在以下关系（见图 3.2）：

$$s_{\mathrm{ox}}/s_{\mathrm{pox}} = 1 + 4(h/D_{\mathrm{c}})^2 \tag{3.60}$$

$$s_{\mathrm{pox}}/\pi = D_{\mathrm{c}}^2/4 = x_{\mathrm{f}}(D_0 - x_{\mathrm{f}}) \tag{3.61}$$

$$h = x_{\mathrm{f}} - x_{\mathrm{ox}} \tag{3.62}$$

由此可知

$$\begin{aligned} s_{\mathrm{ox}}/\pi &= D_0 x_{\mathrm{f}} - 2x_{\mathrm{f}}x_{\mathrm{ox}} + x_{\mathrm{ox}}^2 \\ s_{\mathrm{f}} &= 0.866D_1^2 - \pi x_{\mathrm{f}}(D_0 - x_{\mathrm{f}}) \end{aligned} \tag{3.63}$$

在这些关系式中（对比 BDP 模型）：

$$\begin{aligned} &Dc = Dc(t) \neq D_0\sqrt{2/3} \\ &\mathrm{d}x_{\mathrm{f}}\mathrm{d}t = u_{\mathrm{f}},\ \mathrm{d}x_{\mathrm{ox}}/\mathrm{d}t = u_{\mathrm{ox}} \end{aligned} \tag{3.64}$$

模型中忽略了颗粒物的点火延迟时间，并假设燃烧表面出现颗粒物的时刻为 $t=0$，此时 $x_{\mathrm{f}} = x_{\mathrm{ox}} = 0$。根据式(3.54)和式(3.55)，式(3.64)中的 $u_{\mathrm{f}} = m_{\mathrm{f}}/p_{\mathrm{f}}$，$u_{\mathrm{ox}} = m_{\mathrm{ox}}/p_{\mathrm{ox}}$。很容易通过数学计算的方法获得 x_{f}。对于 Δx_1，可以通过解超越方程组求出所有的参数。

需要通过实验对比获得平均时间的 m^* 值，由于模型中不包含黏合剂的燃烧机理，所以在 $x_{\mathrm{f}} < 0$ 及 $x_{\mathrm{f}} > D_0$ 情形下，为了获得六面体燃尽的总时间，需要进行假设。例如假设六面体燃尽的平均速度可以等于 AP 颗粒燃尽的速度。

以下给出式(3.56)中的 Q_{f}' 和 Q_{ox}' 表达式：

$$Q_{\mathrm{f}}' = G_{\mathrm{f}}Q_{\mathrm{f}} \tag{3.65}$$

$$Q_{\mathrm{ox}}' = G_{\mathrm{ox}}Q_{\mathrm{L}} - (1 - G_{\mathrm{ox}})Q_{\mathrm{EXO}} \tag{3.66}$$

式中，Q_{f} 为黏合剂蒸发热；Q_{L} 为 AP 的离解升华热；Q_{EXO} 为每 1g AP 在固相中热效应的计算值；G_{f} 和 G_{ox} 分别为直接转化为气相的黏合剂和氧化剂的质量分数；$(1 - G_{\mathrm{ox}})$ 为在固相和燃烧表面参与反应的 AP 的质量分数。

与 BDP 模型中 G_{ox} = 常数不同，这里的 G_{ox} 由以下表达式求得：

$$1 - G_{\mathrm{ox}} = \int_{x=0}^{x'} R_{\alpha}(\mathrm{d}x/u_{\mathrm{ox}}) \tag{3.67}$$

式中，R_{α} 为固相中氧化剂在单位时间内参与反应的质量分数。选择燃烧表面为坐标轴原点，即 $x=0$，$x=x'$ 表示化学反应可以被忽略区域的开始，根据文献[24]可知

$$R_{\alpha} = B_{\mathrm{sub}}\exp(-E_{\mathrm{sub}}/RT) \tag{3.68}$$

可以通过迭代法对式(3.67)进行积分计算,对于第一近似值,可以利用 Michelson 温度分布,其表达式为 $T(x)-T_0=\text{const}\times(T_s-T_0)\exp(-ux/a)$,其中 a 为凝聚相中的温度扩散系数。以 R_α 的速率生成的 AP 的升华产物与气化的燃料之间存在着以化学计量比的相互关系,因此对于 G_f,可以得到

$$(m_f/m_{ox})(s_f/s_{ox})(1-G_f)/(1-G_{ox})=(f/ox)_{\text{stoich}}=\text{const} \tag{3.69}$$

现在来讨论式(3.56)中的 $q*$,初始火焰的“动力学”长度 x_{RPF}^* 代表燃烧表面和火焰开始面之间的距离(见图 3.2)。为了便于计算总的热通量 q^*,用理想的一维图(图 3.1)代替二维图(图 3.2)。

将抛物线扩散火焰放出的热均匀地“涂”在推进剂表面上厚度为 s_D^* 的涂层上,那么可以认为在距离燃面高度为 x_{AP}^* 的很薄的涂层中,AP 放出的热在整个 AP 颗粒上扩散传播。根据原始的火焰图片,AP 固有的火焰面积在接近抛物线扩散火焰顶端处变得很小,因此,在这一区域的放热量减小。BDP 模型中,用系数 β_F 来描述这种现象。但是 King 模型中(见图 3.3),AP 火焰的面积没有变化,而是用距离燃烧面一定高度时单位面积的 AP 火焰放热量的线性变化来描述(当 $x_{AP}^*=x_{RPF}^*+x_D^*$ 时放热量为 0)。

假设图 3.3 中的热线图可以近似用一维热导率方程描述,即

$$\begin{cases}\dfrac{d}{dt}\left(\lambda\dfrac{dT}{dx}-m^*cT\right)=-Q(x)\\ T(0)=T_s,\ T\mid_x=x_{RPF}^*+x_D^*=T_f\end{cases} \tag{3.70}$$

假设 $Q(x)$ 可以用如图 3.4 中图形的形式描述,虚线表示对另两个 x_{AP}^* 值 AP 火焰放出的热量。

结合图 3.4 中对 $Q(x)$ 的描述,求解方程(3.70)可得

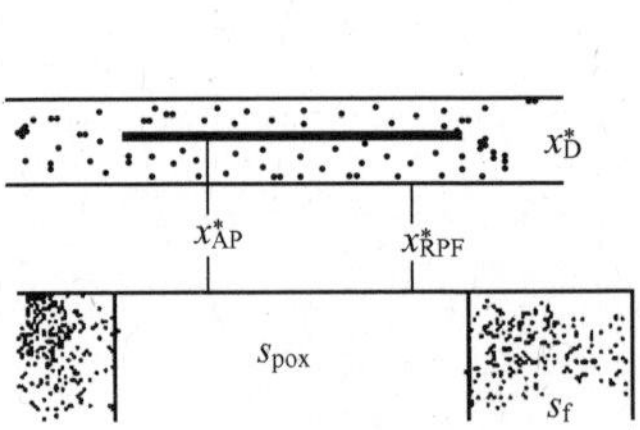

图 3.3　King 模型中的火焰示意图

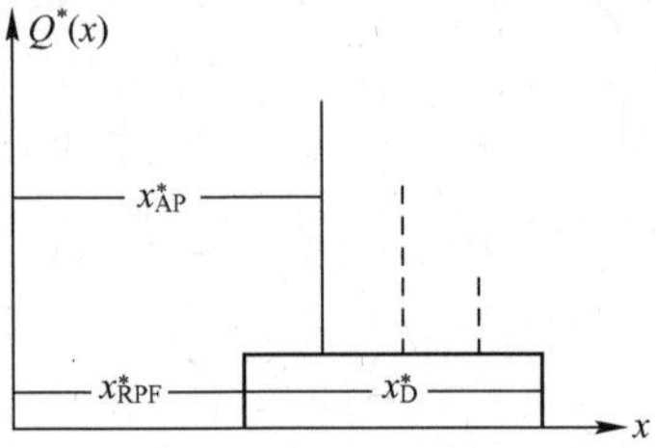

图 3.4　火焰中的放热量分布

$$\begin{cases}\dfrac{\lambda(dT/dx)_{x=0}}{m^*c(T_f-T_s)}=\dfrac{1-e^{-z_2}\Delta\Theta'[z_2e^{z_3-z_2}-(1-e^{-z_2})]}{z_2e^{z_1-z_2}-(1-e^{-z_2})}\\ z_1=\dfrac{m^*c}{\lambda}(x_{RPF}^*+x_D^*),\ z_2=\dfrac{m^*c}{\lambda}x_D^*,\ z_3=z_1-\dfrac{m^*c}{\lambda}x_{AP}^*\\ \Delta\Theta'=(z_3/z_2)Q_{AP}G_{ox}/[c(T_f-T_0)]\end{cases} \tag{3.71}$$

式中,$\Delta\Theta'$为 AP 火焰的无量纲放热量;系数 z_3/z_2 为 AP 火焰位置的相关量;Q_{AP} 为 AP 单元推进剂火焰的放热量。由于部分 AP 在凝聚相热分解时有部分被消耗,因此 $G_{ox}<1$。利用式(3.71)可以计算进入黏合剂的热通量 q_f,也可以计算假设 $\Delta\Theta'=0$ 时进入 AP 的热通量 q_{ox},最终可得

$$q^* = s_{pox}q_{ox} + s_f q_f \tag{3.72}$$

在 BDP 模型中计算"动力学"长度(平衡距离)x^*_{APF}和 x^*_{AP}使用的是同样的表达式。在计算扩散火焰的高度 x^*_D 时,需假设当反应过程进行大于 90% 时,x^*_D 等于该距离。在这种假设条件下,可以通过推进剂成分的化学计量比确定 x^*_D 的值,而通过传统方法确定火焰高度时,扩散火焰会变得很小(见 3.4.2 节)。

文献[15]中在计算 α_T时,考虑了在燃烧表面之下氧化剂和燃料之间的反应中消耗的反应物(通过系数 G_f和 G_{ox}),表达式为

$$\alpha_T = 1/\Phi = (f/ox)_{stoich}(\sup\rho G)_{ox}/(\sup\rho G)_f \tag{3.73}$$

在六面体烧尽的过程中,α_T 的值实际上是变化的,该模型认为 AP 和黏合剂不会完全分解,而其中有一部分分解产物是惰性的。实际上,认为有 96% 的 AP 颗粒为氧化剂组分, 28% 的黏合剂可视为是燃料组分。文献[15]中通过选择合适的系数,使该模型在模拟 AP 基推进剂(AP 尺寸为 5、20、200μm,黏合剂为端羟基聚丁二烯 HTPB)的燃烧时,其计算值与试验值吻和得非常好。

3.3.4 "小集成 Petite ensemble"模型

如果要考察局部瞬间的非均相体系燃烧,可以来测试选定的某个氧化剂颗粒周围的变化过程(就如同 King 模型中那样),同时也可以测试整个样品的燃烧行为,例如某一时刻空间内的参数分布。King 模型中的方法是可以通过观察动态照片比较单个氧化剂颗粒的瞬间行为,比较样品燃烧表面瞬时行为照片。如果符合与这些颗粒的火焰形成照片,那么通过这个方法可以从对一组颗粒的测试中获得样品燃烧表面的燃烧过程。这组颗粒应该是相当小的。

让我们试着去了解"Petite ensemble"模型中描述的过程[14],首先列出该模型与 BDP 模型的相似之处和不同之处。BDP 模型认为燃烧表面的每个点的温度 T_s都是相同的,黏合剂的表面为平面,氧化剂与气相接触的表面为球面。以此形状为基础计算时,氧化剂和黏合剂的燃速 u_{ox}和 u_f均被认为是常数。氧化剂颗粒对点火时间 t_{ign}的影响忽略不计,燃烧表面以上火焰的高度采用 Burke - Schumann 方法求得,BDP 模型的关系式为式(3.30) - 式(3.32)。

然而,通过这些关系式计算燃速时需要知道 s_{pox}、s_{ox}、s_o、x^*_{AP}及 x^*_{PF}的值。根据文献[14],AP 颗粒的平均横截面积是基于那些已经被点燃的氧化剂颗粒。AP 的燃烧总面积通过单个面积的平均值求得。如果氧化剂颗粒燃烧得相对较快,

那么在颗粒“冷端”(底部)接触到黏合剂燃烧面之前,假设推进剂燃烧表面保持准平面的状态,那些凹坑瞬间被熔融的黏合剂填平;反之亦然,如果氧化剂在此时还未燃烧完全,那么未燃烧完全的氧化剂颗粒被喷出,在这种情形下,燃烧表面以上气相中 f/ox 比的变化对应于火焰温度的变化。在计算扩散火焰的高度时,可利用 Burke - Schumann 方法。

以下举例说明表达式 s_{ox} 和 s_{pox} 的推导。为了计算 s_{ox},首先需获得一个氧化剂颗粒的燃烧面积。如果 AP 颗粒从推进剂内部到达推进剂燃烧表面,氧化剂周围的黏合剂在 x_f 处燃烧完,而氧化剂自身在 x_{ox} 处燃完,因此有

$$s_{ox}(x_f) = \pi(D_0 x_f - 2x_f x_{ox} + x_{ox}^2) \tag{3.74}$$

(该式与之前的 King 模型中式(3.63)相同)假设氧化剂颗粒到达推进剂表面时刻为 $t=0, x_f=0$,那么可得到

$$x_f = u_f t, s_{ox} = u_{ox}(t - t_{ign}) = (x_f - x_{ign}) u_{ox}/u_f, x_{ign} = u_f t_{ign}$$

式中,t_{ign} 为颗粒的点火时间。那么式(3.74)可以变为

$$\begin{cases} s_{ox}(x_f)/\pi = x_f^2 \omega(\omega - 2) + x_f[D_0 + 2\omega(1-\omega)x_{ign}] + (\omega x_{ign})^2 \\ \omega = u_{ox}/u_f \end{cases} \tag{3.75}$$

氧化剂颗粒随机分布在燃烧表面,因此 AP 颗粒具有不同的 x_f。在这种情形下,对于燃烧中的颗粒,x_f 从 x_{ign} 变化为 $x_{max} = \min(D_0, x_{cr})$,$x_{cr} = x_{ign} + D_0/\omega$ 。如果 $x_{cr} > D_0$,那么在表面的颗粒不能燃完而喷出,这时 $x_f = x_{max} = D_0$。如果 $x_{cr} < D_0$,表面的颗粒会完全燃烧并留下一个凹坑(King 模型中仅考虑了这种情况)。

因此,燃烧中的 AP 颗粒的总面积为

$$s_{ox} = \int_{x_{ign}}^{x_{max}} s_{ox}(x_f)\,dN \tag{3.76}$$

式中,dN 为距离表面$(0.5D_0 - x_f)$距离、厚度为 dx_f 区域中 AP 的颗粒数量。

对于横截面积为 s_p 的样品,那个区域的体积等于 $s_p dx_f$,同时由于在推进剂中 AP 的体积分数为 ζ,那么颗粒的浓度为 $\zeta/(\pi D_0^3/6)$,该层中颗粒的数量为

$$dN = s_p dx_f \zeta/(\pi D_0^3/6) \tag{3.77}$$

由式(3.75) - 式(3.77)可知

$$\begin{cases} (s_{ox}/s_p)/\zeta = \omega(\omega-2)(\chi_m^3 - \chi_i^3) + 3[2\omega(1+\omega)\chi_i + 1] \times \\ (\chi_m^2 - \chi_i^2) + 6(\omega\chi_i)^2(\chi_m - \chi_i) \\ \chi_m = \chi_{max}/D_0, \chi_i = \chi_{ign}/D_0 \end{cases} \tag{3.78}$$

同样,通过式(3.47)求出被点燃的颗粒总面积,即与燃料的平面相交的面积。

$$s_{pox} = \int_{x_{ign}}^{x_{max}} s_{pox}(x_f)\,dN \tag{3.79}$$

此时 $s_{pox}(x_f)=\pi x_f(D_0-x_f)$（见之前的BDP和King模型），将 dN 用式(3.77)替代，则可得

$$(s_{pox}/s_p)/\zeta=3(\chi_m^2-\chi_i^2)-2(\chi_m^3-\chi_i^3) \tag{3.80}$$

实际中 $x_{ign}=0$，$x_{max}=D_0$，因此，当黏合剂的表面保持平面，由式(3.80)可以获得通用关系式 $s_{pox}=\zeta s_p$。

在BDP模型中，关于火焰中的放热量可通过AP颗粒平均截面的热平衡进行计算，即计算被点燃颗粒的横截面的平均值。显然，对于该发现，有必要用被点燃的颗粒 N_{ign} 来区分式(3.80)中 s_{pox} 的值：

$$N_{ign}=\int_{x_{ign}}^{x_{max}}dN=6s_p(\zeta/\pi D_0^2)(\chi_m-\chi_{ign}) \tag{3.81}$$

这样AP颗粒的平均截面积就可以求出，即

$$(\pi/4)\overline{D}_{ign}^2=s_{pox}/N_{ign}=(\pi D_0^2/6)[3(\chi_m^2-\chi_i^2)-2(\chi_m^3-\chi_i^3)]/(\chi_m-\chi_{ign}) \tag{3.82}$$

在特殊情况下，如当 $x_{ign}=0$，$x_{max}=D_0$ 时，$\overline{D}=(2/3)D_0^2$。

为了计算扩散火焰的参数，需要获得燃料气化后的有效外部半径 b，气化的燃料周围流动着气化的氧化剂。假设[14]推进剂表面的燃料被表面的AP颗粒等分成许多块，包括没有被点燃的颗粒，这样可以获得平面上的颗粒数量，假设式(3.81)中 $x_{ign}=0$，$x_{max}=D_0$，则

$$N=6\zeta s_p/(\pi D_0^2) \tag{3.83}$$

燃料的总面积 $s_f=s_p(1-\zeta)$，每个颗粒的面积为

$$\Delta s_f=s_f/N=(1-\zeta)(\pi D_0^2/6\zeta) \tag{3.84}$$

对于有效半径为 b 的气团，有

$$\pi b^2=\Delta s_f+(\pi/4)\overline{D}_{ign}^2 \tag{3.85}$$

在这种情况下，当 $x_{max}=D_0$，当未完全燃烧的颗粒从燃烧表面飞出时，式(3.84)和式(3.85)中用 ζ' 代替 ζ 用于表明由于固体氧化剂飞出而造成的成分比变化。

在计算热平衡和火焰温度时都需要考虑氧化剂逸出的影响。对于剩余的AP颗粒，当 $x_f=D_0$ 时，$h=x_f-x_{ox}=x_f(1-\omega)+x_{ign}\omega$（如果这种情况下 $h>0$），那么凝聚相中氧化剂消耗的质量分数 α' 和体积分数 ζ' 为

$$\alpha'/\alpha=\zeta'/\zeta=1-(h(D_0)/D_0)^3 \tag{3.86}$$

此时对于剩余的氧化剂表面，有

$$\alpha' m_T s_p=m_{ox}s_{ox}$$

式中，s_{ox} 为式(3.78)中燃烧中的AP面积。

根据“Petite ensemble”模型，在很宽的范围内变化不同的参数计算出的结果与BDP模型计算出的结果接近，其中最大的计算偏差来源于利用BDP模型中针对AP颗粒有效截面面积，即式(3.82)。这里根据文献[19]给出燃速计算值由于平均过程的不同而产生的相对变化(与BDP模型对比)，计算是基于典型固体推进剂燃烧的α和D_0值。

p/atm	3.6	6.4	11	20	36	65	115
$u_{(\text{pet. ens})}/u_{(\text{BDP})}$	0.981	0.976	0.943	0.896	0.852	0.796	0.728

3.3.5 燃烧表面氧化剂和燃料温度的不同

在之前提到的UTD模型中，有一条基本的假设就是燃烧表面上氧化剂和燃料的温度(T_s和T_{sf})是相同的，但是在实验[23]中发现，T_s和T_{sf}明显不同。还有一个不足之处是在之前的BDP模型中，即当扩散火焰出现在黏合剂上方时，温度分布是相同的，而且从气相传出的热量全部传递给黏合剂。为了消除以上两个模型中的缺点，文献[16]在BDP型模型上进行了修正，形成了“改进型模型”。

对于AP氧化剂燃烧的描述常用一个简化版本的BDP模型，相关方程如下：

$$\begin{cases} m_{ox}=A_{ox}\exp(-E_{ox}/RT_s) \\ c_s(T_s-T_0)+\Delta H_s+Q_L=\beta_{ox}[(\beta_F/\alpha)Q_{PF}\exp(-\zeta_{PF})+(1-\beta_F)Q_{ox}\exp(-\zeta_{PF})] \\ Q_{ox}=\beta_p[c_g(T_{ox}-298)-c_s(T_0-298)+\Delta H_{ev}] \\ Q_L=Q_{ox}-Q_F,Q_F=c_g(T_{ox}-298)-c_s(T_0-298)+\Delta H_g \\ m_{ox}(1-\beta_P)=A_x\exp(-E_s/RT_s) \end{cases} \tag{3.87}$$

式中，$\beta_P=1-\beta_s$为气相中分解的AP的质量分数。系数$\beta_s<1$表明尽管火焰位于氧化剂的上方，可是有部分的热量传入了黏合剂。

BDP模型中β_F的值代表在初始火焰下方的AP的质量分数；α为推进剂中AP的质量分数。

燃料的裂解过程可以用以下公式描述：

$$\begin{cases} m_f=A_f\exp(-E_f/RT_{sf}) \\ c_f(T_{sf}-T_0)+Q_f=(1-\beta_{ox})\dfrac{Q_{PF}}{(1-\alpha)}\exp(-\zeta_{PFf}) \end{cases} \tag{3.88}$$

不同黏合剂的A_f和E_f的实验值出自于文献[23](见3.5.1节)。黏合剂上方火焰的无量纲高度ζ_{PFf}与AP上方火焰的高度ζ_{PF}是不相同的：

$$\zeta_{PF} = \frac{c_g m}{\lambda_g}\left(A_{fh} x_D + \frac{m}{k_{PF} \cdot p^{\delta_{PF}}}\right)$$
$$\zeta_{PFf} = \frac{c_g m}{\lambda_g}\left(B_{fh} x_D + \frac{m}{k_{PF} \cdot p^{\delta_{PF}}}\right) \quad (3.89)$$

括号中第一项代表火焰的"扩散高度",第二项代表"动力学高度"[可对比式(3.36)和式(3.37)]。

式(3.89)中的系数值 $B_{fh} \approx A_{fh}/8$。由于1/8系数使得第二个等式括号中的第一项小于第一个等式。用 Burke - Schumann 方法求得火焰的数学形式[27](见图3.5(a)和3.4.2节)中介绍了系数1/8。这个系数是为了考虑悬在燃料部分上方的低高度火焰。在最初的 BDP 模型中,对于燃料富足的固体推进剂,只考虑从气相进入氧化剂的热通量。但是根据热量的总平衡方程[(式3.31)],有一部分反馈热用于加热和气化燃料(凝聚相中发生的热交换)。

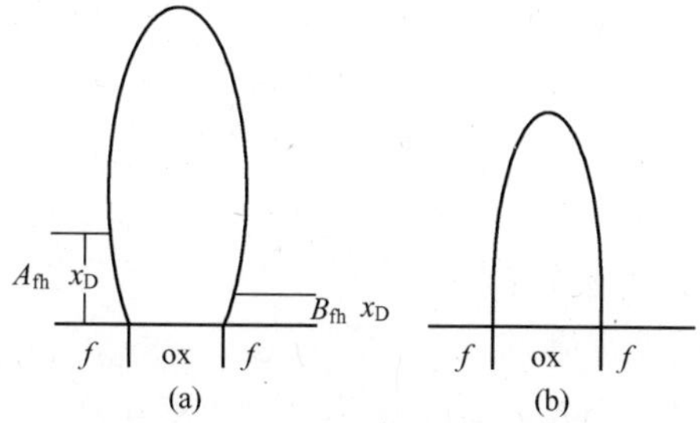

图 3.5　Burke - Schumann 描述的典型的燃烧火焰形状

(a)平层火焰;(b)轴对称火焰[27]。

氧化剂和燃料的质量流率之间的关系式如下:

$$m_{ox}s_{ox}/m_f s_f = \alpha(1-\alpha) \quad (3.90)$$

该关系式使得解整个体系的方程组成为可能。系数 β_{ox} 代表了从气相向燃料和氧化剂之间的热反馈分布。s_{ox}、s_f 和整个燃面的几何面积都可以由 BDP 模型求出,文献[15]用一定条件下的实验值(推进剂体系为 AP + 聚丁二烯黏合剂,$\alpha = 0.73$ 和 0.77,$D_0 = 5\mu m$、$20\mu m$、$200\mu m$,$p = 7 \sim 120$atm)验证了采用该模型的计算结果,结果表明计算值和实验值在整个压强范围和不同 AP 颗粒尺寸的条件下均符合得很好。

3.3.6　UTD 模型的几点讨论

(1) 当利用 UTD 模型时,有一个很明显的缺点,就是不能在氧化剂颗粒尺寸 $D_0 > k/u$ 时使用。以 BPD 模型举例来证明这个缺陷。让我们看看热平衡方程(3.31)是否适用于真实推进剂的非均相表面。如果凝聚相的预热层厚度大于异质尺寸($k/u > D_0$)时,该方程是适用的,这是由于从燃烧表面进入预热层后,不均匀的热通量在很厚的预热层中进行了重新分配。但是随着 AP 颗粒尺寸的增加(p = 常数),热交换发生了变化,总体的平均值变得没有意义,这是因为其物理基准也就是来自于表面热通量的重新分配缺失了,此时氧化剂和黏合剂开始“单独”燃烧,这会导致燃烧表面弯曲不平。由于氧化剂和黏合剂燃烧退移的速率有很大差别,推进剂(高压下的含硝胺或 AP 的推进剂,见 Beckstead 的“连续”模型,3.5.2 节)的 $m(p)$ 由燃烧缓慢的组分(黏合剂)决定。因此,BDP 模型中关于“$D_0 > k/u$ 时推进剂的燃速由 AP 燃烧时的速度决定”的假设会使结果产生较大误差。

文献[19]中提到:采用 BDP 模型计算含粗 AP 颗粒(如 200μm)推进剂的燃速比实验值要低很多。这一点被 BDP 模型的作者注意到了,文献[19]中利用改进的 BDP 模型计算聚丁二烯黏合剂的推进剂燃速,结果表明,计算值与含 5μm AP 颗粒的推进剂和含 20μm AP 颗粒的推进剂的实验值吻合,但是对于颗粒尺寸为 200μm 的推进剂,其计算值要比实验值低 50%。同样的情况也在基于 BDP 模型的 King“非稳态”模型中出现,King 利用选定合适的系数值更好地关联了理论值和实验值,使固相中的放热量与压强关联。正如在文献[19]中所描述的那样,可以认为这个方法是正确的。假设对于粗 AP 颗粒,其自身火焰是气相中热量的主要提供者(由于在初始火焰中燃烧的 AP 比例 β_F 减少),建议引入现实中存在的压强对放热的影响[19](就像之前提到的),对 AP 燃烧模型进行改进。但是根据实验数据[20],在 20~100atm 压强范围内,这种压强的影响可以忽略。

但是注意上文中提到的理论值和实验值之间的差值可以用另一种方法解释,我们来讨论表 3.1 中的理论值和实验值。

表 3.1　20atm 压强下燃速(cm/s)的计算值与理论值比较

推进剂	u_{exp}	u_{calc}	文献出处
AP	0.3	—	[20]
70% AP(200μm) + PS	0.5	0.3	[13]
73% AP(200μm) + HTPB	0.3	0.15	[19]

黏合剂:PS-聚硫橡胶,HTPB-端羟基聚丁二烯。

众所周知,聚硫橡胶为基体的推进剂相对较“热”,其火焰温度 T_f = 2545K[13,23]。接触到粗 AP 晶体($D_0 \approx 200\mu m$)的气体热反馈主要来自于自身的火焰,此时的 AP 实际上以约 0.3cm/s 的速度燃烧。温度较高的初始扩散火焰只能加热部分的黏合剂和与之相邻 AP 的较薄层区域。当 $k/u < D_0$时，可以忽略该区域和 AP 晶体内部之间的热交换。

通过观察聚硫橡胶推进剂的熄火表面可以看出[17]，在压强为 20atm 时，大部分 AP 晶体均突出燃烧表面，因此通常希望 AP 的燃速要更高些。实验中聚硫推进剂的燃速为 0.5cm/s，这显然与位于初始火焰以下截面的平均燃速接近。

同时，考虑了燃速的决定因素为 AP，则其理论计算值为 0.3cm/s[13]，这很容易通过测试热平衡计算出来[式(3.31)]。对于粗 AP 晶体，$\beta_F \ll 1$，总的热平衡中可以将来自于初始火焰的热反馈忽略不计，由于火焰的平衡距离 $x_{FF}^* \sim D_0$ 非常大，因此来自于扩散火焰的热量也非常低。因此，在式(3.31)中关于黏合剂的项仅有$(msQ)_f$，在计算过程中通常将 Q_f的值定为 50cal/g，这个数值要比后期研究[12]中的实验值低 10 倍。因此，可以证明$(msQ)_f$的值很小，并且热平衡式(3.31)实际上只与纯 AP 的热平衡有关，综上，计算值为 $u \approx u_{ox} \approx 0.3$cm/s。

再举一个例子，聚丁二烯推进剂相对较"冷"，$\alpha = 0.7$ 时其火焰温度约为 1450K[23]。在更精确的测试中，1450K 为产物的平均温度，而初始火焰的温度要稍高些。但是，对于较高燃氧比 f/ox 值(≈ 1.4)的推进剂，其温度由燃氧界面向氧化剂一边移动，此时黏合剂获得的热量相对较少(见 3.4.2 节中 Burke - Schumann 法评论)。显然，在这种情形下，黏合剂的燃烧速度比 AP 略低，或者接近。后者决定了整个推进剂燃烧的速度，因此实验中的燃速 $u \approx 0.3$cm/s。在采用 BDP 模型进行计算总的热平衡时，可以忽略来自于初始火焰和扩散火焰的热反馈[式(3.31)]，而需要考虑黏合剂蒸发时吸收的热量$(msQ)_f$，其中 $Q_f = 433$cal/g[23]，使 AP 所获得的热量少一些，从而导致表面温度、AP 燃速及推进剂燃速都有所降低。因此，根据该模型计算出的值为 $u = 0.15$cm/s，大大低于试验值。

由以上两个实例可以看出，对于含粗 AP 的推进剂，计算值和理论值有所差异的原因不是因为像文献[19]中所说的固相中的分解使氧化剂的质量分数 G 的变化，而是因为关于粗 AP 颗粒的假设条件与实际事实不符，即预热层中的热量进行了重新分配并且 AP 热分解为燃速的控制因素。

(2) 忽略或未充分考虑由于非均相体系热释放造成的不均匀和瞬态燃烧行为是 UTD 模型和其他所有异质推进剂燃烧模型的最大缺陷。比如，Hermance 模型认为推进剂燃烧表面上的气相火焰为扁平火焰，完全排除了热量释放的非均匀特性。在 BDP 模型及以 BDP 模型为基础的其他模型中，均是依据 Burke - Bchumann 法通过火焰的弯曲计算气相中的不均匀性。然而为了求解[27]或修正模型[19]而给出的边界条件与固体推进剂燃烧的真实情况并不相符，因此在很多情况下会影响计算结果(针对该部分的讨论详见 3.4.2 节)。此外，由 Burke - Schumann 法计算火焰结构时通常过于简化，即用同等的(具有推进剂相同的总热量)扁平火焰代替弯曲火焰。在这种情况下,很容易在计算时将从气体向黏合剂扩散的热通量忽略掉,尤其是对于火焰近在氧化剂晶体上方时。

因此,如果保留那些不合适的假设条件,就算不断改进使 Burke - Schumann 方法再精确也没有用。然而对于如何改进 Burke - Schumann 方法上已有很多研究工作,比如在“小集成模型(petite ensemble model)”[14]中增加了很多项,在 King 模型中[15]用选择好的推进剂六面体(氧化剂 + 黏合剂)上有限厚度的扁平火焰无合理依据地代替氧化剂上无限稀薄的弯曲火焰。

最终,在改进的模型[16]中,根据 Burke - Schumann 对于火焰结构的详细描述和一定的简化获得了各自的模型,为了计算扩散火焰接近氧化剂上方时进入黏合剂的热通量,将部分悬于黏合剂上方的扩散火焰也考虑了进去。

而在 BDP 模型中,有些细节就没有考虑进去,比如黏合剂在这种情形下通过在凝聚相中热传导而发生汽化所需要的热量都直接来自于氧化剂,模型[16]中只考虑了氧化剂和黏合剂各自的热平衡,没有将它们在凝聚相中的相互作用考虑进去。因此有人试图引入火焰形态用于将从气相反馈的热也考虑进模型中,但这种引入是不正确的,因为图 3.5(a)有关的火焰仅与扁平火焰燃烧器有关,而对于圆柱形燃烧器模拟推进剂燃烧时,如图 3.5(b)所示,没有悬于周围部分(黏合剂)上方的火焰。

由于燃烧表面为曲面而引起的气相动态非均匀燃烧行为可在实验中观察出来,但是这一点在模型中均未考虑。早在 20 世纪 60 年代时苏联研究工作者就提出是否有必要将这一点考虑进去,并提出“冻结湍流”和“固定瞬变”[25,43],他们给出了推进剂表面附近流动气体的周边组分,比如,计算了火焰接近氧化剂晶体上方时传入黏合剂的对流热。

(3) 考虑瞬态燃烧行为,用平均质量燃速 m 是正确的。如果回顾那个用录像观察单个颗粒整个变化过程(见 3.3.4 节开始)的想法,可以看到之前除 King 模型外的所有 UTD 模型,只用到了其中某个时刻的照片,其他剩下的火焰的信息是没有用到的。在这种情况下,用模型来计算样品燃速与选择哪个时刻的照片有很大的关系,即选择了在表面上滞留的时间。

在 Hermance、BDP 和其他“改进模型”中,使用了氧化剂颗粒的直径 $D_c = D_0(2/3)$,其结果就是样品表面保留的所有颗粒截面总面积的平均值。但是没有证据证明保留了进入样品的总热量,也没有证据证明来自于每一个氧化剂颗粒的热量与它的截面积成正比,比如 $\approx D_c^2$。Hermance 和 BDP 模型中均未采用这样的比例式。

在 Hermance 模型中需要注意的是一个本质问题,即根据多组分分散中氧化剂颗粒尺寸对进入样品热量进行平均,而如果根据与黏合剂平面交界的氧化剂颗粒尺寸对热量进行平均,那么这一方法可以扩展到任意组分(包括单分散组分)。然而,Hermance 模型在计算单一氧化剂配方时,平均的是颗粒面积而不是试样的热量。

尽管 BDP 模型对气相中热通量与 D_c 有很大相关性的描述有很多严重的错误,但作者们还是用这一方法求解。在用于计算进入样品热量的"改进型模型"中,除了提到的关于 BDP 型模型的缺点之外,还有一个缺陷:没有考虑氧化剂和黏合剂之间通过凝聚相的热交换,因为没有任何情况可以将它们的热平衡各自分开,就像之前提及的,只有 UTD 模型中在 $D_0 < k/u$ 条件下才能用凝聚相的"一维"热平衡。在这种情况下组分之间的热交换不可避免。

让我们描述一下根据热平衡来正确求表面的平均热通量[式(3.31)]的更加综合性的方法。令 $f(D)$ 为热通量,可通过来自于氧化剂颗粒转化的气相(氧化剂颗粒与黏合剂平面相交的截面直径为 D)和"附着"在黏合剂的颗粒面积获得,到达样品表面的总热通量等于 $\int f(D)\,\mathrm{d}N$。现在引入氧化剂颗粒中心与推进剂表面之间的距离 y。位于燃烧表面的颗粒的 $|y| < D_0/2$,根据式(3.83),其总数等于 $N_0 = \zeta D_0 s_p/(\pi D_0^3/6)$,而中心位于表面的颗粒数为 $\mathrm{d}N = N_0\mathrm{d}y/D_0$。由图 3.2 可知,$(2y)^2 + D^2 = L_0^2$,因此可得

$$\mathrm{d}y = \frac{\pm D\mathrm{d}D}{2\sqrt{D_0^2 - D^2}},\int_0^{N_0} f(D)\,\mathrm{d}N = 2\frac{N_0}{D_0}\int_0^{D_0/2} f(D)\frac{D\mathrm{d}D}{2\sqrt{D_0^2 - D^2}} \tag{3.91}$$

在小集成模型(Petite ensemble model)中,不用 $D_c = D_0\sqrt{2/3}$ 作为等效颗粒直径,用已知直径的"有效"颗粒代替样品表面所有的颗粒,这样可使得所有被点燃的颗粒的总横截面积得以保持。在某种意义上,选择颗粒截面的有效直径可以考察燃烧表面上的不稳定效应(点火),然而用这种方法只能很精确地求出燃烧颗粒的总面积,并不能求出平均热通量。实际上,这些计算结果可以更加精确。值得注意的是,根据该模型,需要考虑未点燃的颗粒和颗粒燃尽后留下的空位(凹坑),也就是说在该模型中与给定颗粒的热通量有关的是颗粒的截面 D,因此应该更准确地描述为 $f(D(y)) = f_1(y)$,用此式代替式(3.91)可得

$$\int_0^{N_0} f_1(y)\,\mathrm{d}N = \int_{-D_0/2}^{D_0/2} f_1(y)\frac{N_0\mathrm{d}y}{D_0} = \frac{s_p\zeta}{\pi D_0^3/6}\int_{-D_0/2}^{D_0/2} f_1(y)\,\mathrm{d}y \tag{3.92}$$

如果仅计算来自气相的热通量而忽略推进剂燃烧表面未点燃的颗粒以及燃尽后留下的凹坑的截面,那么

$$\begin{cases}\displaystyle\int_0^{N_0} f_1(y)\,\mathrm{d}N = \frac{s_p\zeta}{\pi D_0^3/6}\int_{-(D_0/2)+y_{\mathrm{ign}}}^{y_{\max}} f(D(y))\,\mathrm{d}y \\ D(y) = \sqrt{D_0^2 - 4y^2}\end{cases} \tag{3.93}$$

式中，y_{ign}为点火时凸出黏合剂表面的颗粒顶部距离燃烧平面的高度，如果颗粒燃尽的足够快且留下凹坑时 y_{max} 可小于 $D_0/2$。

注意，另一个难点就是如何对来自气相的热通量进行平均。当尝试用关系式(3.91)或式(3.93)求解时，需要对推进剂表面氧化剂颗粒之间的黏合剂面积分布进行分配，在小集成模型中计算来自"有效"燃烧颗粒的热通量时，认为表面的黏合剂被所有的颗粒(包括没有燃烧的)平均分成了若干份。

这一假设带来了矛盾：当用公式表达多分散相时(见第4章)，建议不同尺寸氧化剂颗粒间的黏合剂为非均一分布，这样自然推广了这种燃烧中相同的颗粒之间黏合剂分布的非均一性，这些相同颗粒即使具有相同的初始尺寸 D_0，与黏合剂平面相交的截面积也是不同的。

以上讨论的理论中关于平均处理和瞬间状态的缺陷在 King 模型中不存在，在 King 模型中仅测试一个颗粒，但引入的是全周期的平均值。这也是唯一一个尝试"直接"考虑瞬态过程的模型。但该模型中未考虑在推进剂燃烧表面相邻颗粒之间的相互作用，也就不可能描述在氧化剂颗粒燃烧前后黏合剂的燃烧过程。这种相互作用的"缺失"(引入了几何绝热平面用来束缚带颗粒的口袋)是因为在模型中假设颗粒在推进剂中是有序排列的。但在模型中去掉无序排列使得计算更加简化，其本质是过程的物理特性(见文献[43]中随机性的作用)。特别应注意的是，随机性确保在任何时刻推进剂表面上一系列热点的出现，而从这些热点中的热量被传播到黏合剂和未点燃的氧化剂颗粒(例如，凝聚相中的热传导)。对于氧化剂颗粒规整排列的推进剂样品会出现各向异性的性质，导致在某些方向推进剂不会燃尽，这种情况在文献[15]的模型中进行了描述。推进剂中的 AP 颗粒形成了立方体晶格，从平行于晶格的一个几何平面的位置点燃推进剂样品，当颗粒的第一层平行面燃尽时，表面不存在热点，燃烧终止。因此，在 UTD 模型框架中摒弃了之前模型中对燃烧表面取平均而导致失败。

以下讨论小集成模型中对表面几何形状描述的缺点，该几何形状描述考虑了太多细节。首先是考虑 AP 颗粒脱离是否正确。实际上，模型中依据几何表面对脱出的 AP 进行计算在形式上是可行的，但关于燃料表面为"准平面"的假设仅仅是为了简化，实际上黏合剂的表面会有 D_0 的平均尺寸量级带来的误差。黏合剂在与 AP 接触的部分获得的热量要比从黏合剂中心区域获得的热量多，这就不可避免地造成燃料表面的弯曲。

此外，在"准平面"的假设下，考虑颗粒脱出也带来了一定的错误。当 $x_{max} = D_0$时，采用式(3.84)计算时如果考虑 AP 颗粒脱出用 ζ'代替 ζ 是不正确的，因为在 AP 颗粒脱出时，模型中黏合剂表面仍保持平面而没有做熔融行为的假设。这种情况下，式(3.83)和式(3.84)对 N 和 Δs_f是有效的。简单地想象一下，假设

燃料表面以速度 u_f 移动，而 AP 并没有燃烧，因此氧化剂颗粒才从燃烧表面飞出，这样不会阻止本该描述燃料面积的式(3.84)对一个 AP 颗粒亦适合(原因之前已经描述了)。由于邻近火焰的温度降低使热平衡发生改变，这种情形显然与之前说的不是同一个问题。

另一方面，当 $x_{cr} < D_0$、小坑出现在燃烧表面时，式(3.84)显然也是无效的。进一步讲，当燃烧表面上的 AP 颗粒被一些凹坑取代时，$s_p/s_f = 1 - \zeta$ 也是不成立的，因为后者仅对平面的初始样品截面有效。当小坑被熔融的黏合剂填平时，也不会改变什么，因为这样的情形下缺少的是 AP，而不是黏合剂。也许有人会假设这些小坑被填平但不会燃烧，这种情况下小坑会在一段时间后彻底消失，见图3.6，这样就可以满足条件 $s_p/s_f = 1 - \zeta$，其中 s_f 为汽化后的黏合剂表面积。但是对于计算燃烧表面的 AP 颗粒总数 N，应采用表达式(3.81)来解，且条件为 $x_{ign} = 0$，$x_{max} < D_0$，因此式(3.84)中 Δs_f 需要乘以系数 D_0/x_{max}。

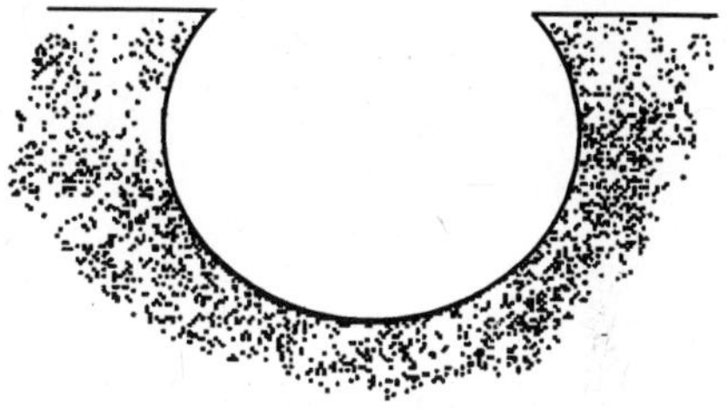

图3.6　考虑燃烧表面小坑的可能情况

还需要注意，根据文献[21](见3.5.2节)中观察燃烧表面结构可以看出，燃烧表面的"球形"几何形状的颗粒脱出。

现在讨论 UTD 模型中对于推进剂中 AP 燃烧行为的理解。在3.4.2节中，以 BDP 模型为基础，关于推进剂的火焰会给出一系列的燃烧参数(真实值)，这些值实质上会因为气相中黏合剂的铺垫作用而发生改变，这种作用在 BDP 中并没有考虑进去。

King 模型[15]中关于 AP 燃烧行为的概念也存在缺陷，就像常数列表中那样，Q_{AP} 保持 810cal/g。有人在采用该模型计算时可能不会考虑凝聚相的 AP 作为单元推进剂燃烧时的热释放，而会考虑多组元推进剂燃烧表面的整个热释放，因为 AP 和黏合剂之间有相互作用[24]，基于推进剂燃烧表面以下组分发生热分解的比例，计算结果与燃速和25% ~50%时的组成有关，根据 BDP 模型，75% AP 在燃烧表面下进行了分解。显然表达式 $1 - G_{ox} \approx$ 常数 $= 0.7$ 这一大家喜欢采用的论点(文献[20]中用于纯 AP)没有在文献中进行反驳，但事实上对于多组元推进剂，BDP 模型的计算值与实验值相差较多。就像对于 King 模型中关于 AP 和黏合剂之间反应的亚表面反应关系式(3.68)，并没有考虑 AP 颗粒尺寸的影响，这是完全脱离实际的。

许多模型中的点火标准也是不同的，因此，从颗粒露出燃烧表面到自身被点燃的时间 t_{ign} 可以等于零[15]，也可以与压强有关[13,14]，还可以与压强和 AP 尺寸都有关[12]。事实上,点燃时间一定与所有的这些参数都有关,包括黏合剂的热分解特性及其他性质。

3.4 粗氧化剂凝聚相体系

3.4.1 氧化剂对自持燃烧的影响

将粗氧化剂的尺寸定义为 D_0,这显然比预热层厚度 k/u 大很多,对于细氧化剂颗粒的燃烧,已经有很多模型可以描述(见 3.2 节和 3.3 节),但是一旦涉及粗氧化剂的固体推进剂,情况就变得复杂很多。从 20 世纪 60 年代开始,就从理论和实验中提出燃速决定因素为“峰尖端”,即燃烧锋面最先的区域,该区域沿着氧化剂和燃料接触面传播[25,1],这个论点最后被解释为:当氧化剂自身能够支持燃烧时,固体氧化剂(AP)不会形成“峰尖端”[26]。文献[26]中报道说当催化剂在 AP 和燃料的接触面上时,“峰尖端”出现。

Price 及其团队[18]做的实验提供了大量信息,实验中使用了层压的样品,该样品由两片带有楔形槽的 AP 与填充在槽中的黏合剂组成。使用的黏合剂为端羟基聚丁二烯(HTPB)、端羧基聚丁二烯(CTPB)、丁二烯 - 丙烯酸聚合物(PBAA)、丁二烯 - 丙烯酸 - 丙烯腈共聚物(PBAN)和聚硫橡胶(PS)。样品在 14 ~ 140atm 的压强下,在充满氮气压强弹中燃烧。

快速降压造成了燃烧中的样品熄火,样品通常从上端(图 3.7 中 1 面)点燃,一些压强小于 21atm 的实验中,样品是从前面(图 3.7 中的 2 面)点燃,压强快速降低的情况下,样品由于热损失发生了熄火,燃烧表面中间层黏合剂由于 AP 的持续燃烧变得很薄(压强小于 21atm 时,纯 AP 不能自持燃烧),熄火表面通过电镜进行研究。这个方法使得研究薄层(小于 10μm)黏合剂的燃烧变成了可能,属于典型推进剂的燃烧特点。

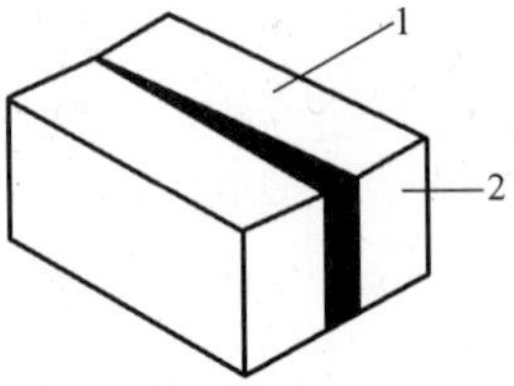

图 3.7 层合板试样图

图 3.8 为熄火表面的剖面示意图,对于所有研究的黏合剂类型都很相似,实验证明了在不同压强和不同黏合剂中间层尺寸的条件下,与黏合剂直接接触的 AP 表面均比其他地方高,这说明这里 AP 的燃烧速度减慢了。在高压下(140atm),对于以 PBAN 和 PS 为黏合剂的样品的厚中间层(大于 70μm),其附近的 AP 表面甚至还是平的横截面,显然,这些区域的 AP 在熄火前没有燃烧。

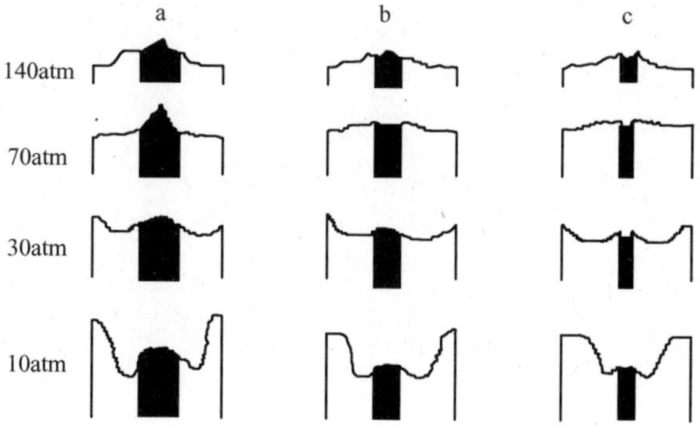

图 3.8　压强及黏合剂中间层厚度对燃烧表面形貌影响的示意图[18]
(a)150μm;(b)70μm;(c)30μm。

在具有厚中间层的样品中,黏合剂凸出 AP 的燃烧表面(除 PS 外),甚至熔融后覆盖在 AP 表面。对于薄中间层(30μm)的黏合剂燃烧表面,在不同压强下都发生了熔融,但都位于 AP 燃烧平面之下的“凹槽”中,该“凹槽”由 AP 组成,且壁是平行的,不沿 AP 的燃烧轨迹形成。在相对较低的压强下($p<30$atm),对于所有厚度的燃烧剖面都出现了凹陷,显然,凹陷处的燃烧速度最大。在 AP 不能自身支持燃烧($p<21$atm)的情况下,推进剂熄火表面的黏合剂位于大切口(在中间有较小的增加)的最底部,然而当黏合剂层厚度小于20μm 时,通常不发生燃烧。还应注意到实验中所有条件下,位于黏合剂中间层两侧的 AP 燃速降低,留下了两条 AP 带状物,这两条 AP 带状物较其他 AP 燃烧表面更加光滑,而当云母代替黏合剂加入推进剂时,实验中的两条 AP 带状物不存在了。反之亦然,观察由 AP 颗粒和 HTPB 黏合剂组成的推进剂在 $p\approx10$atm 下燃烧后的熄火表面照片,也出现了类似的 AP 带状物(在沿着黏合剂中间层的 AP 表面)。

文献[18]中提出,对于与黏合剂接触的区域 AP 燃速降低的现象不能仅仅解释成是黏合剂扩展造成的,实际上,通过实验照片可以证明对于薄的中间层及含 PS 黏合剂的样品,其“凹槽”中的黏合剂就没有发生蔓延,而造成 AP 燃烧速度减慢的原因可能为黏合剂的热解产物温度较低,使 AP 表面的温度降低。另一方面,必须要注意的是除了传递热量的作用外,黏合剂的热解产物还稀释了气相中 AP 的产物,当混合物的组分达到化学计量比时(当然,结果是燃速最大值),定位点就向 AP 侧移动,对这种燃烧行为的描述将在下节给出。

注意实验中(见图 3.8)当压强为 70atm 和 140atm 时,在 AP 表面会由于燃烧速度降低出现“基座”,但没有最低点,这说明当气相混合物达到化学计量比时,燃烧表面从气相获得的热反馈远低于那些距离中间层较远的点。利用 BDP 模型中的概念,尽管“初始”火焰温度较高,如 $Q_{\text{stoich}}>Q_{\text{AP}}$,但是可以获得以下的不等式：

$$Q_{\mathrm{stoich}}\exp(-\zeta^{*}_{\mathrm{stoich}}) < Q_{\mathrm{AP}}\exp(-\zeta^{*}_{\mathrm{AP}}),p=70\mathrm{atm} \tag{3.94}$$

这是由于不同的火焰，其动力学参数$\zeta^{*}_{\mathrm{stoich}}$和$\zeta^{*}_{\mathrm{AP}}$受压强的影响程度也不同，在BDP模型中，对于AP+PS的体系，化学计量比的气相混合物（“初始火焰”）的反应级数和单独AP火焰的反应级数分别假定为1.5和1.8，那么根据式(3.89)，压强对于式(3.94)等号右边项影响是很大的，当压强降低，式(3.94)的不等性会发生改变，而且确实可以观察到当$p=30\mathrm{atm}$时，燃烧表面具有最小的外形轮廓，见图3.8。

然而，应该注意的是在70～140atm的压强范围内，上述实验结果并不像BDP模型提出的全部都用火焰图形进行关联。为了更好地理解燃烧机理，需要考虑文献[23]中提出的结论：在许多情况下，黏合剂表面温度大于AP表面温度。而文献[18]实验中，“凹槽”中薄层样品的存在现象需要解释：或者文献[23]中的结论不正确，或者凹槽在熄火过程中发生了变形。但是不论对于压强骤降熄火，还是对于压强为常数下发生的自动熄火（图3.7中样品有2面开始燃烧），二者的燃烧表面剖面都是一致的，因此，不能解释为由于压强骤降使得黏合剂被释放的气体带走而形成了凹槽。

另一种可能形成凹槽的原因还没有被发现，那就是黏合剂有能力在较低温度下发生相对缓慢的分解，而这一分解发生在火焰消失后一段有限的时间内。但对于AP，这种可能是不存在的。如果黏合剂层在降温过程中缓慢地分解，那么当中间层的厚度小于或接近于预热层厚度时，凹槽就形成了。但是对于较厚中间层的样品，突出的部分就保留下来。对此不用表示怀疑是因为AP侧面（见图3.8）：由于“凹槽”壁是平行的，所以AP没有在那里分解。在熄火的时间里，即使与预热层厚度在同一数量级的黏合剂发生热分解，也不能改变图3.8中那样的轮廓外形，因为它们的特征直径，比如，表面轮廓距离AP和黏合剂交界面的最小距离也比预热层的厚度大。

3.4.2 扩散火焰问题的方程（Burke－Schumann法）

针对煤气灯扩散火焰的计算方法是著名的Burke－Schumann法[27,28]，在BDP模型[13]和其他以此为基础的模型[19,29]中，都将Burke－Schumann法用于描述推进剂燃烧。

在文献[27,28]中，在燃烧器中发现了层状扩散火焰的形成，气相的氧化剂和燃料通过与燃烧器同轴的管进入燃烧器（见图3.9），“平焰”燃烧器也进行了实验。根据图3.9，火焰开始于中心管的管壁边缘，在气流的轴线或在外管的内壁上终止，这取决于内管或外管通过的哪种反应物不足。将火焰扩大（“延长”)，并规定参数 $\psi = \rho D/mb \ll 1$，即可得到 Burke - Schumann 解法，其中 ρ、D 和 m 分别为密度、扩散系数和气体质量流率，b 为外管的半径。

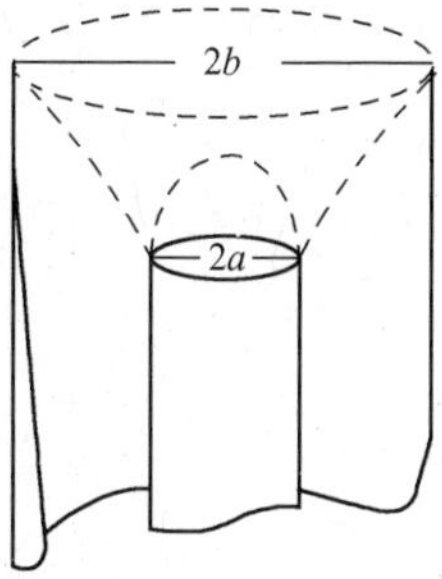

图 3.9　气体燃烧器的示意图

火焰放热造成 m 值的“交叉不均一性”，管中供应气流质量的不稳定性造成非均一性，但当 $\psi \ll 1$ 时，可以忽略以上情况带来的巨大误差。采用 Burke - Schumann 解法估算出的火焰形状和长度与气体燃烧器实验中实际测量的很接近。

问题配方[27]已用于 BDP 推进剂燃烧模型[13]，燃烧表面形状为圆形，$r \leqslant a$(氧化剂)，而周围的预热层 $a < r < b$(燃料)。在这种情形下，有必要推导出用于描述“短”火焰推进剂特性($\psi \geqslant 1$)的解法。但是在文献[13]和其他相关研究工作中，均没有考虑假设 $\psi \approx 1$ 时的边界条件：推进剂燃烧表面上 $z = 0$(在文献[27]中采用)是不正确的，这是由于真实情况下，火焰的形状会发生改变，将在下面进行描述。

假设整个推进剂燃烧表面上的质量燃速是相等的，均为 m，气相中的质量流速也是处处相等的，均为 m，并沿着垂直于燃烧表面的 z 轴方向。氧化剂和燃料的相对浓度分别为 α_1 和 α_2，根据 Fick 定律物质以扩散系数 D 传递。假设在任何位置，$\rho D = idem$，不透气的挡板安置在 $x = \pm b$ 处，这种现象可以用数学描述为

$$\begin{cases} m\partial\alpha_i/\partial z = \rho D h^2 \alpha_i - w_i, i = 1,2 \\ b \geqslant x \geqslant 0, z \geqslant 0 \\ x = 0, x = b, \partial\alpha_i/\partial x = 0 \\ z = 0, m\alpha_{1,2} - \rho D \partial\alpha_{1,2}/\partial z = \begin{cases} m, 0, x < a \\ 0, m, a < x < b \end{cases} \end{cases} \tag{3.95}$$

受 Laplace 因子影响，方程组(3.95)用来描述平焰或轴对称火焰情况。假设氧化剂 A_1 和燃料 A_2 按以下方程式反应：

$$v_1 A_1 + v_2 A_2 \to v_3 A_3$$

显然，反应速率 w_1 和 w_2 靠下式联系起来：

$$w_1/(v_1\mu_1) = w_2/(v_2\mu_2)$$

式中，μ_1 和 μ_2 为摩尔质量。

用于反应速率的表达式可被检查排除，若要代替 α_1 和 α_2，应用它们的联合式 $\beta = \alpha_1 - v\alpha_2$，其中 $v^{-1} = (v_2\mu_2)/(v_1\mu_1)$，为可燃氧($f/ox$)的化学计量比。可以得到 β 项：

$$\begin{cases}(m/\rho D)\,\partial\beta/\partial z=\nabla^2\beta\\ x=0,x=b,\partial\beta/\partial x=0\\ z=0,\beta-\dfrac{\rho D}{m}\dfrac{\partial\beta}{\partial z}=\begin{cases}1, & x<a\\ -v, & a<x<b\end{cases}\end{cases}\tag{3.96}$$

对于轴对称的情形($x\equiv r$),可引入无量纲变量 $\rho D/mb=\psi,r/b=\xi,z/b=\eta$,$a/b=c$,从而获得方程组(3.96)的解:

$$\begin{cases}\beta=(1+v)c^2-v+2c(1+v)\sum\limits_{k=1}^{\infty}\dfrac{J_1(\varphi_k c)J_0(\varphi_k\xi)}{\varphi_k J_0^2(\varphi_k)}\times\\ \qquad\dfrac{2\exp(-(\eta/2\psi)(\sqrt{1+(2\varphi_k\psi)^2}-1))}{1+\sqrt{1+(2\varphi_k\psi)^2}}\\ J_1(\varphi_k)=0\end{cases}\tag{3.97}$$

对于"平面火焰"的情形($\zeta=x/b$),方程组(3.96)的解为

$$\begin{cases}\delta=\dfrac{2\beta+(v-1)}{v+1}=2c-1+\dfrac{4}{\pi}\sum\limits_{k=1}^{\infty}\dfrac{1}{k}\dfrac{\sin(k\pi c)}{1+\psi m_k}\exp(-m_k\eta)\cos(k\pi\xi)\\ m_k=[(k\pi)^2+(1/2\psi)^2]^{1/2}-(1/2\psi)\end{cases}\tag{3.98a}$$

为了方便计算,式(3.98)可以简化为

$$\begin{cases}\delta-2c+1=f(c-\xi)+f(c+\xi)\\ f(x)=[(k\pi)^2+(1/2\psi)^2]^{1/2}-(1/2\psi)\end{cases}\tag{3.98b}$$

为了模拟上述实验[18]中描述的条件,即在两个厚氧化剂层间夹着一层薄黏合剂层(厚度为 $2h$),需假设 $b\to\infty$,并给出式(3.96)中的边界条件:

$$z=0,\beta-\frac{\rho D}{m}\frac{\partial\beta}{\partial z}=\begin{cases}-v, & 0<x<h\\ 1, & x>h\end{cases}$$

标明 $2(\beta-1)/(v+1)=\gamma,x/h=\xi,y/h=-\eta,\rho D/mh=\psi_h$,并且用 Fouier - cos 对 ξ 进行变换,得到

$$\gamma=-\frac{4}{\pi}\int_0^{\infty}\frac{\exp[(-\eta/\psi_h)(0.25+(\omega\psi_h)^2-0.5)]}{0.25+(\omega\psi_h)^2+0.5}\times\frac{\sin\omega\cos(\omega\xi)\,\mathrm{d}\omega}{\omega}\tag{3.99a}$$

或者为了便于计算,简化得到

$$-\frac{4}{\pi}\gamma=J\left(\frac{\eta}{2\psi_h},\frac{1-\xi}{2\psi_h}\right)+J\left(\frac{\eta}{2\psi_h},\frac{1+\xi}{2\psi_h}\right)$$

$$J(x,y)=\int_0^1 \mathrm{e}^{-y\frac{1-z}{z}}\sin\left(x\frac{1-z^2}{z}\right)\frac{\mathrm{d}z}{(1+z)^2(1-z)}$$

轴对称问题（直径为 $2h$ 的柱状燃料放置在氧化剂中）也可用同样的方法解决：

$$\gamma = 4\int_0^\infty J1(s)J0\left(\frac{sr}{h}\right)\frac{\exp[(-\eta/\psi_h)(\sqrt{0.25+(\omega\psi_h)^2}-0.5)]}{\sqrt{1+(2\psi_h s)^2}+1}ds \tag{3.99b}$$

对比式（3.97）的解[27,28]，则有

$$\beta = (1+v)c^2 - v + 2c(1+v)\sum_{k=1}^{\infty}\frac{J_1(\varphi_k^c)J_0(\varphi_k^\xi)}{\varphi_k J_0^2(\varphi_k)}\exp(-\eta\psi\varphi_k^\xi)$$

可以看出后者可以代替式（3.100）：

$$f(\omega,\eta,k) = [2(1+\sqrt{1+(2\phi_k\psi)^2})^{-1}]\exp[-\frac{\eta}{2\psi}(\sqrt{1+(2\phi_k\psi)^2}-1)] \tag{3.100}$$

式中，出现了因子 $\exp(-\eta\psi\varphi_k^2)$，该项可通过解 $f(\omega,\eta,k)$ 在 $\psi\ll1$ 时获得。

实际上，文献[27,28]中的结果不是通过对式（3.97）进行简化获得，而是通过对比式（3.96）对问题进行了简化才获得的，其中指数项的指数会因忽略了扩散公式（3.96）中的 $\partial^2\beta/\partial z^2$ 项而发生变化。然而由于忽略了在边界条件式（3.96）下的扩散流率 $-\psi\partial\beta/\partial(z/b)$，式（3.100）中的指前因子也变为整体，这说明可以应用以下边界条件：

$$z=0,\beta=\begin{cases}1, & x<a\\ -v, & a<x<b\end{cases} \tag{3.101}$$

对比式（3.97）和普遍用于“短”火焰（文献[19]中给出了其扩展形式）的解法[13]，可以看出，如果在扩散方程中考虑了 $\partial^2\beta/\partial z^2$，结果使指数项变得相等，而式（3.100）中的指前因子[19,27,28]变为整体，表明其采用了类似于式（3.101）的简化边界条件。

以下说明这种解法是如何在 BDP 模型中应用的。根据 β 的定义，当 $\beta=0$ 时可以获得组分的化学计量比。实际上，如果存在扩散火焰，火焰前锋一定位于燃烧表面处，$\beta=0$，因此，在扩散火焰前锋处，可以获得 $\alpha_1=\alpha_2=0$，而组分比可以为任何值，包括化学计量比。为了获得火焰高度，例如，当火焰位于接近氧化剂颗粒的位置，可以假设 $\beta=0,\xi=0$，根据式（3.97），火焰高度的表达式为 $x^*=z=b\eta$，仅保留第一项，可以获得 x^* 的表达式为

$$x^* = z \approx 2b\psi\gamma/[1+(7.64\psi)^2-1] \tag{3.102}$$

式中，γ 为关于 v、c 和 ψ 的对数函数。

当 $\psi>1$ 时，可获得 $x^*\approx2b\approx2a=D_c$。根据文献[14]，$x^*$ 的值在数学上只需要考虑几项，但在文献[21]中则需要考虑多于 50 项。通过选择合适的系数

并进行数学计算,可以获得氧化剂上方火焰“扩散”高度的表达式[21]:

$$x^* \approx 2.02b\,(f/ox)^{0.929}_{\text{stoich}}(f/ox)^{1.604}(f/ox<(f/ox)_{\text{stoich}}) \tag{3.103}$$

并且黏合剂上方火焰“扩散”高度为

$$x^* \approx 1.17b\,(f/ox)^{-0.858}_{\text{stoich}}(f/ox)^{1.871} \tag{3.104}$$

式中,b 为两层氧化剂 - 燃料火焰的外部半径,对于固体推进剂,$2b \approx D_c$。

在 King 模型[15]中,有人尝试考虑虽然燃料和氧化剂的燃速不同,但由于比例原因,二者的线性气体流速可以近似,因此对火焰直径 b 和 b/a 比进行重新计算。假定速率等级发生在小于扩散火焰高度的距离上,如同文献[19]中提到的那样。但这一假设没有被充分确认,对于同样的机理和近似在相同时间间隔内,速度和浓度确实存在一定量级。

检查一下关于忽略了边界条件的扩散燃烧模型式(3.95),当作出忽略时,必须出现表达式 $\psi = \rho D/mb \ll 1$,根据边界条件式(3.101),推进剂燃烧表面上与固相黏合剂和氧化剂接触位置处 $\beta = 0$,这里的 $\beta(x,0)$ 由于信号改变而会发生中断,比如,在 $-v \sim 1$ 范围内包含任何量级,包括 0。

然而,对于方程(3.96)中 $z = 0, x = a$ 处的准确边界条件只包含 β 值梯度的不连续性。β 值本身是连续的,且不需等于 0,$\beta = 0$ 的表面不是在与凝聚相黏合剂和氧化剂接触的位置处,位移量随着$(1 - v)$和 ψ 的增加而增大。此外,在某些条件下,$\beta = 0$ 表面和扩散火焰根本就不存在。利用式(3.97)可以找到有关条件,在该条件下,由于过量的燃料,可以使这个表面对向单个的点,以 $\zeta = 0$,$\eta = 0, \beta = 0$ 代入式(3.97),可得

$$\begin{cases} v_+(\psi, c) = [(c^2 + 2c\Sigma)^{-1}]^{-1} \\ \Sigma \equiv \displaystyle\sum_{k=1}^{\infty} \frac{J_1(\phi_k c)}{\phi_k J_0^2(\phi_k)} \times \frac{2}{1 + \sqrt{1 + (2\phi_k \psi)^2}} \end{cases} \tag{3.105}$$

利用(3.105)计算出的结果见图 3.10[29]。

图中 $\alpha_{st} = v/(1 - v)$ 为氧化剂的化学计量质量分数,$\xi = c^2$ 为氧化剂在固相中的体积分数,$\psi/(\psi + 2) = \rho D/(\rho D + 2am)$ 为扩散质量交换参数,$2a = D_c$ 为 AP 颗粒的横截面直径,见图 3.2。当 ξ 值给定时,在图 3.10 中 ξ 线的右侧和上方区域中不存在“化学计量”表面。根据式(3.105)计算获得了 $\xi = 0.5$ 和 $\xi = 0.8$ 两条线,而 $\xi = 0$ 的线来自于以下方程的近似解:

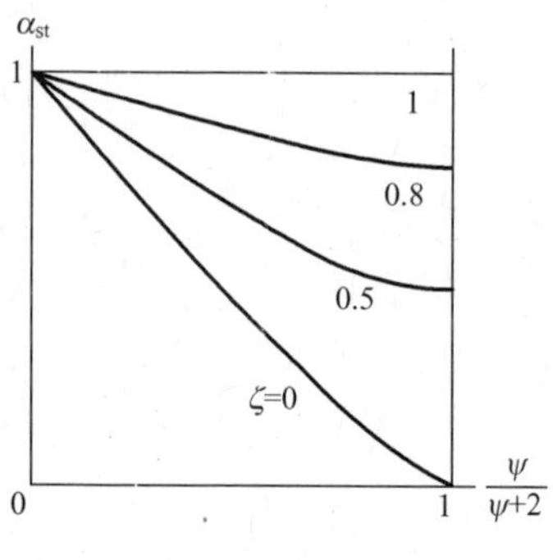

图 3.10 边界线限制的 $\beta = 0$ 表面存在的区域(向左边和合适的线之下)

$$2\int_0^\infty \frac{J1(s)\,ds}{1+\sqrt{1+(s\rho D/ma)^2}}=1-\alpha_{st}$$

这个方程相当于位于以质量流速 m 发生汽化的黏合剂平面的单个氧化剂晶体上方的"化学计量"火焰表面转变或单点的条件(对氧化剂亦然)。当 $r=\eta=\beta=0$ 时,以上方程可简化为式(3.99b)。

在文献[13,14,16]的模型中,没有考虑不存在扩散火焰带来的影响,然而,这些模型都描述了当 $a\to 0$ 时向动力学燃烧区域转化的现象,这是通过人为过程获得的,即通过由初始火焰向样品表面 S 的热反馈的表达式而获得:

$$\begin{cases} q=mS\beta_F Q_{PF}\exp(-X_{PF}^*),\ Q_{PF}=c(T_F-T_0)+\alpha Q_L+(1-\alpha)Q_f \\ X_{PF}^*=X_{RPF}^*+0.6a \end{cases} \tag{3.106}$$

式中,β_F 为氧化剂和燃料热分解产物产生的初始火焰中消耗的氧化剂质量分数;Q_L 和 Q_f 分别为氧化剂和燃料的气化热;$0.6a$ 为"扩散"高度;X_{RPF}^* 为 T_F 和 p 下已知组分的"动力学"高度;T_F 为通过热平衡程序计算出的最终火焰的最高温度。

当 $2a\to 0$、$\beta_F\to 1$ 时,通过式(3.106)可在较窄的放热区域内准确地预估燃烧表面获得来自于预混火焰反馈的热量。但是当 $2a>0$ 且 $\beta_F<0$ 时,这些公式便不能描述来自于扩散"初始"火焰的反馈热,这一火焰温度与 α 无关,而与配方组成的化学计量比有关,即文献[21]中的 T_F 为假定值。但当 T_F 与组分的化学计量比有关时,式(3.106)就不能描述 $2a\to 0$ 时气相预混"动力学"火焰的状态。这一问题可以通过常规的方法解决,即 $0.6a/X_{RPF}^*$ 值在 $0\sim\infty$ 范围内,将 T_f 由"动力学"值变为"扩散"值。更为合理的方法是需要同时考虑有限尺寸的氧化剂颗粒上方的扩散火焰以及其余氧化剂和黏合剂表面上方预混的非化学计量气相的某些冷火焰"帽子"。

以下预估典型燃烧条件下氧化剂颗粒[式(3.10)]上方扩散火焰消失的可能性。根据文献[13],有 $\rho D\approx 1.6\times 10^{-4}$ (g/cm·s),$(T/T_0)^{3/2}$,$T_0=300$K,$T\approx 2545$K,且 $\rho D\approx 0.8\times 10^{-3}$ (g/cm·s)。同时令 $m\approx 0.5$g(cm^2·s),$2a\approx 20\mu$m,其中 $2a$ 值近似等于氧化剂颗粒的尺寸,那么可得 $\psi\approx 1.4$,且 $\rho D/(\rho D+2am)=\psi/(\psi+2)=0.41$。根据图3.10中扩散火焰在 $\alpha_{st}>6$ 时不存在的情形,对于典型的推进剂,$\alpha_{st}=0.82\sim 0.88$。实际上,当 α_{st} 较小时扩散火焰消失。

对于层压样品("三明治型",两层AP将一层黏合剂压合在一起)的燃烧,"化学计量"表面面积减小也产生同样的效果。当 $\eta=\beta=0$ 时,根据式(3.99),中间黏合剂层的中间点与样品表面上方气相中达到化学计量比处的距离 X 值有以下关系:

$$\begin{cases}2(1-\alpha_{st})=\phi(\widetilde{X}+\widetilde{Y})-\phi(\widetilde{X}-\widetilde{Y}),\widetilde{X}=2mX/\rho D,\widetilde{Y}=2mL/\rho D\\ \phi(z)=\dfrac{4}{\pi}\displaystyle\int_0^{\infty}\dfrac{\sin(zt)}{t(1+\sqrt{1+t^2})}\mathrm{d}t\end{cases}\tag{3.107}$$

式中,$2L$ 为黏合剂层的宽度。

$$\phi(z)=1-\frac{4}{\pi}\int_0^1 F(z,t)\mathrm{d}t,F(z,t)=\sqrt{1-t^2}\exp(-z/t),z>0$$

当 $t=t_m$ 时,函数 F 具有最大值,而 $t_m^3/(1-t_m^2)=z$,$\varphi(z)$ 值可以近似为

$$\begin{cases}\phi(z)\approx 1-(1-t_m^2)^{1/2}[1-(1-2/\pi)t_m]\exp(-t_m^2/(1-t_m^2))\\ z>0,\phi(-z)=-\phi(z)\end{cases}\tag{3.108}$$

$\varphi(z)$ 的关系图见图 3.11。以下预估在何种条件下气相中的化学计量比会落到图中 $X=L$ 的线上,即黏合剂与氧化剂的界面上。假设式(3.107)中 $\widetilde{X}=\widetilde{Y}$,可以采用经验值 $\alpha_{st}=0.875$。

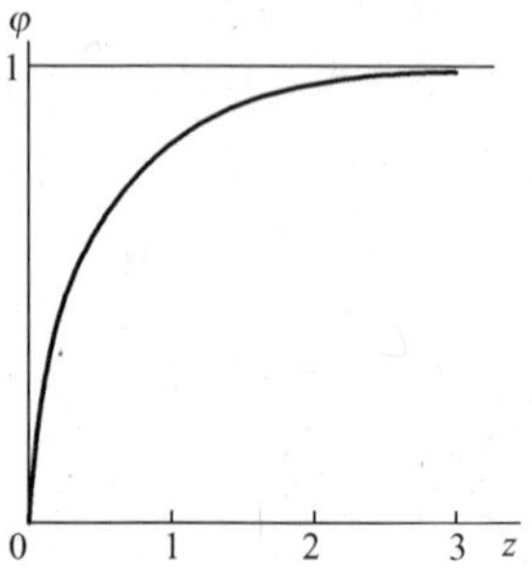

图 3.11 φ 与 z 的相关性

据此,式(3.107)可以写成 $\varphi(z)=\varphi(2\gamma\widetilde{Y})\approx 0.25$。根据图 3.11,有 $z=2\widetilde{Y}\approx 0.05$。假设 $\rho D\approx 0.001\mathrm{g/(cm\cdot s)}$,$m\approx 0.5\mathrm{g(cm^2\cdot s)}$,可得 $2L\approx 5\cdot 10^{-5}\mathrm{cm}=0.5\mu\mathrm{m}$。由于在文献[18]的实验中黏合剂层宽度 $2L$ 不超过 $10\mu\mathrm{m}$,可知在实际的层压样品燃烧过程中,遵循表达式 $\widetilde{X}>\widetilde{Y}$,$X>L$,即表示氧化剂表面上方达到了化学计量比。根据图 3.11 中的曲线可知,对于起始 $\widetilde{X}_0\to\infty$,可以通过迭代法计算式(3.107):

$$\phi(\widetilde{X}_{i+1}-\widetilde{Y})=\phi(\widetilde{X}_i-\widetilde{Y})-2(1-\alpha_{st})\tag{3.109}$$

初始近似值为

$$\phi(\widetilde{X}_{i+1}-\widetilde{Y})=\phi(\widetilde{X}_i-\widetilde{Y})-2(1-\alpha_{st})\tag{3.110}$$

其中常数值由 α_{st} 而不是 L 决定。

因此,式(3.110)未表现出 $(X-L)$ 与 L 的相关性,而这一点与实验结果是吻合的。确实,在文献[18]实验中,黏合剂层尺寸 $2L$ 具有很宽的变化范围,氧化剂的最高燃速近似在距离黏合剂—氧化剂界面一定距离处出现,用低燃速氧化剂调整界面处的燃烧,可以获得较为“光滑”的燃烧表面形貌,关于低燃速的解释[18]为:不考虑气相中的扩散热过程的影响,由于燃烧中的气体对流的影响使

得氧化剂表面冷却，使得接近黏合剂—氧化剂界面处氧化剂分解气体被燃料分解产物明显稀释而使燃速下降。

事实上在表面 $\beta=0$ 时，组分的浓度达到化学计量比但是浓度不为零（扩散火焰的特征），只有在距离推进剂一定“动力学”高度处浓度才为 0。因此，随着 $\beta=0$ 表面积减小，其“扩散”部分会先于整个 $\beta=0$ 表面消失，见图 3.12。

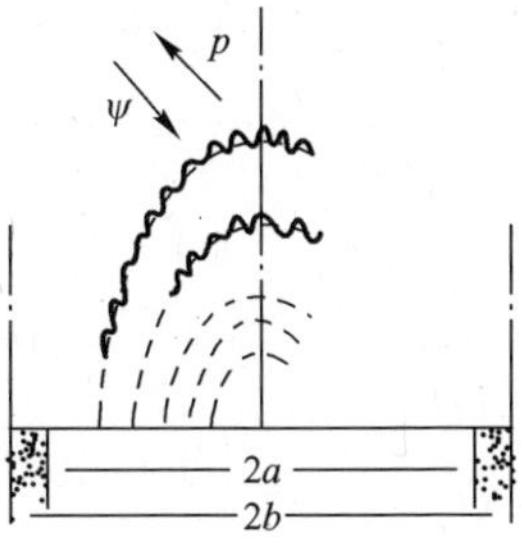

图 3.12　边界条件计算的扩散火焰结构

进一步考虑解决固体推进剂 Burke – Schumann 问题的某些结果。如果在之前描述的具有薄黏合剂中间层[18]的层压样品燃烧实验中，AP 的燃烧事实上不是由于黏合剂的熔融使燃速降低，而是由于气相中过多的裂解产物造成的，AP 表面轮廓的缩小必然导致这一位置上方的气相火焰中，各种成分达到了化学计量比。

在这种条件下，压强的特征值 $p=p_1$，即随压强增大 AP 轮廓消失的最小值，包含有利于确定燃烧模型中常数的信息，因此，与方程（3.94）类似，可以得到

$$Q_{\text{stoich}}\exp(-\xi^*_{\text{stoich}})=Q_{\text{AP}}\exp(-\xi^*_{\text{AP}}),p=p_1 \tag{3.111}$$

式中，$\xi^*=cmx^*/\lambda$。式（3.37）和式（3.38）的比用来计算 x^*。

利用式（3.111），可选择适当的常数。此外，从相关 AP 熄火的表面轮廓最小值也可以获取有关扩散系数的信息。

因此，尽管 Burke – Schumann 问题的解过于简化，但是还是值得的，其结果使在 $\beta=0$ 表面的参数 ψ 和 Φ 均获得了较高的值，此时达到了组分的化学计量比。这一结论是基于固体推进剂表面的边界条件，即使将非均相“流体动力学”问题考虑进去，那么在相同条件下也不会改变计算结果，这是由于火焰中释放的热量以及沿着推进剂表面的气体质量流率的变化造成的。

3.5　表面温度或组分燃速不同的非均相体系

3.5.1　非均匀表面温度的影响

根据建立的实验方法不同，氧化剂和黏合剂具有不同的表面温度。文献［23］在辐射加热状态下研究了 7 种不同黏合剂的裂解，同时监测了表面温度并通过录像的方式获得了其燃烧速度，实验结果见表 3.2。从燃烧录影中表现出典型的固体推进剂燃烧的形式，黏合剂表面呈现为液相，包含结焦的结构，结焦部分数量随压强增加而增多，这与 AP 的表现是相同的。关于热裂解规律 $m=$

$A\exp(-E/RT_s)$的低 E 值(见表3.2),文献[23]作者总结出聚合物的沸腾和降解都发生在弱键处。

表3.2 典型黏合剂的物化参数

黏合剂	$A/(g/cm^2s)$	$E/(kJ/mol)$	$Q/(J/g)$	$M/(g/mol)$	$(ox/f)_{stoich}$	T_F/K	$\rho_f/(g/cm^3)$
CTPB	12.8	44	1595	18.5	9.5	1437	0.92
HTPB	299	70.7	1810	18.7	9.3	1451	0.92
PU	49.4	42.7	1090	20.8	6/2	1787	1.01
PBAN	270	70.0	2360	18.9	9.0	1430	0.93
PS	5.6	36.4	2260	26.2	4.9	2545	1.27
HTPB, saturat	7.3	37.6	3180	18.7	9.3	1446	0.91
Fluoro Hydro carbon	2.6	71.1	4200	28.5	1.5	2265	0.60

注:A 为裂解质量流率,E 为活化能,Q 为分解热,M 为分解产物的摩尔质量,$(ox/f)_{stoich}$为以 AP 为氧化剂的氧燃比计算值,T_F为 AP/黏合剂比为 70/30 的推进剂火焰温度计算值

3.3.5 节中提及的"改进后的模型"[16]中,考虑了氧化剂和黏合剂的燃烧表面温度不同,注意到在没有考虑凝聚相中二者的热交换时利用其热平衡(在 BDP 型模型中对推进剂表面反馈热进行取平均值)而产生的矛盾。这一矛盾只能通过对更多关于固体推进剂表面的细节过程进行测试而避免。如果可以忽略推进剂在表面的液体黏合剂的铺展,那么就可以不需考虑固体推进剂表面的非均匀性(粗糙度),注意到文献[16]中就没有考虑燃烧表面的粗糙度,这是因为在之前文献[23]中指出燃烧表面的粗糙程度对燃速的估算值影响非常小,然而在"双温度模型"[30,31]中(也可见文献[1])就考虑了燃烧表面的粗糙程度。

固体推进剂的燃烧行为实质上取决于黏合剂层以下 AP 的热分解产物如何释放:不论是形成泡状还是孔状,亦或只是简单的黏合剂断面,黏合剂都直接位于被点燃的 AP 晶体上方,并飞入气相,文献[32,33]中指出:在聚丁二烯和硝胺(其 T_s比 AP 的要低得多)组成的固体推进剂燃烧过程中,黏合剂碎片以丝带的形式飞入气相。

有人可能也分析了相反的情况(以含能黏合剂为基的固体推进剂),即当黏合剂的表面温度比氧化剂的低时($T_{sf}<T_s$),UTD 模型中必须考虑氧化剂颗粒喷射入气相的情况。

喷出的 AP 晶体尺寸可以估算。如果将固体推进剂燃烧表面的 AP 颗粒视

为胶体溶液状，那么由于晶体下的黏合剂汽化就使得键合剂与 AP 不接触。对于过多的大颗粒 AP，可以忽略其表面是个曲面而将燃烧着的晶体表面视为等温的平面，那么在到达颗粒的后边界时，黏合剂在距离晶体燃烧方向上 h 厚度处的汽化温度 T_{sf} 为

$$h \approx (\kappa/u)\ln[(T_s - T_0)/(T_{sf} - T)] \tag{3.112}$$

式中，κ，u 和 T_s 分别为热扩散系数、线性燃速和 AP 晶体燃烧表面温度。派生出的式(3.112)没有考虑 AP 与黏合剂界面处的热导率变化。AP 实际的燃烧温度分布曲线，比根据 Michelson 公式，且利用式(3.112)推导的计算值更加宽。

喷射出的球形碎片的等效直径为 $D=(6w/\pi)^{1/3}$，其中 $w=(\pi h^2/3)[(3/2)D_0-h]$ 为碎片的体积，D_0 为 AP 晶体的初始尺寸。

最后，对于喷射出的颗粒直径有

$$D_d = [h2(3D_0 - 2h)]^{1/3}$$

式中，h 为根据已知的 u、T_s、T_{sf} 值通过方程(3.112)计算出的值。

我们设计了试验，可以通过微型摄像机记录实验过程中由典型推进剂样品燃烧表面喷射出的 AP 尺寸变化过程，就像黏合剂一样，对于高聚物同样应用了已知关系式 $T_{sf} \approx$ 常数 1ln(常数 $2/p$)，样品由单分散的 AP 粉末制备而成，其平均粒径为 200 ~ 750μm，燃烧实验在 1atm 和 33atm 下进行。

根据文献[34]中的公式，计算得到 AP 的表面温度为

$$T_{AP} = \left[835^{-1} - \frac{R}{30 \times 10^3}\ln\frac{u}{0.3}\right]^{-1}(\mathrm{K})\,[u] = \mathrm{cm/s}$$

计算 T_s 时的 u 等于推进剂样品的线性燃速 u_1，还采用了实验所得的 $u_1(p)$ 关系式，在所有条件下计算得到的 D_d 值与实验值的偏差不超过 30%。

3.5.2 “接力赛跑”型模型

如果有证据证明氧化剂的燃速已知或与黏合剂燃速有较大差别（例如含过量的 AP 粗颗粒或硝胺可能会像单元推进剂一样燃烧），那么对于推进剂燃速的计算可以通过对时间的平均值而简单求得。回到“照相”概念，可以说对推进剂表面参数的平均值（UTD 模型的特征）可以通过分析一张燃烧表面瞬间的照片（King 过程：单个颗粒行为的照片）验证，然而对时间的平均值就得通过分析足够长的尺寸为 D_0 量级的推进剂燃烧表面区域的影片而获得。

在文献[35]中，Beckstead 通过“连续”项标出了这个过程，表明了氧化剂颗粒一个接一个地落入观察者的视野。相对于“类似”方法，该法同时记录了对整个表面进行平均时的所有颗粒。我们将这样对一段时间内取平均值的模型称为“接力赛跑”模型。

Bakhman 和 Belyayev[1] 首次提出这一方法,他们认为平均线性燃速是一个确定的特征距离与燃烧表面通过这一距离所需时间的比值,文献[1]中这段距离为氧化剂颗粒的直径 D_0 与相邻黏合剂的厚度 d_f 之和。如果氧化剂和黏合剂的平均燃速分别等于 u_0 和 u_f,那么推进剂燃烧的平均速度可通过如下公式求出:

$$u=\frac{D_0+d_f}{(D_0/u_0)+(d_f/u_f)} \tag{3.113}$$

如果相关的氧化剂具有较高燃速,即 $u_0 \gg u_f$,那么可得

$$u \approx u_f(1+D_0/d_f) \tag{3.114}$$

例如,推进剂的燃速由燃烧较慢的黏合剂决定,文献[1]中提出了相反的情况,即当

$$(D_0/u_0) \gg (d_f/u_f), \quad u \approx u_0(1+d_f/D_0) \tag{3.115}$$

由式(3.115)可以看出,如果假设 $u=u_{ox}$,那么该模型就符合 BDP 模型。

对于以 AP 和其他含能物(可自持燃烧)为基推进剂燃烧的“接力赛跑”过程,Kubota 和 Masamoto[36] 认为黏合剂的燃烧过程为控速步骤,他们提出了类似于式(3.113)的关系式:

$$1/u=(\zeta'/u_{AP})+(1-\zeta')/u_f \tag{3.116}$$

式中,ζ' 为以 u_{AP} 为速度燃烧的推进剂的体积分数。假设不仅 AP 以此速度进行燃烧,部分的黏合剂也以此速度燃烧,即每个 AP 晶体周围厚度为 η 的黏合剂层,不考虑该厚度与 AP 颗粒尺寸 D_0 的相关性。

如果 ζ 为 AP 的体积分数,n 为单位体积推进剂内所含 AP 颗粒数,那么对于 ζ' 有

$$\zeta'=(\pi/6)(D_0+2\eta)^3 n=(\pi n D_0^3/6)(1+2\eta/D_0)^3=\zeta(1+2\eta/D_0)^3 \tag{3.117}$$

计算 u_{AP} 时采用了经验式:

$$u_{AP}=0.38p^{0.45}/D_0^{0.15} \tag{3.118}$$

式中,$[u]=\text{cm/s}$;$[p]=\text{atm}$;$[D_0]=\mu\text{m}$,其余 AP 颗粒周围层以外部分的黏合剂燃速等于单元推进剂的燃速(见 3.2.1 节)。

文献[21,35]在“接力赛跑”模型基础上试图考虑更多组分之间的相互作用。如同 Bakhman 和 Belyayev[1] 的模型一样,考察了位于氧化剂和黏合剂不同截面上在连续时间间隔内沿燃烧表面法线方向的燃烧行为(见图 3.13)。假设真实情况下火焰是沿

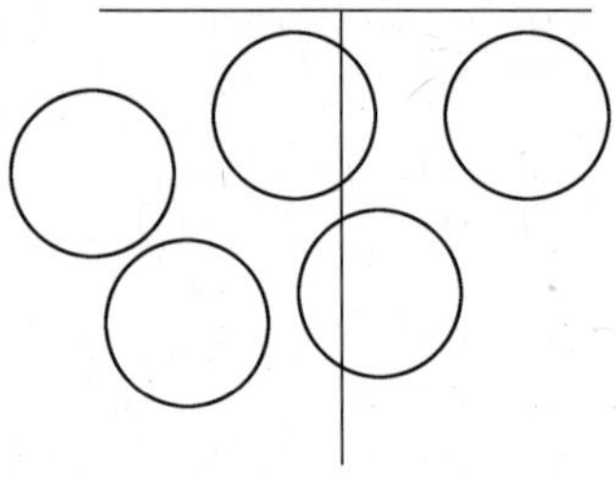

图 3.13 “接力赛跑”模型中的平均法

着该方向传播，仅有轻微的偏离，按时间平均获得的燃速足够长，那么对比粒径为 D_0 的 AP 颗粒，样品的燃速可用下式计算：

$$u = \frac{x}{t} = \frac{x}{N[t_{\text{ign}} + (D/u_0) + (f/u_{\text{f}} + (1-f)/u_{\text{f}}^{*})d]} \tag{3.119}$$

式中，N 为穿过法线方向的 AP 颗粒数量；D 为交叉点的平均尺寸；d 为黏合剂横截面与法线相交的平均尺寸；t_{ign} 为颗粒点火的时间；u_0 为颗粒的燃烧速度；f 为在“初始火焰”中燃烧的黏合剂质量分数；u_{f} 为黏合剂燃尽的速度，u_{f}^{*} 为其余黏合剂热裂解的速度。

由于颗粒随机分布在固体推进剂基体中，沿直线上的组分比例与整体推进剂中的组分比例相同，因此有

$$DN/x = \zeta, \quad Nd/x = 1 - \zeta \tag{3.120}$$

式中，ζ 为氧化剂的体积分数。那么式(3.199)可以写成

$$1/u = t_{\text{ign}}(\zeta/D) + (\zeta/u_0) + (1-\zeta)(f/u_{\text{f}} + (1-f)/u_{\text{f}}^{*}) \tag{3.121}$$

对于式(3.121)中的与法线相交的颗粒平均尺寸 D，在文献[35]中根据 Hermance 模型[12]，其值为 $D = D_0\sqrt{2/3}$。对于 AP 颗粒的点火时间，可由下式计算：

$$t_{\text{ign}} = 4.32\frac{C}{cm^{0.7}}D_0^{1.7}/u_0 \tag{3.122}$$

这个表达式是通过处理 AP 的实验数据[37]得出的，但在文献[35,21]中也被用来计算奥克托今点火时间，其中

$$C = (E_{\text{s}}/E_{\text{ref}})(T_{\text{melt}} - T_0)/(T_{\text{ref}} - T_0) \tag{3.123}$$

式中，E_{s} 为表面反应的活化能；T_{melt} 为氧化剂的熔点；E_{ref} 和 T_{ref} 均为常数。对于“初始火焰”以外部分的黏合剂裂解速度 u_{f}^{*}，Strahle[38]提出了以下关系式：

$$u_f^{*} \approx u\exp(-u_{\text{f}}d/2\kappa) \tag{3.124}$$

式中，κ 为凝聚相的热扩散系数。对于式(3.121)中的 u_0 和 u_{f}，在双温度“改进模型”[16]中分别被写入热平衡表达式中。

根据裂解规律表达式和热平衡方程，氧化剂的燃速只取决于其本身，方程可写成

$$c(T_{\text{s}} - T_0) = -Q_{\text{L}} + \beta_{\text{p}}\beta_{\text{F}}(1 + (f/ox)_{\text{stoich}})Q_{\text{PF}}\exp(-\xi_{\text{PF}}) + (1-\beta_{\text{F}})Q_{\text{ox}}\exp(\xi_{\text{ox}}) \tag{3.125}$$

式中，T_{s} 为氧化剂燃烧表面温度；Q_{L} 为气化热效应。等式右边第二项代表来自于“初始火焰”的反馈热；β_{p} 代表由初始火焰到燃烧表面传递给氧化剂的热量部分。

正如文献[19]中报道的关于之前 Beckstead 的研究，无论质量比 (f/ox) 大于

还是小于化学计量比，对于 β_p 值均为 1/3 或 2/3。根据 Burke - Schumann 解法，扩散火焰分别趋向于燃料或者氧化剂，在“初始火焰”中燃烧的氧化剂的质量分数 β_F 可通过初始的 BDP 模型进行几何计算。如果 m_{ox} 为来自于氧化剂的总质量流率，那么 $m_{ox}\beta_F[1+(f/ox)_{stoich}]$ 为在初始火焰中燃尽的反应物的质量流率。而 $\zeta_{PF}=x_{PF}^{*}cm_{ox}/\lambda$ 可通过初始 BDP 模型进行计算[式(3.36) - 式(3.38)]。根据 Burke - Schumann 解法得出的数学计算结果，提出了氧化剂和黏合剂上方火焰的“扩散”高度表达式(3.103)和式(3.104)。式(3.125)中的最后一项表示的是来自于氧化剂自身火焰的反馈热(见第 1 章和 3.3.2 节)。而最终火焰的反馈热没有考虑进去，且氧化剂的表面被视为是平面。

初始火焰下的黏合剂燃尽的速度 u_f 可以通过式(3.88)和热平衡方程得出：

$$c(T_{st}-T_0)=-fQ_L+(1-\beta_p)\cdot f[1+(f/ox)_{stoich}]^{-1}\cdot Q_{PF}\exp(-\xi_{PF}) \tag{3.126}$$

等式右侧第一项代表了黏合剂气化时的热损失，第二项代表由初始火焰反馈给黏合剂的热量，其中 f 的“半经验”表达式为

$$f=1.2f_F(T_0/298)\exp(-\xi_{PF}) \tag{3.127}$$

式中，f_F 为为了与氧化剂在初始火焰中发生化学计量反应所需的黏合剂质量分数。

根据提出的模型计算了以 HMX 和 HTPB 黏合剂为基的推进剂。黏合剂是惰性的，因此对热有一定抵抗性；而奥克托今则具有低熔点和较高的燃速，这种情况下很适合使用“接力赛跑”模型进行计算，文献[35,21]中报道的计算值与文献[33,34]中给出的实验值吻合得很好。

文献[39]研究了自持燃烧的黏合剂分别与惰性和活性的填料混合后的燃烧机理，提出了统一的数学模型用来描述整个体系的燃速，该燃速通过黏合剂的燃速 u_b^* 进行改进。

$$U=u_b^*f(\alpha)$$

式中，α 为混合物中填料的体积浓度。函数 $f(\alpha)$ 反映出凝聚相中燃烧前锋通过黏合剂在填料颗粒间传播轨道的曲率和长度。u_b^* 的值与燃烧表面黏合剂自身的曲率有关。根据文献[39]中分析，至少对于 $\alpha<70\%$ 的实验数据来说 $f(\alpha)=1$。对于高含量填料的情况，$f(\alpha)=\omega/L<1$（其中 ω 为燃烧层的厚度，L 为燃烧前锋经过的真实曲线距离）。文献[39]通过选择适当的点火延迟，成功地计算出了不同填料接近实验值的 u。

3.5.3 关于“接力赛跑”模型的几点讨论

比较一下 3.4 节和 3.5 节中的内容。“接力赛跑”模型中“连续法”(对时间进行平均)在形式上不像(对燃烧表面取平均)的“平行法”那样具有明显的优

点。“平行法”中认为真实的黏合剂任意一处表面都不是平的；而在“连续法”中关于燃烧表面的函数与样品横截面函数是不同的，误差接近同一数量级，而该量级无法简单估量。然而，对于挥发性的黏合剂或者快速燃烧的填料，或者尺寸较大的填料颗粒而言，更适合用“连续法”进行平均计算。比如，对于快速燃烧的氧化剂，用“接力赛跑”模型预测[式(3.114)]出随着参数的微小变化，固体推进剂的常规燃速以与按黏合剂燃尽的速度呈一定比例进行变化；而“小聚集”模型预测的结果正好相反，即决定燃速的是燃烧最快的成分。造成这一矛盾的原因是根据“小聚集”模型，由于组分的燃速具有很大的不同使许多“空穴”产生(见 3.3.6 节)，从而降低了该模型的合理性。

尽管现在“接力赛跑”模型已经做了改进，然而还是与“完美”差距甚远。事实上，以上列举的多数情况都适合应用连续模型。同时，连续模型也有助于体现因为表面弯曲以及气体动力学非均一特性而造成的影响。而气体动力学影响主要是由于成分各自不同的质量燃速造成的，即使是在推进剂的燃烧平面上。如果流动的气体呈现非常强的非均一性，那么来自气相的热反馈特性会发生改变，正像 BDP 型模型中假设的那样。事实上，已经补充了对流产生的热传递。对于粗填料($D_0 \geqslant \kappa/u$)，在凝聚相中也同样观察到了其燃烧过程的非均一性特征：温度的非均匀性难以导致平衡，而通过平均推进剂表面的热流量达到热平衡又远离了正确的物理平均值。

事实上热交换并不能使凝聚相温度达到均匀水平，不仅包括各组分之间(针对该情形在文献[21]中考虑了将氧化剂和黏合剂的热平衡分开计算)的热交换，还包括大 AP 颗粒的中心和周围部分之间的热交换。显然，对于足够粗的颗粒($D_0 \gg \kappa/u$)，采用类似文献[18]中层压样品的实验数据代替 BDP 型模型中原来整个颗粒的平均质量燃速，可以获得氧化剂颗粒外层燃尽的速度。值得注意的是，对于填料颗粒(AP 或胺铵)外层燃速的计算不仅有助于获得这类颗粒总的质量流速或平均燃速 u_0，也有助于计算黏合剂燃尽的速度，因为黏合剂的燃速是受填料颗粒燃烧速度影响的。在文献[21]的连续模型中，关于 t_{ign} 的表达式(3.122)和式(3.123)可以通过 Shannon 和 Peterson[37] 做的 AP 层压样品燃烧过程的实验数据获得，实验结果中虽然不包括样品层压时压强 p_{comp} 对 t_{ign} 的影响规律数据，但是可以证明当 $p_{comp} \to \infty$ 时，样品像单晶一样燃烧，而当 $p_{comp} \to 0$ 时(自由装填)时，可能形成对流燃烧。进而，除了本身固有的性能之外，推进剂中 AP 颗粒的点火时间至少也会受到黏合剂的热物理参数的影响。

就文献[1]模型而言，需要注意关系式(3.115)有限的适用范围，只对(D_0/u_0)$\gg$(d_f/u_f)的情形适用。其实对于单分散的推进剂而言，由于纯几何原因，不

等式 $D_0/d_f > 1$ 可能不太合理,因此当 $u_f \geqslant u_0$ 时,$(D_0/u_0) \gg (d_f/u_f)$。然而,如果黏合剂的燃速是氧化剂的2倍,应用连续(接力赛跑)方法就会导致错误,这是由于沿着快速燃烧的黏合剂,周围未燃烧的氧化剂会喷射出进入气相。因此,式(3.115)实际上更适用于 $u \approx u_0$ 的情形,而在BDP模型中其应用会限制在 $u_f \sim u_0$ 这样很窄的范围。

以下总结关于"接力赛跑"模型方法[21]的几个要点:

(1) 式(3.121)中关于氧化剂颗粒沿燃烧表面法线方向的横截面积,其平均尺寸描述为 $D = D_0\ (2/3)^{0.5}$,该表达式在此处是不适用的。在图3.13中直线横穿一些颗粒,而这些颗粒的中心位于以直线为轴、直径为 D_0 的圆柱中。圆柱的体积为 $V = \pi x D_0^2/4$,而颗粒的浓度为 $n = \zeta/(\pi D_0^3/6)$,那么圆柱中的颗粒数为 $N = Vn = 3\zeta x/2D_0$,将该表达式与(3.120)相等,则有 $D = (2/3)D_0$。

(2) 关于"初始火焰"外黏合剂热解速度的表达式(3.124),$u_f^* \sim u\exp(-u_f d/2\kappa)$ 没有明确的物理意义,只是作为 $u_f^*(d)$ 的非线性关系被引入,文献[38]中作一示例而进行简单介绍。

(3) 最后,通过对比热平衡方程(3.125)与方程(3.126)中关于描述放出热量的项,同时考虑到 Q_{PF} 由反应混合物的质量单位确定,故可以总结出在初始火焰中反应的黏合剂的比例 f 若为化学计量比,则这与式(3.127)中的 f 不相符合。

3.5.4 填料带来的热损失

对于以可维持自身燃烧的含能黏合剂为基体(也可以是惰性粘合剂+超细氧化剂)的推进剂,研究其燃烧行为时发现,粗颗粒填料(如氧化剂、金属等)即使在距离燃烧表面很远的地方,只要达到足够高的温度,也可有效参与化学变化。同时,在穿过黏合剂层的火焰前峰附近,温度相对较低的非均相混合物可使局部热量扩散,燃速降低。

在测试含粗粒径化合物体系前,很容易就会想到另一个极端情况,即超细的惰性颗粒会使该体系变为准均相。如果 T_* 为燃速控制区的温度,那么加热惰性组分所需的热量等于 $\Delta Q = c_{add}Y(T_* - T_0)$,其中 Y 为惰性组分的质量分数,c_{add} 为比热容。从物理角度考虑,ΔQ 对燃速的影响等同于降低[39]初始温度 ΔT_0,即

$$c_{add}Y(T_* - T_0) = c\Delta T_0 \tag{3.128}$$

式中,c 为体系的平均比热容。此外,由实验结果可知,如果考虑空白体系(无添加剂)的燃速温度系数 $\beta = \partial \ln u/\partial T_0$,那么全配方体系与空白体系燃速的比值可以近似写成

$$z = u/u_0 \approx 1 - \beta\Delta T_0 = 1 - \gamma Y, \gamma = (c_{\mathrm{add}}/c)(T_* - T_0) \qquad (3.129)$$

根据预估结果,对于含典型 AP 为基的推进剂,γ 都接近同一个值。对于含有粗颗粒的推进剂,对初始温度的降低程度要比含细颗粒的小,这是由于黏合剂层与粗颗粒之间的热交换效率要比细颗粒低。因此,对于 z 提出了新的表达式:

$$z = 1 - \beta\Delta T$$

式中,$\Delta T = \Delta T_0[1 - \exp(-b\kappa\tau/L^2)]$

式中,b 为常数,与热交换条件有关;κ 为黏合剂的热扩散系数;L 为黏合剂层厚度的 1/2;$\tau = d/u_0$,d 代表颗粒直径,u_0 为空白体系的燃速。基于几何学考虑,L 的值可以大致预估为 $L = d(\kappa\xi^{1/3} - 1)$,其中 ξ 为颗粒组分的体积分数,κ 为数量级常数。联立以上表达式,可以用来处理试验中变化的燃速数据:

$$\ln[1 - (1 - z)/\gamma Y] = -b\kappa/u_0 d(\kappa\xi^{1/3} - 1)^2 \qquad (3.130)$$

在常压下得到的试验结果可通过式(3.130)进行处理。由粒径小于 10μm 的 AP、橡胶和 8% 的催化剂组成的均相体系可以作为快燃黏合剂,其燃速为 7mm/s,其试验结果与式(3.130)有非常好的符合性,因此,上述的观点具有很好的“可适用性”。其实对于所有的添加剂,在快燃黏合剂体系中都会降低燃速,这是由于在燃烧区域的热量有一部分被用来加热颗粒材料了。

上述方法中,如果用真实燃速 u 代替 $\tau = d/u_0$ 中的 u_0 进行计算可以用来预估体系的燃烧极限。事实上,如果采用简化的关系式 $u/u_0 \approx \exp(-B\kappa\tau/L^2)$,其中 $\tau = d/u$,来求解 z,那么可以得出火焰熄灭的条件为 $z^* = e^{-1}$(这与文献[40]中的实验数据 $z^* = 0.3$ 相符)。此外,计算燃速时有必要考虑颗粒内部的温度分布及其热物理参数的影响。

总结本节内容,需要注意的是在应用“接力赛跑”模型时,必须要完全证实该模型能否在推进剂有限的参数范围内应用。文献[41]中的实验结果已经表明,不同类型、不同粒径和含量的硝胺(RDX、HMX、CL-20)颗粒的燃烧机理有所不同,这些硝胺可以沿着黏合剂层进行燃烧,也可在全配方体系中燃烧或者在含有冷却作用添加剂的体系中燃烧。

参考文献

1. N. N. Bakhman, A. F. Belyayev. Combustion of heterogeneous condensed systems // Moscow, Nauka, 1967.

2. E. Cohen-Nir. Combustion Characteristics of Advanced Nitramine- Based Propellants // Proceed. 18th Symp. (Intern.) on Combustion., 1981. - pp. 195-206.

3. N. Kubota. Combustion Mechanisms of Nitramine Composite Propellants // 18th Symp. (Intern.) on Combustion., 1981. - pp. 187 - 194.

4. N. Kubota, T. Masamoto. Flame Structures and Burning Rate Characteristics of CMDB Propellants // 16th Symp. (Intern.) on Combustion. 1976. - pp. 1201-1210.

5. N. Kubota, T.J. Ohlemiller, L.H. Caneny, M. Summerfield. The mechanism of super-rate burning of catalyzed double base propellants // 15th Symp. (Intern.) on Combustion, 1975. - pp. 529-540.

6. V. A. Strunin, G. B. Manelis. Mechanism of the combustion of mixed solid fuels // Combustion, Explosion, and Shock Waves, 1979. - Vol.15, No .5. – pp. 574-582.

7. Ya. B. Zeldovich. To the theory of the combustion of powders and explosives // Journal of Experimental and Theoretical Physics (Russian), 1942. - Vol.12. - pp. 498. See also in the book: Theory of the combustion of propellants and explosives. M.: Nauka, 1982. - pp. 49-86.

8. V. A. Strunin, A. N. Firsov, K. G. Shkadinskiy, G. B. Manelis. Stationary combustion of decomposing and evaporating condensed substances // Combustion, Explosion, and Shock Waves, 1977.-Vol.1, No.1. - pp.3-9.

9. V. A. Strunin, A. P. D'yakov, G. B. Manelis. Influence of disperseness of components on combustion characteristics of a mixed composition // Combustion, Explosion, and Shock Waves, 1981. - Vol. 17, No.1. - pp. 14-17.

10. B. I. Khaykin, E. N. Rumanov. Exothermic reaction regimes in a one-dimensional flow // Combustion, Explosion, and Shock Waves, 1975. - Vol. 11, No. 5. -pp. 573-578.

11. I. Aoki, N. Kubota. Structure of the combustion zone of high and low-energy double base solid propellant // Express-information: Astronautics and rocket dynamics, Moscow, 1981. - Vol. 38, ref. 123.

12. C. E. Hermance. A model of composite propellant combustion including surface heterogeneity and heat generation // AIAA Journal, 1966. - Vol. 4, No. 9. - pp. 1629-1637.

13. M. W. Beckstead, R. L. Derr, C. F. Price. A model of composite solid-propellant combustion based on multiple flames // AIAA Journal, 1970. - Vol. 8, No. 12. - pp. 2200-2207.

14. R.L. Click, J. A. Condon. Statistical Analysis of Polydisperse, Heterogeneous Propellants Combustion: Steady State // 13th JANNAF Comb. Meet, CPIA 281, Vol. 11. -pp. 313- 345.

15. M. K. King. Model for Steady State Combustion of Unimodal Composite Solid Propellants // -AIAA Paper. 78 - 216.

16. N. S. Cohen, L. D. Strand. An improved model for the combustion of AP composite propellants // AIAA Paper 81-1553. See also AIAA Journal, 1982. - Vol. 20, No. 12. -pp. 1739-1746.

17. T. L. Boggs, R. L. Derr, M. W. Beckstead. The surface structure of ammonium perchlorate composite propellants // AIAA Journal, 1970. - Vol. 8, No. 2. - pp. 370-372.

18. E. W. Price, J. C. Handley, R. R. Panyam, et al., Combustion of Ammonium Perchlorate – Polymer Sandwiches // AIAA Journal, 1981. - Vol.19, No. 3. - pp. 380-386.

19. N. S. Cohen. Review of composite propellant burn rate modeling // AIAA Journal, 1980. - Vol.18, No 3. - pp. 277-293.

20. C. Guirao, F.A. Williams. A Model for Ammonium Perchlorate Deflagration between 20 – 100 atm // AIAA Journal, 1971. - Vol. 9, No. 7. - pp. 1345-1356.

21. M.W. Beckstead. A Model for Solid Propellant Combustion // 18th Symposium (International) on Combustion., 1981. - pp. 175 - 187.

22. J. Powling. Experiments Relating to the Combustion of Ammonium Perchlorate - Based Propellants // 11th Intern. Combustion Symp. 1967. - pp. 447.

23. N. S. Cohen, R. V. Fleming, R. Derr. Role of binders in solid propellant combustion // AIAA Journal, 1974. - Vol. 12, No 2. - pp. 212-218.

24. R. H. W. Waesche, J. Wenograd. The Effects of Pressure and Additives on the Kinetics of Decomposition of Ammonium Perchlorate // Western States Section/Combustion Inst. Preprint No. 67-8, San Diego, April 1967, see also AIAA Paper 69-145.

25. N. N. Bakhman. The limiting cases of combustion of mixture systems // Reports of the AS USSR, 1959. - Vol. 129. - pp. 1079-1081

26. N. N. Bakhman. Survey of the models for the layer systems combustion // In: Rocket propellants. Ed. by Ya. M Paushkin and A. Z. Chulkov. Moscow: Mir, 1975. - pp. 57-73 (R).

27. Burke S. P., Schumann T. F W. Diffusion Flames // Proceed. I - II International Symposium on Combustion, 1965. - pp. 2- 11.

28. F. A Williams. Combustion theory. The fundamental theory of chemically reacting flow systems. Second edition. The Benjamin / Cummings Publishing Company, Inc. 1985.

29. L. K. Gusachenko. Use of the Burke-Schumann diffusion flame solution for description of combustion of solids // Combustion, Explosion, and Shock Waves, 1985. - Vol.21, No. 2. -pp.166-170. *See also* L. K. Gusachenko. The effect of diffusion-thermal washing off of inhomogeneities in gas phase of heterogeneous condensed systems // Proceedings of Workshop on the Gas Flame Structure (1986), Part I, Ed. V.K. Baev, Novosibirsk, 1988. - pp.121-127 (R).

30. R. Schultz, L.Green, S.S. Penner. Studies of the Decomposition Mechanism. Erosive Burning. Sonance and Resonance for Solid Composite Propellants // III AGARD Colloquim , 1058, - pp.367.

31. W. Nachbar, G. B. Gline. The Effect of Particle Size and Nonstoichiometric Composition on the Burning Rates of Composite Solid Propellants // V AGARD Colloquium, p.551.

32. M. W. Beckstead, K. P. McCarty. Modeling calculations for HMX composite propellants // AIAA Journal, 1982. - Vol. 20, No 1. - pp. 106-115.

33. McCarty K. P. lsom K. B., Jacox J.I. Effect of Formulation Variables on HMX Propellant Combustion // 15th JANNAF Combustion Meeting, Vol. 2, CPIA, 297, 1979. - pp. 11-12. See also K. P. McCarty, M. W. Beckstead, K. B. Isom, J. I. Jacox. RDX propellant combustion // 16th JANNAF Meeting, CPIA, 308. 1979. - Vol.3, -pp. 269-288.

34. G. Lengelle, G. Brulard, H. Monted. Combustion Mechanisms of Composite Solid Propellants // 16th Symp. (Intern.) on Combustion, 1976. - pp. 1257-1269.

35. M. W. Beckstead. A Model for Composite Modified Double Base Propellants // 1982.-AIAA Paper. 82-0355.

36. N. Kubota, T. Masamoto. Flame Structures and Burning Rate Characteristics of CMDB Propellants // Proceed. 16th Symp. (Intern.) on Combustion, 1976. - pp.1201-1210.

37. L. I. Shannon, Ye. Petersen. Characteristic of the combustion of samples made from ammonium perchlorate//AIAA Journal, 1964.-No.1.

38. V. K. Shtrale. Some statistical considerations in the burning of

composite solid propellants // AIAA Journal, 1978. - Vol. 16, No. 8. - pp. 843-847.

39. S.A. Rashkovskii, Yu.M. Milekhin, A.N. Klyuchnikov, Fedorychev A.V. Combustion mechanism of mixtures of binders capable of self-sustained combustion with inert and active fillers // Combustion, Explosion, and Shock Waves. 2012. - Vol 48. № 2. - pp. 177-190.

40. S. S. Novikov, V. Yu. Potulov, S. V. Chuiko. On interaction of the combustion front of the condensed system with heterogeneous inclusions // Combustion of Condensed Systems, Chernogolovka, 1977. - pp. 56-58.

41. V.P. Sinditskii, V.Yu. Egorshev, M.V. Berezin, et al. Combustion Mechanism of Nitro Ester Binders with Nitramines // Combustion, Explosion, and Shock Waves. 2012. - Vol. 48. № 2. - pp. 163-176.

第 4 章　多组分分散的非均质体系的稳态燃烧

多组分分散体系通常包含不同粒径的填料，建立多分散体系的固体推进剂燃烧模型有两个重要的原因：①现实中不存在单分散组分，填料通常是或宽或窄粒度分布；②（也是主要的）在实际应用中，为了推进剂获得更高的比冲，通常要使燃料与氧化剂达到最佳的化学计量比。

世界上众多研究燃烧的专家热衷于建立描述燃速与氧化剂粒径之间关系的燃烧模型，在最初 Summerfield、Bakhman、Belyayev 及其他研究者的研究工作中，将假定一定粒度的单分散填料用分派的方法建立模型，这个方法能够合理准确地解释燃速与氧化剂粒度之间的关系。实际上，随着氧化剂粒度的减小，燃速逐渐增大，这与小粒径和大粒径的相关程度非常密切。

这个方法不能描述含有不同含量氧化剂的推进剂的燃烧规律，因此需要建立更适合的模型以适用于含更宽粒径分布氧化剂的推进剂。

4.1　非均相混合物的 UTD 模型扩展

通常会考虑将单分散模型获得的燃速平均以获得多分散相的燃速，如第 3 章中提到的 UTD 模型那样，可以轻松获得整个燃烧表面的平均燃速：

$$ms_{\mathrm{p}} = \sum_{i} (m\Delta s_{\mathrm{p}})_i, \quad s_{\mathrm{p}} = \sum_{i} \Delta s_{\mathrm{p}} \tag{4.1}$$

式中，m 为平均质量燃速；s_{p} 为样品截面积；$(m\Delta s_{\mathrm{p}})_i$ 为从第 i 个填料与合适黏合剂比例组成颗粒在“瞬时”的质量流速，该颗粒在初始样品的截面积为 s_{p} 时，在推进剂表面占据的面积为 $\Delta s_{\mathrm{p},i}$。

式(4.1)中的燃烧表面的所有颗粒总和可以通过窄分布粒径的填料 ΔD_0 进行计算，其中 D_0 为填料颗粒的原始直径，并非 s_{p} 中的直径：

$$ms_{\mathrm{p}} = \sum_{j} \left(\sum_{n} m_n \Delta s_{\mathrm{p},n} \right)_j \tag{4.1*}$$

式中，j 为窄分布颗粒数。

对于确定的 j，$\Delta s_{\mathrm{p},n}$ 等于截面积，代表到达燃烧表面的相同粒径的颗粒的不同截面积。以同样的方法，用热平衡方程求出传入固相热流的总和 q

$$qs_{\mathrm{p}} = \sum (q\Delta s_{\mathrm{p}})_i = \sum_n q_n \Delta s_{\mathrm{p},n} \tag{4.2}$$

此外,当使颗粒尺寸分布函数转变时,常用 Glick 和 Condon[3] 提出的“准推进剂”的概念。式(4.1)和式(4.2)中用于表达第 j 种窄分布颗粒表面积总和 $\Delta s_{\mathrm{p},n}$,可用第 j 种准推进剂的表面积代替,即

$$\sum_n \Delta s_{\mathrm{p},n} = \Delta s_{\mathrm{p},j} \tag{4.3}$$

而样品内部表面积之和可以表达为

$$\Big(\sum_n m_n \Delta s_{\mathrm{p},n}\Big)_j = m_i s_{\mathrm{p},j} \tag{4.4}$$

$$\Big(\sum_n q_n \Delta s_{\mathrm{p},n}\Big)_j = q_j s_{\mathrm{p},i} \tag{4.4*}$$

对于窄分布填料颗粒 j 组成的准推进剂来说,式中 m_i 和 q_j 分别为进入凝聚相的质量流率和热流量。

其中推进剂修饰词“准”的涵义为:首先,此处讨论的是部分推进剂,以区别于整个推进剂样品。其次,是要提示注意此方法与氧化剂之间分布的黏合剂有关,可能会出现某些大颗粒的氧化剂间的黏合剂量会过小的情况,此时利用该质量分数和“相应”的黏合剂量将不能制备出真实的固体推进剂,因为缺少黏合剂,固体推进剂中将出现孔洞。$\Delta s_{\mathrm{p},j}$ 可以表达为

$$\Delta s_{\mathrm{p},j} = \Delta s_{\mathrm{pox},j}/\zeta_j$$

式中,$\Delta s_{\mathrm{pox},j}$ 为属于第 j 种窄填料分数(假推进剂 j)的截面积。因此,上述表达式可以写成另一种形式,保留假推进剂 j 中的体积分数 $\zeta(D_0)$ 氧化剂的“表面积”分数 ζ_j,即

$$\Delta s_{\mathrm{p},j} = \frac{\Delta s_{\mathrm{pox},j}}{\Delta s_{\mathrm{pox}}} \frac{s_{\mathrm{pox}}}{s_{\mathrm{p}}} \frac{s_{\mathrm{p}}}{\zeta_j}$$

式中,s_{pox} 为氧化剂占据的总横截面积。同样,可以令 $s_{\mathrm{pox}}/s_{\mathrm{p}} = \zeta$,$\zeta$ 为整个混合物中氧化剂的体积分数。

由于在初始样品平面区域中的第 j 种氧化剂颗粒分数等于其体积分数,因此可以假设随机分布的颗粒 $\Delta s_{\mathrm{pox},j}/s_{\mathrm{pox}} = \Delta v_{\mathrm{ox}}/v_{\mathrm{ox}}$。如果采用相同性质的氧化剂,其体积分数等于质量分数 $\Delta M_{\mathrm{ox},j}/M_{\mathrm{ox}}$,那么通过取极限 $\Delta D_0 \to 0$,可以由式(4.1)得到

$$\frac{m}{\zeta} = \int_{-\infty}^{+\infty} \frac{m(D_0)}{\zeta(D_0)} F(D_0)\,\mathrm{d}\ln D_0 \tag{4.5}$$

式中,$m(D_0)$ 和 $\zeta(D_0)$ 分别为含粒径尺寸为 D_0 的假推进剂的质量分数和体积分数;$F(D_0)$ 为分布函数,其表达式为

$$F(D_0)=\frac{1}{M_{ox}}\frac{\mathrm{d}M_{ox}(D_0)}{\mathrm{dln}D_0}=\frac{1}{v_{ox}}\frac{\mathrm{d}v_{ox}(D_0)}{\mathrm{dln}D_0} \tag{4.6}$$

对于某一分数氧化剂的 $F(D_0)$，按规定可以表达为常规的对数函数形式：

$$F=\frac{1}{\sigma\sqrt{2\pi}}\exp\left[-\frac{1}{2}\left(\frac{\ln D_0-\overline{\ln D_0}}{\sigma}\right)^2\right] \tag{4.7}$$

如果对于有几个不同等级氧化剂的推进剂，$M_{ox}=\sum_k M_{ox,k}$，则有

$$F=\sum_k (M_{ox,k}/M_{ox})F_k \tag{4.8}$$

式中，F_k 可根据式(4.6)与系数 $\sigma_k(\overline{\ln D_0})$ 获得。为了获得式(4.5)中的 $\zeta(D_0)$，可以根据文献[3]假设黏合剂与粒径为 D_0 的氧化剂同时燃烧，该氧化剂的平均体积为 $\Delta v_h=CD_0^n$，其中 n 可由实验获得($2\leqslant n\leqslant 3$)。C 值与推进剂配方有关，那么由 $\zeta(D_0)$ 的概念可以得到

$$\zeta(D_0)=(\pi D_0^3/6)[(\pi D_0^3/6)+CD_0^n]=(1+(6C/\pi)D_0^{n-3})^{-1} \tag{4.9}$$

由满足式(4.10)条件可计算 C 值，即

$$1-\zeta=\int\Delta v_h(D_0)\mathrm{d}N \tag{4.10}$$

式中，$(1-\zeta)$ 为每立方厘米推进剂中黏合剂的体积；$\mathrm{d}N$ 为颗粒尺寸在 $D_0\sim D_0+dD_0$ 范围内，每立方厘米推进剂中包含的氧化剂颗粒数，$\mathrm{d}N=\mathrm{d}v_{ox}/(\pi D_0^3/6)$。

$\mathrm{d}v_{ox}$ 的值可通过式(4.6)获得，假设 $v_{ox}=\zeta$(推进剂中的每个单元体积)，则

$$\begin{cases}1-\zeta=\int_{-\infty}^{+\infty}CD_0^n\frac{F(D_0)}{\pi D_0^3/6}\mathrm{dln}D_0\\ C=\frac{\pi}{6}\frac{1-\zeta}{\zeta}\left(\int_{-\infty}^{+\infty}D_0^{n-3}F(D_0)\mathrm{dln}D_0\right)^{-1}\end{cases} \tag{4.11}$$

在 Glick 和 Condon[3] 最初的研究中，没有采用固相的总热平衡，而对于平均热流量的表达式可以用类似式(4.5)的推导方法获得，即

$$\frac{q}{\zeta}=\int_{-\infty}^{+\infty}\frac{q(D_0)}{\zeta(D_0)}F(D_0)\mathrm{dln}D_0 \tag{4.12}$$

式(4.5)和式(4.12)中没有做出关于燃烧过程的物理学假设(仅假设推进剂中的颗粒分布具有随机性)，因此表达式通常是有效的。由于式(4.1)中的 $(m\Delta s_p)_i$ 值具有来自相应推进剂表面(相当于样品的横截面积 $\Delta s_{p,i}$)质量流率(没有标明相态)的意义，因此式(4.5)对于部分填料和黏合剂从燃烧表面飞出的情况也是适用的。

需要强调的是,式(4.5)和式(4.12)中关于式(4.4)和式(4.4*)中的字符定义,对于含有粒径尺寸为D_0的准推进剂,其燃速值$m_i=m(D_0)$,热流量的值$q_j=q(D_0)$。对式(4.4)取平均后得到的式(4.4*),指的是第j个准推进剂的表面积$\Delta s_{p,j}$,该值是由分散在样品截面s_p中的小"碎片"$\Delta s_{p,n}$组成的。事实上,即使在UTD模型的条件下($D_0 \ll \kappa/u$),采用式(4.4)对热流量取平均值也没有对应的物理模拟物,即在燃烧表面附近凝聚相的热流量平稳进行。

在特殊的UTD模型中,比如用于描述多分散体系的情况,式(4.5)和式(4.12)中的$m(D_0)$和$q(D_0)$值通常采用单分散状态的UTD模型计算。

Hermance模型[4]中对多种尺寸分布的影响考虑得最为简单(其单分散状态模型见3.3.1节)。凝聚相的质量流率和来自气相的线性反馈热量均通过式(3.22)、式(3.25)、式(3.27)中的$D_c\varepsilon(D_c)$与一个氧化剂颗粒相关联,其中$\varepsilon(D_c)$为氧化剂晶体附近黏合剂压低的深度(见图3.1),D_c为氧化剂晶体在初始状态时与黏合剂平面相交的截面直径。因此对于$m(D_0)$和$q(D_0)$,通过式(4.4)和式(4.4*)取平均值的计算过程,可以精简为在含有粒径大小为D_0的准推进剂颗粒的截面积上对$D_c\varepsilon(D_c)$取平均值,文献[4]中就在$D_c=D_0\sqrt{2/3}$的条件下进行了这样的操作,然后将多分散体系的表达式(4.5)和式(4.12)简化,并用平均值式(4.13)代替了单分散体系中质量和热量的平衡表达式(3.22)和式(3.27)的$\langle D_c \cdot \varepsilon(D_c)\rangle$。

$$\overline{\langle D_c \cdot \varepsilon(D_c)\rangle} = \int_{-\infty}^{+\infty} \langle D_c \cdot \varepsilon(D_c)\rangle F(D_0)\,\mathrm{d}\ln D_0 \tag{4.13}$$

在Hermance模型中,不需要定义在氧化剂颗粒之间的黏合剂分布方式,因此对于准推进剂,可以假设$\zeta(D_0)$ = 常数 $=\zeta$,这样就可以利用式(4.5)和式(4.12)中给出的$q(D_0)$、$m(D_0)$与$\langle D_c \cdot \varepsilon(D_c)\rangle$之间的线性关系给出式(4.13)。在文献[4]中,函数$F(D_0)$的表达形式与式(4.8)的对数函数分布表达式接近,二者的和用来代替积分式(4.13)。

Cohen[5]报道了多分散情况的BDP模型,文中假设整个推进剂的表面上,黏合剂具有相同的温度T_{sf}和燃速m_f,且黏合剂的燃烧表面为平面。对于氧化剂,其温度T_{sox}和燃速m_{ox}都与其粒径大小D_0有关,因此,利用仅与氧化剂燃速相关的平衡方程(4.14)代替(4.5),则得到

$$\alpha m = \int_{-\infty}^{+\infty} m_{p,ox}(D_0)F(D_0)\,\mathrm{d}\ln D_0 \tag{4.14}$$

式中,α为氧化剂的质量分数;$m_{p,ox}=m_{ox}(D_0)s_{ox}(D_0)/s_{pox}(D_0)$为样品被粒径为$D_0$的窄分散氧化剂颗粒占据部分,每平方厘米截面上的质量流速。

与原始 BDP 模型相同,$m_{ox}(D_0)$和$s_{ox}(D_0)/s_{pox}(D_0)$的值可以通过式(3.30)和式(3.47)进行计算,但是根据式(3.30),$T_{sox}(D_0)$的值决定了$m_{ox}(D_0)$,而每种窄分散的氧化剂组成的热平衡可单独进行计算(另一种为黏合剂的热平衡)。而式(4.12)中关于总的平均热流量表达式没有被使用。

事实上,多分散情况的 BDP 模型可以说是对于第 3 章中描述的几个氧化剂的双温度“改进型模型”的概括,窄分散的氧化剂个数限制为 3 ~ 4 个,用它们的总和代替式(4.14)的积分式。就像在“改进型模型”中那样,只考虑气相中每种氧化剂组分和黏合剂之间热流量的再分布,而在已公布的模型中不同粒径氧化剂之间的直接相互作用(热流量的重新分布)没有考虑进去。

然而利用每个独立的热平衡时,可以视为是处理每个独立的准推进剂的第一步,由于假定准推进剂的燃烧具有完全独立性,故“小聚集”模型[3]是合理的。模型中提出[3]可以利用式(4.5)计算燃速,利用式(4.9)和式(4.11)计算$\zeta(D_0)$的值,而对于准推进剂的燃速$m(D_0)$的求解,可以基于第 3 章中针对粒径为D_0、氧化剂质量分数为$\zeta(D_0)$的单分散混合物的“小聚集”模型进行计算。对于文献[5]中报道的模型[3],仅在粒径尺寸差别不大的氧化剂颗粒的多分散体系中,其计算结果与实验值具有很好的符合性。

4.2 “接力赛跑”模型的扩展

文献[7]中给出了多分散体系的“接力赛跑”模型,接下来讨论该模型与第 3 章中单分散的模型之间有什么不同,燃速的表达式变为

$$u = x/\sum t_i \tag{4.15}$$

式中,t_i为燃烧波在移动过程中遇到第i个氧化剂颗粒质量分数所用的时间间隔,这与黏合剂有关。同样,式(3.121)变为

$$1/u = \sum_i \left[t_{\mathrm{ign},i} \cdot (\zeta_i/D_i) + (\zeta_i/u_{0i}) + \chi_i (f_i/u_{\mathrm{g}} + (1-f_i)/u_{\mathrm{g}i}^{*}) \right] \tag{4.16}$$

式中,ζ_i为推进剂中被黏合剂占据的体积分数;“f_i”代表第i种氧化剂颗粒的质量分数。在所有的“初始火焰”中,黏合剂的燃速u_{f}都假设为相同的。

对于第i种氧化剂颗粒的热平衡方程与“单分散”体系热平衡方程式(3.125)的区别,主要在于所有的参数项中都会带角标“i”(除c,T_0和$(f/ox)_{\mathrm{stoich}}$),对于黏合剂的热平衡方程如下:

$$c(T_{\mathrm{sf}} - T_0) = -f_{\mathrm{rb}}Q_{\mathrm{f}} + \sum_i (1-\beta_{\mathrm{p}i}) f_i (1 + (f/ox)_{\mathrm{stoich}}^{-1}) Q_{\mathrm{PF}i} \exp(-\xi_{\mathrm{PF}i}) \tag{4.17}$$

式中，$f_{\mathrm{rb}}=\sum_i f_i$ 为在所有“初始火焰”中参加反应的黏合剂的总质量分数。模型提出窄粒度级的数目不超过 3 个，这是由于需要将每一种窄分散情况的都进行热平衡计算，如果种类过多则计算量过于庞大，难于计算。

将式(4.16)采用类似于文献[3]的方法进行简单概括，实际上当测试的窄分散情况的数量逐渐增多，可以得到

$$\zeta_i \to \frac{\mathrm{d}v_{\mathrm{ox}}(D_0)}{v}=\frac{\mathrm{d}v_{\mathrm{ox}}(D_0)}{v_{\mathrm{ox}}}\frac{v_{\mathrm{ox}}}{v}=\zeta F(D_0)\,\mathrm{d}\ln D_0 \tag{4.18}$$

式中，v 为样品体积。根据式(4.6)，引入颗粒尺寸分布函数 $F(D_0)$，类似的可以得到

$$\begin{cases}\chi_i \to \dfrac{\mathrm{d}v_{\mathrm{b}}(D_0)}{v}=\dfrac{\mathrm{d}v_{\mathrm{b}}(D_0)}{\mathrm{d}v_{\mathrm{ox}}(D_0)}\dfrac{\mathrm{d}v_{\mathrm{ox}}(D_0)}{v}\\[2ex] \dfrac{\mathrm{d}v_{\mathrm{b}}(D_0)}{\mathrm{d}v_{\mathrm{ox}}(D_0)}=\dfrac{CD_0^n}{\pi D_0^3/6}=\dfrac{6C}{\pi}D_0^{n-3}\end{cases} \tag{4.19}$$

式中，$\mathrm{d}v_{\mathrm{b}}(D_0)$ 为黏合剂体积，相应的窄分散的氧化剂尺寸范围为 $D_0 \sim D_0+\mathrm{d}D_0$。系数 C 可由式(4.11)求出。

因此式(4.16)可变为

$$\begin{cases}1/u=\zeta\displaystyle\int_{-\infty}^{+\infty}\left(\frac{1}{u(D_0)}+\frac{t_{\mathrm{ign}}(D_0,u(D_0))}{(D_{\mathrm{c}})_{\mathrm{mean}}}\right)F(D_0)\,\mathrm{d}\ln D_0+(1-\zeta)\left(\frac{f}{u_{\mathrm{g}}}+\frac{1-f}{u_{\mathrm{g}}^*}\right)_{\mathrm{mean}}\\[2ex] (D_{\mathrm{c}})_{\mathrm{mean}}=\dfrac{2}{3}D_0\\[2ex] \left(\dfrac{f}{u_{\mathrm{g}}}+\dfrac{1-f}{u_{\mathrm{g}}^*}\right)_{\mathrm{mean}}=\left[\displaystyle\int_{-\infty}^{+\infty}\left(\frac{f(D_0)}{u_{\mathrm{g}}}+\frac{1-f(D_0)}{u_{\mathrm{g}}^*(D_0)}\right)F(D_0)D_0^{n-3}\,\mathrm{d}\ln D_0\right]\Big/\displaystyle\int_{-\infty}^{+\infty}FD_0^{n-3}\,\mathrm{d}\ln D_0\end{cases} \tag{4.20}$$

利用“接力赛跑”模型计算[7]时发现，对于高含量填料的推进剂，燃速受粒度组成(粗细颗粒质量分数之比)的影响变小，这表明如果最细的奥克托今的质量分数达到或超过氧化剂总含量的25%时，燃速值就由最细的奥克托今含量决定。同时还发现催化剂对燃速的影响变小，这是由于采用的催化剂只加速了初始火焰的反应，但对奥克托今而言，其火焰温度较单元推进剂低。

综合以上结果可以看出，计算值已经得到实验验证。文献[7]中针对 17 种不同的 HMX/HTPB 体系推进剂进行了研究，其中采用的 HMX 粒径分别为 400μm、200μm、58μm 和 4μm，并以不同比例加入到推进剂配方中，实验压强在 28 ~ 120atm 范围内，计算结果无论在定性上还是定量上都与试验值相符合。

4.3 不同粒度氧化剂混合物燃烧

有些模型将不同粒度氧化剂之间的相互作用也考虑了进去,如文献[6]中的附件。在文献中的工作基础上,笔者基于 BDP 模型建立了"改进模型",用于描述多分散混合物的燃烧,在模型中采用了氧化剂和黏合剂各自的热平衡以及这些成分的不同表面温度进行计算。根据"小集成"模型[3],估算出准推进剂的质量燃速,当推进剂中含有双粒度分布的 AP(82% 的 AP 为 1μm/7μm = 1/2;80% 的 AP 为 9μm/90μm = 1/1;82% 的 AP 为 90μm/200μm = 1/5)时,计算值与实验值吻合得很好;但是当 AP 粒度差别很大(70% AP:0.6μm/400μm = 3/4,18% Al,CTPB 黏合剂)时,其计算出的燃速值要比实验值高出 3 倍,计算时将铝粉视为添加剂(散热作用)。文献[6]指出,如果关于准推进剂的燃速表达式中忽略细氧化剂的作用,那么计算值会更好地与试验值吻合。

究其原因,文献[6]认为,如果黏合剂分配给燃烧表面上的相应质量分数的氧化剂(即合理假设),那么关于细颗粒氧化剂部分的准推进剂相比粗颗粒氧化剂部分的准推进剂,其氧化剂含量随燃料的减少而变多。

结果,两种类型的准推进剂的火焰温度总是比化学计量比的组成所产生的火焰温度低,这也直接导致了推进剂燃速的降低。Beckstead[7]提出了相反的观点:对于任意燃氧比,其火焰温度都可能达到最大值,也就是说,与化学计量比时达到的值相同。Beckstead 解释说,这是由于火焰温度确切地说是来自于接近纯扩散火焰的焰锋位置,组成的比例如果偏离化学计量比,只能改变火焰的高度,而不会改变其焰锋温度。

关于火焰温度的问题,文献[6]总结了关于两种方法的不合理性,并提出了新的方法。对于含有几种粒径差别较大的窄分布氧化剂的混合物,基于这些氧化剂的质量分数提出了改进型准推进剂的概念。Cohen - Strand 法中的准推进剂与 Glick - Condon 法中的准推进剂在本质上不同。根据 Glick - Condon 法,固体推进剂是由可独立支持燃烧的准推进剂体系组成;而 Cohen - Strand 法则认为,由粒径相差较大的氧化剂组成的固体推进剂可以看成是由一系列其他准推进剂中"嵌入"氧化剂组成。在该情形下,对于每个相连的准推进剂,之前的准推进剂(与细氧化剂连接)可视作活性黏合剂。最初的准推进剂是由最细的氧化剂部分与全部黏合剂组成(采用"几乎全部"更为准确,根据文献[6],黏合剂在不同比例的氧化剂表面之间分布,例如,0.6μm/400μm = 3/4 的 AP 中,黏合剂按比例被分为(3/0.6)/4/400) = 500/1)。最后的准推进剂与全配方的推进剂组成一致。

因此，对于给定的氧化剂比例，如果将最粗的氧化剂部分（远大于给定的粒度）从准备好的混合物中去掉，那么准推进剂是可以人为制备的。每个准推进剂的火焰温度都可以根据其组成通过热力学计算获得。对于每个准推进剂，其燃氧比不会低于整个固体推进剂的燃氧比（没有哪个准推进剂会由于氧化剂特别过量而造成火焰温度急剧下降。）

不同准推进剂火焰之间的相互作用可用以下方式来描述，根据"改进型模型"中提出的氧化剂和黏合剂具有单独的热平衡，对于给定的准推进剂，可以计算出火焰中有多少比例的热量传递给了适量的"活性黏合剂"，即更低层级的准推进剂。

对于之前提到的粒径分布组成为0.6μm/400μm=3/4的AP，根据"改进型模型"计算燃速时，可将粒径为0.6μm的AP视为粒径为400μmAP的活性黏合剂，计算结果与试验值能很好地吻合。

需要注意的是，将准推进剂视为活性黏合剂的想法其实在之前关于Bakhman和Belyayev[2]的讨论中已经提到，他们验证了当粗粒径的氧化剂晶体的燃速比活性黏合剂大时，应用"接力赛跑"型模型的可能性，同时也验证了相反的情形，即活性黏合剂的燃速更快的情况。然而，他们提出的方法中不包含粗粒径氧化剂的火焰与活性黏合剂火焰之间的相互作用。

4.4　燃速计算的综合积分公式

本节分析样品的一维燃烧。令固体推进剂中的氧化剂遵循以下的粒径分布：

$$dM_{ox}/M_{ox}=F(D_0)\,d\ln D_0 \tag{4.6*}$$

式中，$F(D_0)$可通过式(4.8)获得，平均燃速可以通过下式计算求得：

$$\rho u=m=\left(\iiint m_n\,ds\,dn\right)/v \tag{4.21}$$

式中，ds和dn分别为燃烧表面成分和基本成分；v为样品体积，归属于式(4.21)中的项

$$\iiint m_n\,ds\,dn\;=\;L=\int m_n\,dv=\int u_n\,dM\;=\;mv\;=\;uM \tag{4.21*}$$

该项可以称作燃烧样品的基本质量流率。同样，单独成分的基本质量流率可写成

$$L=L_{ox}+L_b=u(M_{ox}+M_b);\quad M_{ox}=\alpha M,\quad M_b=(1-\alpha)M \tag{4.22}$$

式中，M_b为样品中黏合剂的质量；α为氧化剂的质量分数。

假定氧化剂颗粒没有完全被消耗，而有一部分当其初始体积减小到 $v_r(D_0)$ 时从燃烧表面喷射出，相应地，式(4.21)中的 s 值呈阶梯式变化，而 m_n 可通过 δ 函数进行描述。因此，由于每种粒径的氧化剂中有比例为 $v_r/(\pi D_0^3/6)$ 的氧化剂从燃烧表面进入气相，而喷射出的氧化剂总质量 M_{ox} 为

$$M_{ox,d}=\int\frac{6v_r}{\pi D_0^3}dM_{ox}=\frac{6}{\pi}M_{ox}\int_{-\infty}^{+\infty}\frac{v_r D_0}{D_0^3}F(D_0)\,d\ln D_0 \tag{4.23}$$

令燃烧表面气化的氧化剂质量为 $M_{ox,g}$，那么有 $M_{ox}=M_{ox,d}+M_{ox,g}$，且

$$M_{ox}=M_{ox,g}\left[1-(6/\pi)\int(v_r/D_0^3)F(D_0)\,d\ln D_0\right]^{-1} \tag{4.24}$$

对于氧化剂质量流率也有相似的关联式，比如 L_{ox} 和 $L_{ox,g}$。当计算 $L_{ox,g}$ 时，通常假设每种粒径分布的氧化剂的流率 $L_{ox,g}$ 可以写成 $L_{r,g}dN$，其中 dN 为粒径在 (D_0,D_0+dD_0) 范围内的氧化剂颗粒数，$L_{r,g}$ 为每一个颗粒在燃烧表面停留时间内的质量流率，即

$$L_{r,g}=\int_{v_{r,g}}m_n dv \tag{4.25}$$

式中，$v_{r,g}$ 为在燃烧表面气化的氧化剂颗粒体积分数。氧化剂颗粒数 dN 可以利用表达式 $dN=dM_{ox}/M_r$ 确定，其中 $dM_{ox}=M_{ox}F\,d\ln D_0$，$M_r=\rho_{ox}\pi D_0^3/6$ 为单个氧化剂颗粒的质量。通过计算 L_{ox} 和 $L_{ox,g}$，同时将 M_{ox} 和 $M_{ox,g}$ 代入式(4.24)，可以得到

$$u=\frac{(6/\pi)\left[\int_{v_{r,g}}u_n dv\right](F/D_0^3)\,d\ln D_0}{1-(6/\pi)\int(v_r/D_0^3)F(D_0)\,d\ln D_0} \tag{4.26}$$

很容易看出，如果不考虑喷射出的氧化剂颗粒的分布，那么式(4.26)与式(4.14)相同，值得注意的是式(4.25)中假设 $L_{r,g}$ 需要考虑所给氧化剂相临颗粒之间的影响，尤其是 $L_{r,g}$ 必须通过合适的燃烧模型进行计算。

尽管式(4.26)考虑了非常普遍的情况，但是其应用范围仍然受限：当出现喷射出氧化剂时，固体推进剂燃速由黏合剂的退移速度决定，如果不知道黏合剂的退移速度，式(4.26)中 $L_{r,g}$ 的值则不能进行计算。当忽略喷射出的氧化剂颗粒时，式(4.26)与式(4.14)和式(4.5)一样，只能计算 $u_{ox}\sim u_f$ 时的燃速(见3.5.2节)。

总结以上结果可以看出，上述模型与4.1节中基于燃烧表面平均值的模型可以相互补充。

4.5　关于非均质凝聚相体系燃烧模型的讨论

多分散固体推进剂体系的燃烧模型是在单分散体系模型的基础上提出的，因此考虑了所有复杂情况和矛盾之处，这在之前的章节中已经描述，其难度主要在于含有多分散填料的固体推进剂的燃烧表面上参数的非均一性。以下将讨论多分散情况的 UTD 模型和“接力赛跑”型模型的不足之处。

文献[5]中指出了 Beckstead 和 Cohen 多分散体系版本模型、Glick 模型和 Condon 模型的主要缺陷。Beckstead 和 Cohen 模型中提出不同粒径氧化剂之间的反应只在气相中进行[5]，因此在这种情况下，部分“初始火焰”的热量传递给了黏合剂。而在 Glick 和 Condon 模型中未考虑氧化剂之间的相互作用，而是通过假设不同粒径的氧化剂为“准推进剂”，而这些准推进剂各自独立完成燃烧。

同时，这些模型都计算了不同粒径氧化剂之间或不同准推进剂之间的热平衡，但这些热平衡计算仅基于 UTD 模型在 $D_0 \ll \kappa/u$ 条件下进行。在平衡中采用了平均表面温度和平均热流量的概念，从而假设邻近燃烧表面处凝聚相区域内的热流量进行了重新分布。但是在凝聚相中，选定的窄分布的氧化剂颗粒之间或者在选定的准推进剂部分之间如果没有热相互作用，那么这种热流量的重新排布是不可能完成的。

显然，UTD 模型框架中，需要考虑由多粒径分布的填料颗粒造成的推进剂燃烧表面上参数的非均一性（包含温度、气相的反馈热、表面曲率等）。这些方面可通过以下方法考虑：对凝聚相中接近推进剂燃烧表面厚度约为 $\max(D_0)$ 的层进行分配，该层包含气相的弯曲界面和剩余样品形成的平面界面。在平面边界上，可以利用计算热流量的表达式（4.12）计算整个样品的总热平衡，对于某一特定层，必须要解决热流量重新分布的复杂问题，因此对于相对较小厚度的推进剂层（$\max(D_0) \ll \kappa/u$），其计算结果可以进行简化。

关于“接力赛跑”模型[7]，最值得关注的是其多分散情况，也就是 Hemance 模型，该模型在考虑不同粒径颗粒时没有代入任何错误之处。单分散模型（3.5.2 节）中假设位于样品燃烧表面相同状态［式（3.13）］的不同填料和黏合剂界面完全独立燃烧，因此，加入不同粒径的颗粒也不会带来额外的矛盾，其缺点仅存在于原始的单分散模型中，其中最大的问题是对于时间的平均方法和基于 BDP 模型框架的“局部”燃速计算方法之间的不一致性，对于前者，在 $D_0 \gg \kappa/u$ 情况下最为有效，而后者在 $D_0 \ll \kappa/u$ 范围内更有效。

然而，各个模型都有各自的“适应”范围。首先，Beckstead 模型[7]主要用于计算沿着燃烧表面法线方向的平均值，该模型可以与任何单个颗粒的燃烧模型结合,包括那些具有相互作用的模型。其次,BDP 模型主要应用于预热层较薄的情况(这是由于该模型是利用基于表面上热流量的平均值对热平衡进行计算的,而对于较厚的预热层会出现热量重新分配的情况)。由于在预热层较薄的情形下,氧化剂通常按照真实的速度进行燃烧,导致计算结果更接近真实值,因此,至少对于较薄的预热层,应用 BDP 模型进行计算不会存在矛盾。

由 Bakhman 和 Belyayev 提出[2],后来由 Cohen 和 Strand[6]对其进行详细说明的“准推进剂”模型,尽管该模型主要应用于计算含有较大差异的氧化剂颗粒粒径的推进剂,但相比之下却是最有用的模型。对于文献[6]中的模型,其克服了 Glick - Condon 模型中的最大缺点,使得准推进剂燃烧具有独立性。模型中提出的“嵌入式”准推进剂想法具有很好的概括性,因为没有必要通过“改进型模型”或其他的 BDP 型模型对燃烧表面的燃速进行平均而计算每个准推进剂的燃速,对于最粗的氧化剂,完全可以应用“接力赛跑”型模型进行计算。

接下来说明一下应用“准推进剂”模型[2,6]解释实验结果(Miller 实验[8])。29 种不含金属的推进剂在 7 个不同压强下(0.7 ~ 200atm)进行燃速测试,在所有配方中的黏合剂和氧化剂(AP)性质和全部含量都是相同的,只改变了不同粒径 AP 的比例,这些粒径包括 400μm、200μm、90μm、50μm、20μm、6μm、2μm 及 0.7μm。

利用改进后的 BDP 模型或 Glick - Condon 模型计算出的结果与试验值之间的准确度不小于 15%,并且在所有的试验数据(包括 25 种含不同粒径分布 AP 的推进剂)中,在某一压强下计算出的燃速和特征尺寸 $d_{3.4:2.4}$ 与试验曲线具有很好的一致性。

$$d_{3.4:2.4} = \left(\sum_i n_i d_i^{3.4} \right) / \sum_i n_i d_i^{2.4}$$

式中,n_i 为颗粒数,其直径为 d_i,总量为所有 i 个颗粒的总和。

然而,对于其他 4 种含粗粒径 AP(400μm)的推进剂数据并不符合以上规律,这些推进剂中的粗粒径 AP 在全部 AP 中所占比例大于 50%,而粗细粒径 AP 的比例截然不同,因此这 4 种推进剂的 $d_{3.4:2.4}$ 值也存在着不同(见图 4.1)。事实上尽管这 4 种推进剂的燃速接近,似乎整体推进剂的燃烧效果不受细 AP 颗粒影响[式(4.5)],针对这一现象,Miller 解释为“细 AP 的燃烧被抑制了”,同时注意到当粗 AP 的比例仅增加 2% 时,燃速出现不连续性。Cohen 和 Strand[6](见 4.3 节)对组成为 70% AP(0.6μm/400μm = 3/4)、18% Al 和 CTPB 黏合剂的推进剂进行了计算,结果与 Miller 的数据相符合。在忽略了含细 AP 的准推进剂的贡献后,利用 Glick - Condon 模型计算出的结果与 Miller 的试验结果相符。文献[7]中指出以奥克托今和 CTPB 黏合剂为基的推进剂同样显示出不同粒径填料比例对燃速变化的影响非常微弱。

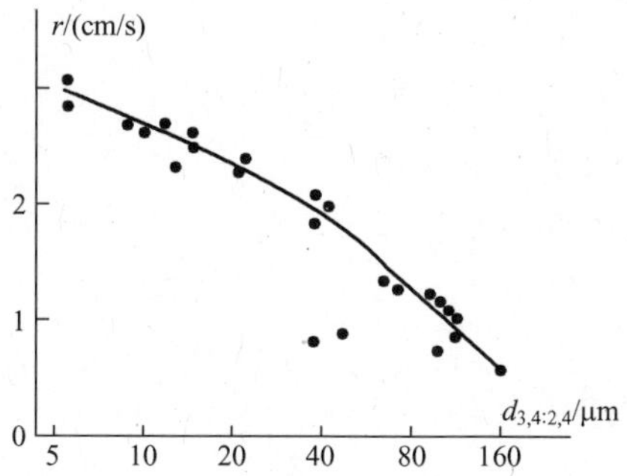

图 4.1　填料颗粒粒度分布对燃速的影响[8]

如果可以测得类似于含细 AP 的准推进剂燃烧行为，那么上述燃烧行为就可以被定性地解释。假设黏合剂按照一定比例分布于每一粒径组成 AP 的表面，那么如果给定推进剂中的 AP 总含量，那么随着粗 AP 颗粒的比例增加，会导致细 AP 组成的准推进剂中黏合剂的增加，当达到燃烧浓度极限时，准推进剂的燃速将会下降至 0，推进剂的气化过程只能依靠粗 AP 组成的准推进剂火焰反馈回的热量维持进行，即该火焰会控制固体推进剂的有效燃速。

综上所述，多分散体系的燃烧模型尽管具有复杂性，还要通过考虑燃烧中的不同粒径氧化剂之间的相互作用来实现，但在进行多分散非均相体系的燃烧模拟时有很多情形是可以进行简化的。当推进剂中的氧化剂是由粒径尺寸差别较大的窄分散颗粒组成时，可以采用由 Bakhman 和 Belyaev 提出、Cohen 和 Strand 在后期根据有效实验数据进行改进的“准推进剂 - 活性黏合剂”模型进行计算。如果推进剂中氧化剂的燃速比黏合剂的快很多，那么可以应用“接力赛跑”模型来进行有效计算，这一模型的多分散选项与单分散模型中复杂项类似。其他的困难主要是正确地表达黏合剂的热流量。

参 考 文 献

1. M. Summerfield, G. S. Sutherland, M. J. Webb, et al. The Burning Mechanism of Ammonium Perchlorate Propellants // ARS Progress in Astronautics and Rocketry, Academic Press, New York, 1960. - V.1, Solid Rocket propellant Research. - pp. 141-182.

2. N. N. Bakhman, A. F. Belyayev. Combustion of the heterogeneous condensed systems // Moscow: Nauka, 1967

3. R.L. Glick, Condon J. A. Statistical Analysis of Polydisperse,

Heterogeneous Propellant Combustion: Steady State // 13th JANNAF Combustion Meeting, CPIA. 281, v.11, 1976.- pp. 313 - 345.

4. C. E. Hermance. A Model of Composite Propellant Combustion Including Surface Heterogeneity and Heat Generation // AIAA Journal, 1966. - V. 4. - pp. 1629-1637.

5. N. S. Cohen. Review of Composite Propellant Burn Rate Modeling //AIAA Journal, 1980. -Vol. 18, No. 3. - pp. 277-293.

6. N. S. Cohen, L. D. Strand. An improved model for the combustion of AP composite propellants //1981. - AIAA Paper 81-1553.

7. M. W. Beckstead, K. P. McCarthy. Modeling calculations for HMX composite propellants // 1980. - AIAA Paper 80-1116.

8. R. R. Miller. Effects of Particle Size on Reduced Smoke Propellant Ballistics //1982. -AIAA Paper, 82-1096.

第5章 固体推进剂的瞬态燃烧

开展瞬态燃烧研究对于固体推进剂技术应用和科学认识都具有极为重要的作用。事实上,为促进固体火箭发动机技术的进一步发展和应用,需要准确预估点火和熄火期间燃烧速率的瞬态燃烧行为,并能准确评价稳态燃烧环境和环境转换的稳定性。

值得注意的是 Zeldovich 发表于 1942 年的工作,目的主要是为了满足固体火箭发动机的设计和制造需求。苏联第一个陆基导弹 M8(在 1940 年初期常被叫做“卡秋莎”)使用了双基推进剂,也曾经历了不稳定燃烧的问题。Zeldovich 的工作对于发展推进剂燃烧研究的新方法方面是一个开端,并且很长一段时间内都是苏联/俄罗斯燃烧研究的基础。

虽然 Zeldovich 理论被广大西方科研人员所接受时相对有点晚,但他的燃烧理论在全世界都产生了重大影响。

5.1 固体推进剂非稳态燃烧模拟的物理背景

发展一种固体推进剂非稳态燃烧通用机制和数学模型是非常困难的,因为燃烧波中发生了各种各样且复杂的物理化学现象。因此,有必要首先从特定类型推进剂燃烧理论开始探讨,然后发展广义方法。

过去最广泛使用的早期非稳态燃烧模型,已经可以处理均质固体推进剂问题,其中全局放热反应发生在气相和/或凝泵相中。这个模型最初用于描述硝化甘油火药的燃烧。类似的模型已经被应用于非均质固体推进剂燃烧。同时,实验和详细分析表明,最简单的模型并不能用于均质且组分多的推进剂中,特别是组分有不同物理化学特性时。另外,实验观察到足够强烈的外部辐射通量,瞬时导致了硝化甘油火药燃烧表面形成网状气泡。类似的行为在环境压强急剧下降时也被检测到了。

显然,已发展起来的固体推进剂非稳态燃烧的详细和综合模型,其允许采用实际方式描述推进剂燃烧行为。但首先必须与文献[4]一致,该文献中针对复杂问题形成了一个合理的研究方法。这个方法包含以下步骤:

(1) 基于物理与化学的理想化假设确定指定空间域中特定参数;

(2) 选择域中配方数学模型中参数的确定;

(3) 模型的适用范围、指定域中实验系统和标准;

(4) 插值表达式的设计、系统中特定模型的集成。

应该指出的是,这种方法在当前完全实现是不可能的,因为目前还没有完成前三个步骤信息收集。同时,现有的非稳态燃烧模型可以分为两组。

第一组:基于全局反应的典型均质推进剂非稳态燃烧模型的改进(以下列出了参考文献,主要工作可能不是很完整)。

1.1 基本模型(凝聚相的预热层仅考虑了有限的响应时间)[1-3];

1.2 压强依赖于平衡组分含量和气相产物温度[5];

1.3 凝聚相非稳态热反馈改变了火焰温度[6];

1.4 瞬态压强下表面层的扩散[7];

1.5 气相预热层的有限响应时间延迟[8]。

第二组:多组分且非均质(多元异构)推进剂的燃烧模型。

2.1 燃烧表面组分积聚导致局部浓度变化[9];

2.2 均质和非均质推进剂凝聚相组分气化区的空间分离[10];

2.3 粗与细包覆颗粒使得固体推进剂燃烧波温度分布的改变[12,13];

2.4 压强变化情况下黏合剂随时间的消退速率[14]。

注意事项:

显然,上述模型并没有对固体推进剂非稳态燃烧进行详尽描述,因此,需要开展大量的工作,以充实模型。特别是,与化学计量组成所需的混合物配方有较大偏差的固体推进剂燃烧模型(典型的例子是—富燃料推进剂)。实验表明,一个自持燃烧的固体推进剂容易发生局部或暂时的熄灭,可认为这些推进剂的不稳定燃烧是不可控的。关于反应速率造成的燃烧表面变化的同步问题,导致了熄灭或共振燃烧响应的效果,应该更详细检查。此外,现有的模型需要改进以满足二维和三维结构描述,同时也需要考虑各种外部因素作用下燃烧表面形状改变。

当固体推进剂在半封闭容器中燃烧时,除了质量和线性燃烧速率,气体产生的体积速率也是非常重要的。后者取决于化学反应的完整性,是反应体积中混合时间与反应物滞留时间的函数。也需要考虑从表面喷出的凝聚相颗粒的燃烧规律,包含金属颗粒。

固体推进剂非稳态燃烧模型的数学描述和适用范围需要开展专题分析。由于现象的复杂性,作为一项规则,其描述应包含一些前提假设和不同匹配系数。同时,技术困难限制了精细的实验研究过程和结果的可能性,而得到的结果往往来源于原始实验技术。显然,这种方式获得的数据并不会使建立的描述相当可靠地符合假定,也不会确定模型的适用范围。因此,随着固体推进剂非稳态燃烧空间和时间的测量分辨特性的发展,引入了先进的实验技术和特殊实验。

考虑所选择固体推进剂的特殊性能,非稳态燃烧的特定模型分析将使得到一些定性的结论成为可能。因此,气相的有限反应时间或者亚表面释放的挥发性成分,导致了不稳定燃烧域边界的改变和燃烧速率自激振荡的发生。考虑喷出颗粒燃烧的影响和气相反应的不完全性,将会更准确地研究燃烧室稳定工作范围。基于这些结果,将使得问题第四步求解变成可能,特定的模型被开发出来,描述现象的中间区域参数由插值表达式设计出来。

5.2　具有准稳态气相的准均质含能材料的不稳定燃烧

5.2.1　俄罗斯瞬态燃烧理论研究进展

1. Zeldovich 和 Novozhilov 方法的基础

1942 年,基于如下假设,固体推进剂瞬态燃烧模型被建立起来:

(1) 气相中的特征热松弛时间要比凝聚相中短得多(气相过程是准稳态的);

(2) 给定压强下推进剂燃烧表面温度;

(3) 凝聚相没有放热化学反应。

燃速主要由气相化学反应所决定。基于准稳态气相行为的第一个假设,则瞬态燃速将是压强和表面温度梯度的函数[1]。

$$r_b(t) = r(p(t), \varphi(t)) \tag{5.1}$$

在稳态或瞬态情况下,表面温度梯度可以由 $\varphi = (\partial T/\partial x)_{x=0} = r_b(T_s - T_i)/a$ 被确定或计算;a 为凝聚相的热扩散率。

对于瞬态或稳态燃烧,式(5.1)都是正确的,因此可以从燃速对初始温度的依赖性确定 $r_b(\varphi)$ 的实验数据。未知的燃烧化学往往被附加上大量的经验信息,该方法称为“现象学”方法。模型的最后两个假设在当时已经存在于液体炸药的燃烧概念中了。后来,在 1975 年,Zeldovich 报道的典型推进剂的燃烧表面状况似乎与上述情况完全不同,最后得出结论,他的模型仅适用于一些特定的配方。

在文献[17,18]中,基于特定假设考虑了热释放函数,考虑了燃烧表面温度和初始温度的依赖关系,尝试开发了瞬态燃烧模型。最后,在 1965 年,Novozhilov 在文献[19]中提出了现象学方法的延伸,现在通常称为 Z－N(Zeldovich－

Novozhilov)方法。此方法在 Novozhilov 1973 年出版的文献[20]中有详细阐述。

根据 Z - N 方法,放热化学反应可以在气相和凝聚相中进行。然而,由于化学反应活化能高,扩展了凝聚相反应区的空间,但是与推进剂预热层相比,还是非常薄的。因此,除了准稳态气相假设外,凝聚相反应区的热松弛时间比推进剂预热层松弛时间要小得多。因此,瞬态燃烧问题可以用一个简单形式进行表述,其包含凝聚相的热传导方程、封闭的"现象学"关系以及边界条件。

$$\partial T/\partial t + r_b(\partial T/\partial x) = a(\partial^2 T/\partial x^2) \tag{5.2}$$

$$\varphi = \varphi[r_b(t), P(t)] \tag{5.3}$$

$$T(x,0) = T(x), \quad T(0,t) = T_s(\varphi, P), \quad T(\infty,t) = T_i \tag{5.4}$$

需要指出的是,上述方程组的坐标 $x=0$ 对应的是燃烧样品表面极薄反应区的"冷边界"。还应指出,高压下准稳态气相假设变得无效。

2. 稳态燃烧的稳定性

在 Zeldovich 原始文件中引入了额外假设,即燃速对初始温度的依赖关系。他提出 $\sigma_p = \partial \ln r_{b0}(T_i)/\partial T_i =$ 常数对应的 $r_{b0}(T_i)$ 的指数或线性关系。在分析热传导方程第一个积分表达式时,函数 $\varphi(T_i)$ 必须有一个最大值,燃速在 $\varphi < \varphi_{max}$ 时有两个值。表面温度梯度的最大值由条件 $d\varphi/dT_i = 0$ 所决定。

基于这种条件可以得到关系式 $\sigma_p(T_{s0} - T_i) = k = 1$。且 Zeldovich 得出的结论是其对应于稳态燃烧极限。他分析指出随着 T_i 减少导致燃烧表面温度梯度增加,燃烧极限($k=1$)对应的最小值为 $T_{i,\min} = T_{s0} - 1/\sigma_p$。

文献[1]分析了燃烧稳定性失效的具体模式。后来,Novozhilov 分析了小扰动作用[19,20],结果表明,当 $k>1$ 时,稳态燃烧波也可以是稳定的,提供的参数 $r_N = (\partial T_{s0}/\partial T_i)_p$ 高于临界值 $r_N > r_N^*$,其中 $r_N^* = (k-1)^2/(k+1)$。如果 $r_N = r_N^*$,在有振荡频率 $\Omega = k^{0.5}/r_N$ 时,燃速出现了无阻尼振荡行为。在 $r_N < r_N^*$ 时,振荡振幅增加,当 $r_N < r_N^{**} = k + 1 - 2k^{0.5}(r^{**} < r^*)$ 时燃速呈现随时间指数扰动形式。典型的分析[20]在后续的几个工作中得以扩展。尤其是,如果预热层比稳定燃烧波热层更窄,那么燃烧稳定区变得狭窄了[21]。在推进剂药柱不透明的情况下,外部辐射热流使得稳定区域变宽,然而在推进剂透明情况下,区域又变得狭窄了[22]。

文献中有争议的观点是初始温度使得双基推进剂失去了燃烧稳定性。20 世纪 60 年代开始详细研究温度分布[23],结果表明,燃速对表面温度梯度的依赖是完全真实的,与 Zeldovich 研究结论正好相反,即燃速越高,燃烧表面温度梯度越高。此外,发现燃速对初始温度有强烈的依赖关系,与文献[1]是矛盾的,在初始温度低时 $k<1$,而初始温度高时 $k>1$[23,24]。从这些研究结果可以看出,较高的环境温度可以观察到双基推进剂的不稳定燃烧。事实上,20 世纪 80 年代就发现了双基推进剂燃烧稳定性消失的可靠证据[25,26]，在环境温度升高的实验中，采用推进剂后坐力动态实验装置测量。研究显示，当去除外部辐射通量（辐射辅助燃烧）后，在常压下和环境温度 100～120℃时，催化双基推进剂能自持燃烧，且无燃速的阻尼振荡。在较低环境温度下，由于阻尼的影响，燃速振荡幅度下降。这些观察为燃烧不稳定性提供了直接证据，在双基推进剂相对高的初始温度条件下，燃速与初始温度有强烈的依赖性。

这个发现显然与事实有矛盾，低初温下呈现振荡温度分布，而高温下呈现的是相对平滑分布[23]。过去，许多作者认为，降低初始温度是导致燃烧稳定性消失的原因[16,20,23]。同时，双基推进剂常压下燃烧可视化研究显示，在环境温度低时，宏观的间歇反应点的燃烧表面变得更加明显了。因此，在那种操作环境下，热电偶记录了局部的温度振荡[27]。因此，振荡表征的是表面层衰退的二维模型而不是燃烧稳定性消失特性，其依据仍然是一维准稳态方法。此外，在这种状况下燃烧过程的一维处理变得不合理，而在初始温度高时其处理较为合适。

3. 燃烧终止概念

瞬态燃烧通常在燃烧状态受到有限振幅扰动时发生，如压强突然下降、吹出的气流速度、辐射通量突然下降等。带来的问题是，外界参数的临界值是什么，什么造成了燃速的急速降低？临界值的估计工作首先是由 Zeldovich[1] 开展的。他的分析是基于燃烧状态发生了大的改变，达到了很高的表面温度梯度，由此导致了燃烧中的推进剂熄火。

Zeldovich 将熄火称为达到“静态”，因为根据预测，燃烧终止仅仅是因为突然间达到了表面温度梯度的临界值而造成的。这个观点很吸引人，是由于它简单且可用于后续的许多工作[28－31]。与 Novozhilov 的稳定性分析相比较，这个观点认为燃烧终止在振荡燃烧的边界。边界熄火的观点在文献[32,20]中有所阐述，但是该观点被 Frost 和 Yumashev[32,21] 提出质疑。他们发现，在减压条件下通过计算机辅助模拟推进剂燃烧，并不需要特定的假设考虑临界条件表征熄火现象。由于凝聚相表面层连续冷却造成了熄火，这主要表现在推进剂内部燃烧温度曲线出现了拐点。他们还发现，在瞬态燃烧过程中，当穿越燃烧稳定边界时，燃烧系统参量可暂时与不稳定燃烧区域对应，但这并不是熄火的充分条件。

基于燃速的动态行为考察，这些发现为动态熄火观点提供了重要支撑。根据这一观点，熄火不仅与给定时刻系统瞬时参量有关，而且与体系的加热过程及动态特性有关（燃速的温度敏感性）。其中，De Luca[34] 对动态熄火观点的发展做出了有价值的贡献。

如何去计算一个极低燃速问题，至今还没有一个明确的答案。在 Z－N 方法的框架范围内，标准的方法是将燃速与初始温度的依赖关系外推到低温。然而，对于低燃速，有时需要引入负的绝对温度（$T<0\mathrm{K}$），尽管其没有明确的物理意义。此外，按照热解规律，它对应于很低的表面温度。

文献[20]提出，在表面温度梯度为某一低值时，燃速 $r_b(\varphi)$ 的依赖关系应终止。然而，该建议没有被采纳。另一种方法认为控制瞬态过程的持续时间，把瞬态持续很长的时间作为熄火的判据[35]。但是当使用经典的现象学方法时，有必要证明这种情况下实验依赖关系外推的正确性。

4. 点火到燃烧过渡

点火瞬态行为是一个推进剂非稳态燃烧的例子，其在凝聚相有任意的初始温度分布。然而，当描述这种现象时，需要考虑是否有气相的化学反应，同时在燃烧前质疑在初始燃烧状态采用 Z－N 方法计算燃速是否有用[32]。

基于能量考虑，Zeldovich[1] 提出，保证成功点火应确保同时满足两个条件：①达到稳态燃烧所对应的表面温度；②提供的表面温度梯度小于临界值。很容易看出，这种说法考虑了加热环境，且与准稳态燃烧类似。然而，当应用于任意加热过程时，静态观点将给出错误的预估。

例如，如果初始阶段热通量相对较高，而最后加热阶段相对较低，上述条件在一个特定时刻被满足，但是有一个非常低的热存储于凝聚相中。显然，点火瞬态行为依赖于多种因素，并不能被提前预估。评论指出，在特定情况下，像 Librovich[36] 的著名书籍所述那样，推进剂点火延迟时间采用燃面温度等于凝相材料沸点的假设。应该指出的是，在相对高的热通量情况下能量源应被保持在某特定时间内，当达到了沸点温度后再减少，由于潜在的热损失，渗透到推进剂中的净热通量低于临界值。然而，高强度外部热源去除后，凝聚相的焓值超量将低于稳态燃烧波中的焓值超量。这将导致燃速急剧降低，且这种瞬态燃烧行为的预期结果是熄火。

静态观点并不能用于解决大多数的实际瞬态燃烧问题，主要是由于燃烧波的复杂性和物理化学过程的耦合。作为一个例子，可以考虑点火为燃烧波在固体推进剂样品界面传递。根据样品的物理化学参数，可以得到被点燃推进剂的初始温度分布。当数值模拟在 Z－N 方法的框架内时，对于点火和点燃推进剂的熄火边界可以表达为稳定状态的燃烧波参数[38,39]。特别是，焓值超量比例越高，在给定表面温度梯度比例情况下，通过接触面的燃烧波传播越稳定。如果固定推进剂点火参数，在点燃的推进剂中（高的热扩散率或小的燃速），采用一个大的热松弛时间，可以提高过渡期的稳定性。对应于熄火边界的临界参数，发现其依赖于热解法中的活化能数值和燃速的温度敏感性。对于简单和独特的表达熄火的特定状态尚无法得到，对于选择的推进剂去表征其瞬态燃烧需要特定计算。

5.2.2　西方燃烧响应模拟概要

本节将主要阐述西方世界在瞬态燃烧问题的方法。这是一个领域非常广泛的技术工作。因此，这部分主要关注美国使用的方法，主要是声波与瞬态燃烧的相互关系。

苏联/俄罗斯的研究方法与美国之间有显著的差异。美国的研究方法重点是声不稳定燃烧而苏联/俄罗斯的研究方法则更广泛，适用于最基本瞬态燃烧问题的方法（例如 Z－N 方法），例如熄火、点火、自激振荡燃烧等。美国的各种模型和理论已经获得了不同类型的应用。

文献[3,40]建立了评估不稳定燃烧的现代方法，被认为是不稳定燃烧研究的基础。不稳定燃烧研究工作始于 1940 年，随后许多学者开展了大量研究[41－43]。在应用物理实验室，Hart 和 McClure 团队[40]及随后的 Denison 和 Baum[3]等都关注了声学与瞬态燃烧的相互关系。这些工作的成果是采用一个简洁方程描述瞬态响应函数（例如燃烧速度对压强扰动的影响）。与他们工作同时进行的是，在加利福尼亚的中国湖，NTOS 开发了 T 型燃烧器[44,45]。T 型燃烧器提供了压强耦合响应函数实验测量的数据，并与理论进行比较，重点关注了声波的应用。这个方法为后续大多数研究提供了理论基础，从那时起，许多理论研究的结果与 T 型燃烧器实验结果进行了比较。

Hart 和 McClure 团队[40]的原创性论文考虑了瞬态的气相，但是随后的论文[46]又对准稳态（QSS）气相做了简化假设。Denison 和 Baum 的论文也认为是一个准稳态气相。1968 年，Culick[47]评述了各种模型，并在西方刊物上发表。获得的结论是考虑准稳态火焰的所有模型都可用普通的数学方式来表达。响应函数的表达式为：

$$R=(m'/m_0)/(p'/p_0)=nAB/[\lambda+(A/\lambda)-(1+A)+AB] \tag{5.5}$$

式中，$A=(E/RT_{s0})(1-T_i/T_{s0})$；$B=1/[\sigma_p(T_{s0}-T_i)]$；$\Omega$ 为频率；$\lambda(\Omega)$ 为频率的复合函数。

一些模型包括了公式分子中的第二项，代表的是非均相的、依赖性强的表面反应。大多数模型和后续工作都没有考虑该项，这与实际物理情况是不相符的。但这与俄罗斯开展的工作是一致的。Zenin 和 Novozhilov[48]研究结果表明，双基推进剂表面温度是燃速的函数，而与压强没有关系，因此，在 Z－N 理论中，参数 δ_p 等于零。Z－N 的响应函数求解形式被西方大部分学者所采用。

1. 准稳态气相火焰的等价方法

1971 年美国开展的第一项工作[32]也是基于苏联的 Z－N 方法。这项工作引起了究竟哪种方法更准确的争论。在 1973 年专著[20]中,Novozhilov 认为这些方法是类似的,结果也应该是相同的。事实上,Denison 和 Baum 提出的稳定性边界[20]与 Z－N 模型是一致的。然而,这些在相当长一段时间内西方并没有认识到。Osborn[49,50]和他的学生发表论文比较了两种方法的结果。当他们得出不同结果时,说明在对两种方法的解释方面明显存在一些错误。最终认识到,这两种方法是相当的[51]。

苏联/俄罗斯与西方国家的工作关联性可以通过比较响应函数方程来获得。Z－N 响应模型研究如下所示(见 Novozhilov 的文献[20]和 Zarko 等的文献[52]):

$$\psi = (\Delta r_b / r_{b0})/(\Delta P / P_0) = (v_p + z\delta_p)/[1 - k + z(r_N - ik/\Omega)] \tag{5.6}$$

式中,$z = iY + 0.5(\Omega - Y)/Y$;$Y = (1/8)^{0.5}[(1 + 16\Omega^2)^{0.5} - 1]^{0.5}$;$\delta_p = v_p r_N - \mu_p k$。

对比 Z－N 模型和西方响应函数研究模型的参数,可以知道下面表达式是相当的:

西方的表述	俄罗斯的表述
$n = (\partial \ln m_0 / \partial \ln P_0)_{Ti}$	$v_p = (\partial \ln r_{b0} / \partial \ln P_0)_{Ti}$
$A = (E_s / RT_{s0})(1 - T_i / T_{s0})$	$k/r_N = (T_{s0} - T_i)(\partial \ln r_b / \partial T_i)_p / (\partial T_{s0} / \partial T_i)_p$
$B = 1/[\sigma_p (T_{s0} - T_i)]$	$1/k = 1/[(T_{s0} - T_i)(\partial \ln r_b / \partial T_i)_p]$

因此,当 $\delta_p = 0$ 时两种方法在数值上是相当的。

2. 燃烧不稳定响应参数的计算

20 世纪 70 年代中期,采用由 BDP 模型发展的 PEM 模型[49]去模拟稳态燃烧,取得了显著进展,并且 Beckstead 把 BDP 模型的扩展模型应用到各种不同种类的推进剂[53,54]。稳态燃烧计算参数方法可以用于计算 Denison 和 Baum 模型的非稳态参数[49,53],这类似于 Z－N 方法所进行的分析。模型计算分析需要输入表观活化能和固体的热扩散率参数值。该模型计算的燃速、表面温度及温度敏感系数均是压强的函数,压强指数也可以进行计算。这些都是计算响应函数所需要的值。非稳态分析的一个固有假设是,推进剂是均质的,并且火焰是预混的。对于复合推进剂来说,一般假设是固体但不是均质的,且燃烧控制机制由扩散火焰控制。对各种应用的复合推进剂而言,通常附加额外的假设,也是采用稳态模型来计算参数,推进剂异质特性的平均和扩散方面可以使用 Z－N 或 D－B 模型进行计算。这是计算有效性的一个重要的公认假定。基于这个固有假设,该方法被广泛应用于各种 AP/HTPB 复合推进剂[49,50,53],或者普通的双基推进剂[54,55]，或者含 AP/HMX 的双基推进剂[54]、高能推进剂[56]等。由于缺乏各种推进剂的定量数据，因此验证这种方法的有效性还存在困难。

同时，Cohen 开发了一个模型用于阐释复合推进剂的非均匀性[57,58]。他的基本观点是复合推进剂中氧化剂颗粒粒度应该与一个"层频率"相互关联。这个观点已经被俄罗斯[60]和西方[59]国家研究者认可。Cohen 结合层频率的想法和两参数 D－B 模型建立了一个新模型，新模型具有多个响应峰值。他已经发表了一个很有用的模型[61]，并且该模型已经被成功应用于复合推进剂的不稳定燃烧响应。他持续发表了许多论文[62,63]，文章里模拟了氧化剂颗粒尺寸对燃烧响应函数的影响。由于缺乏表明这种特定效果的定量数据，因此，其概念有效性验证是困难的。后来大量的实验结果表明，氧化剂颗粒尺寸与最大燃烧响应频率之间缺乏直接的关系[64]。

更多研究论文由 Margolis 等[65－67]发表，他们使用大活化能渐近法模拟单元推进剂或均质推进剂的燃烧。他们看重的是内在不稳定性，而不是声耦合问题，从这个意义上来说，他们的工作类似于苏联/俄罗斯专家的研究。Deur 和 Price 已经发表了两篇论文[68,69]，试图将扩散火焰合并到 D－B 模型中。他们假设扩散火焰前缘主要受化学动力学控制，因此对推进剂非稳定性产生了重要影响。他们认为扩散火焰扰动与通常预混火焰响应是线性关系。对于典型复合推进剂而言，他们的计算响应范围很宽但数值偏低。

Clavin 和 Micci 研究并报道[70,71]了基于 QSS 气相假定的松弛模型。Clavin 应用大活化能渐近方法获得了相对高频率下的高振幅响应。然而，最大频率响应结果通常比典型计算结果高一个数量级，因此，应该仔细检查结果的可信性。Micci 的方法是基于三步动力学火焰假设模型，得到了双基推进剂的典型两级火焰观测结果。Micci 的结果同时也表明在更高频率时响应被放大，且他们的频率数值与前人研究一致。这样的结论令人鼓舞。

Yang 等[72]也发表了基于全局动力学假设的模型工作，这些工作前人也已经开展过研究。与 Micci 等人一样，他们对气相使用了相同的三步动力学反应机制，也采用了三步动力学反应机制来描述凝聚相。但是他们并没有公开报道实际响应函数的计算结果，而是将计算结果直接耦合到火箭发动机流体动力学计算中。

3. 完全瞬态燃烧问题

基于燃烧理论的基本知识[73,74]，可以获得固体推进剂瞬态燃烧控制方程。然而，固体推进剂燃烧中所涉及的物理和化学过程需要注意，如何来确定这个问题的边界条件。存在的主要问题是凝聚相过程的处理与时间之间的联系。例如，当温度和时间在很宽的范围内改变时，很难详细描述表面层下的瞬态燃烧行为(相变、泡沫形成和破坏、凝聚相总的化学反应机制等)。目前为止,现有问题还没有正确的解决方案。因此,现有的方法只能作为近似的尝试来解决精确的瞬态问题。

由于控制方程存在很强的非线性,因此,在分析这些问题时存在很大的困难。然而,Novozhilov[8]已经尝试接受一个有趣的结果,即关于 r_N 小范围参数变化引起的燃烧行为。根据文献[8],在燃烧表面上,当考虑由于熔化和沸腾引起的燃烧爆炸模型[15]和考虑非稳态气相过程时,燃烧系统总的热松弛时间特性变得相当复杂($t_g^{2/3}t_c^{1/3}$),无论对于气相还是凝聚相,t_g 和 t_c 是热松弛时间特性的函数,并且 $t_c \gg t_g$。

第一个固体推进剂完全瞬态燃烧的例子由 Vilyunov 等[75]人给出。他认为,绝热条件下气相和凝聚相之间没有热交换,且凝聚相反应服从热力学第一定律,随后保持固定。在点火瞬态过程中,发现了燃速的阻尼振荡行为。后来认识到[76,77],瞬态自持续燃烧过程中燃速振荡并不是瞬态燃烧行为的一个独特特点,而是取决于特定类型固体推进剂的化学动力学参数。

对气相反应有一些详细描述,但 Armstrong 和 Koszykowski[78]提出了对推进剂表面采用一个非均相反应。对于"强"和"弱"的气相反应,他们分析了温度和反应产物质量分数的短暂行为。研究发现在弱气相反应时,一个稳态燃烧的推进剂有一个分离的火焰,除去相对高强度的外部能源后,热分布特性与没有考虑气相放热反应所获得的热分布行为是一样的,主要是由于气相的热容与凝聚相对比相对较小。

值得注意的是,气相反应的作用似乎在点火瞬态过程中是最重要的[79]。在耦合气相和凝聚相反应对比单纯凝聚相反应来说,点火瞬态的稳定"岛"是较大的。

一个用于处理两个凝聚相和两个气相的更复杂的方法由 Price 和 Boggs[80]提出。然后,为了简化问题,根据火焰的对峙距离,气相反应选择了流动反应器模型,确定了随时间变化的固体界面的热反馈。基于给定瞬态和稳态相同的参数,模型描述了几种均质推进剂的点火延迟和稳态燃速。通过比较燃速和点火参数数据,确定了动力学参数。

Knyazeva 和 Zarko[81]建立了更多的理论方法,他们认为凝聚相是一阶反应,而气相是二阶反应。去除外部能量源后,点火瞬态的自持续燃烧稳定性依赖于点火和熄灭标准的选择。文献再次证实,拥有相对弱的气相反应的推进剂,在受到外部强大的热源时(远高于燃烧波的内在热),如果外部热源突然去除,则导致推进剂燃烧熄灭[78,82]。这种燃烧行为已经在双基推进剂采用辐射通量点火实验中被观察到[83,84]。

5.2.3　准稳态方法的难点

当确定了气相和凝聚相恰当的热松弛时间后，QSS 方法可以用于瞬态燃烧行为模拟。由于对凝聚相化学反应的基本机制和反应动力学知之甚少，因此很难做到这些预估。对于包含一些在相对低的温度下熔化和分解组分的推进剂来说，这些变得相对困难。

QSS 方法可以应用在参数 $r_{b0}(T_i) \sim r_{b0}(T_{s0})$ 的范围内，可以由实验或理论所确定。因此，没有特殊的证据证明在极端燃烧状态如点火或熄灭条件下，不能使用这些方法模拟瞬态燃烧。

当使用 Z－N 方法开展预估时，需要知道准确的数据 $r_{b0}(T_i)$ 及 $T_{s0}(T_i)$，以及它们的导数 σ_p 和 r_N，其中 $\sigma_p = (\partial \ln r_b / \partial T_i)_p$。这些数据的获取存在明显的困难。例如，为获得具有 20% 误差的数值 $r_N \approx 0.5$，在初始温度区间为 10～20K 时[23,24]，T_{s0}的测量绝对误差应不超过 1～2K。这种限制在实际实验中几乎达不到，意味着 T_{s0}的测量误差应不超过 10～20K。当确定 σ_p 值时，由于其与 $r_{b0}(T_i)$ 有微弱依赖关系，因此很难提供可接受的准确性。当 $\sigma_p \approx 10^{-2}$ 以及 $\Delta T_0 \approx 20$K 时，为保证 σ_p 的准确性在 90% 以内，需要 r_{b0}测量误差在 2% 以内，这种情况是可以实现的，但是几乎没有提高的可能。因此，实践中很难获得 $\sigma_p < 10^{-2}$ 的优于 20%～40% 的误差。

当参数 r_N 非常低时，Z－N 方法应用变得困难。按照该方法的经典算法[20]，在燃烧稳定性边界，燃速振荡的预估频率是 $\Omega \approx 1/r_N$。因此，当 $r_N \leqslant 1$ 时，$\Omega \gg 1$，准稳态气相假定将不适用。更详细的 Z－N 方法的应用可参见文献［37］。

从历史发展来看，瞬态燃烧模型都是在稳态燃烧模型的简化基础上建立的。原因是分析和数值求解都存在困难，并且缺乏非稳态燃烧模型的物理化学背景。因此，理论预测只能是逐步接近。同时，发展瞬态燃烧过程模拟，可靠预测燃烧动力学行为，在新的含能材料设计和推进系统设计中有迫切的现实意义。这项任务可以通过对现有的准稳态方法的改进，以及新的全面的瞬态燃烧模型来阐述。

对于瞬态燃烧理论的进一步发展，需要解决一些特殊的问题。其中一个最主要的问题是如何识别和描述凝聚相系统的化学反应。在瞬态燃烧过程中，凝聚相反应程度可能发生变化，需要理论或实验信息来定义这种反应程度随时间的变化信息。而公认的独特的全局动力学参数并不能准确描述稳态和瞬态燃烧。多步骤化学反应动力学机制已被成功用于描述单组元推进剂的气相燃烧。然而，现在准确的描述凝聚相多步骤动力学反应机制仍是不可获得的。

未来一个重要的研究方向将是如何确定凝聚相反应过程的详细化学动力学反应步骤。另一个问题将是确定简化的动力学方案来描述凝聚相和气相的化学反应,它们会充分地描述稳态和瞬态燃烧。应该开展特定化学动力学研究为瞬态和自持续燃烧提供准确恰当的全局动力学参数。

表面温度和燃速的准确值已经被确定,稳态实验获得的数据被用于 Z – N 方法中。然而,实验仅提供了近似的参数,其需要使用 Z – N 瞬态燃烧模型。因为严格来说,方程(5.2)方程(5.4)已经以一定的形式被列出了,T_s 和 φ 值应该在凝聚相反应区的内层。因此,由非稳态实验计算获得经验的信息用于 Z – N 方法似乎更合理,然而这也是不容易的。

这种方法的实例在文献[26]中,振荡燃烧的共振频率数据被用于获得 $T_{s0}(T_i)$ 和参数 r_N、k。体系在受到外部加热时,燃烧系统有微弱的声振响应,或者其他准确的描述瞬态燃烧体制可以用于实验参数的确定,这些都需要使用 Z – N 方法。

当代科研发展,需要详细了解完全瞬态燃烧模型所涉及的详细化学反应机理,在凝聚相和气相以及发生在燃烧波中的物理过程信息。例如,必须要考虑固体熔化过程和气态分解产物的解离。纯液体在燃烧表面沸腾的简单想法[15],应该被扩展到存在化学反应的多组分混合物沸腾。为了探索燃烧的化学反应机制,需要使用非入侵性的时间分辨光谱方法[86],用以测量瞬态燃速。很明显,应首先开展如硝胺类单元推进剂的研究,然后扩展到双基和复合推进剂。

为了获得更多可靠的瞬态燃烧知识体系,理论模拟结果应直接与实验观察的燃烧波参数随时间变化规律进行比较:温度和组分浓度分布、燃速或燃烧后座力大小。

5.2.4 熔化含能材料的自持燃烧稳定性

在研究含能材料的自持燃烧内在稳定性时[20],其燃烧波的相变已被忽略。然而,考虑相变在现象学方法的主要思想框架内,这个问题可以很容易地表述[85]。

正式考虑含能材料的相变将会导致非常繁琐的表达式。让我们充分利用这样一个事实,广泛应用于含能材料(例如 RDX、HMX、Cl – 20)的熔化热效应比结构变化的影响高好几倍,因此可以考虑忽略后者。在这种情况下,类似于典型的方法[20],在常压下可以确定燃烧稳定性的极限依赖参数 k 和 r_N 以及其他的参数 $\overline{Q}$、$\overline{\lambda}$ 及 v_m,其定义为

$$k=(T_s-T_0)(\partial \ln r_b/\partial T_0)_p;r_N=(\partial T_s/\partial T_0)_p$$

$$\overline{Q}_m=Q_m/c(T_s-T_0);\overline{\lambda}=\lambda_{sol}/\lambda_{liq};v_m=(T_m-T_0)/(T_s-T_0)$$

图 5.1 为$\overline{\lambda}=1$、$\overline{Q}_m=0.3$、v_m 值变化的情况下，燃烧稳定性极限变化趋势图，稳定性区域位于实线以上。对所有的 k 来说，计算出的稳定性区域是两个极限曲线 A 与 B 之间的区域。当这一结果对比于经典方法[20]计算的极限 $r_N=(k-1)^2/(k+1)$时，对应于图 5.1 中的曲线 B，显而易见，熔化使得稳定性区域面积减少。曲线 A 的方程是 $r_N=(k^*-1)^2/(k^*+1)$，其中 $k^*=(T_s-T_0+Q_m/c)\partial \ln r_b/\partial T_0=k(1+\overline{Q}_m)$。

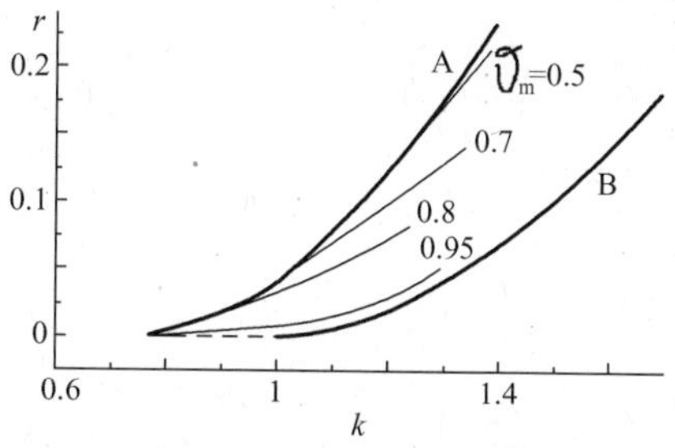

图 5.1　$\overline{\lambda}=1$，$\overline{Q}_m=0.3$，v_m 值变化的燃烧稳定性极限

对于相对小的 k 值，此结果的获得是重要的。对于熔化含能材料来说，当 $k<1$ 时表明了可能燃烧不稳定。值得注意的是，根据文献[20]，当 $k>1$ 时，没有熔化的燃烧是稳定的。

图 5.2 为$\overline{\lambda}=1$，$v_m=0.7$，$\overline{Q}_m$ 值变化情况下的燃烧稳定性极限变化趋势图。随着$\overline{Q}_m$ 的增加，稳定边界转移到基本线（$\overline{Q}_m=0$）左侧，这意味着主要的稳定性燃烧区域变得更窄。

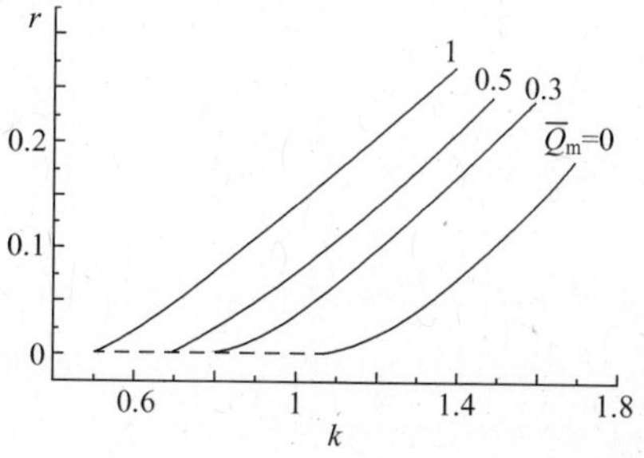

图 5.2　$\overline{\lambda}=1$，$v_m=0.7$ $\overline{Q}_m$ 变化的燃烧稳定性极限

图 5.3 坐标系 k^* 与 r_N 中，稳定性极限依赖于参数 $\overline{Q}_m$ 和 v_m。坐标变换的所有曲线都通过(1,0)点。可以看出，曲线上的 v_m 值越小，坐标原点与基本线($r_N=(k^*-1)^2/(k^*+1)$)之间的偏差越大。

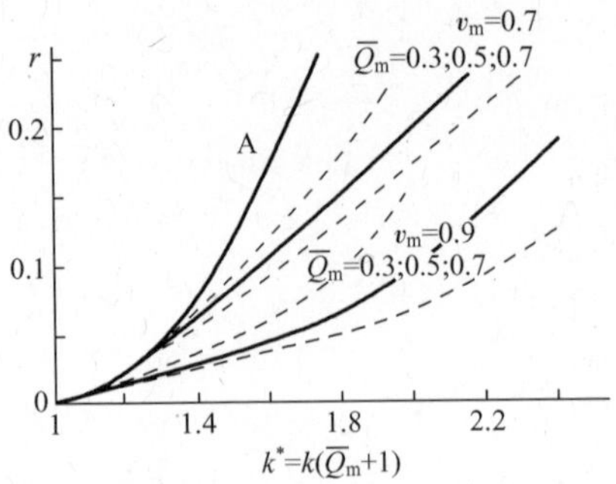

图 5.3 更改坐标系中的燃烧稳定性极限曲线 A：$r_N=(k^*-1)^2/(k^*+1)$

观察到的曲线变化行为具有明确的物理意义。需要注意的是，由于在距离 $x>x_m$ 时的相变影响，大部分凝聚相温度分布显示了其独特性。在稳定状态下，当 $0<x<x_m$ 时，Mikhelson 分布出现了，这恰恰与含能材料没有相变而仅降低了初始温度 $T_0^*=T_0-Q_m/c$ 一致。因此使得很容易去计算 $x_m=[\lambda_{liq}/(r_b c_{liq}\rho_{liq})]\ln[(1+\overline{Q}_m)/(v_m+\overline{Q}_m)]$。还应注意，谐波热扰动在大部分含能材料频率 f_0 时，依据规律 $x_{tf}\approx(f_0)^{0.5}$ 进行衰减。

明显的是，当 $x_{tf}<x_m$ 时，模型对相变不敏感。对于没有相变的含能材料，其结果如文献[20]所示。因此，当 $x_{tf}<x_m$ 时，稳定性极限与曲线 $r_N=(k^*-1)^2/(k^*+1)$ 一致。当熔化温度减小时，熔化层厚度 x_m 增加。为使得 $x_{tf}=x_m$，分支点必须沿着基准线向低频率移动(远离坐标原点)。

在低频扰动的情况下，此时温度波衰减的特征距离 x_{tf} 变得大于熔化层厚度 x_m，这意味着扰动到达了相变的界面。根据 Le Chatelier 原理，必须加强扰动的衰减。这种影响越强烈，相变释放的温度越大。因此，在坐标系 r_N 和 $k^*=k(1+\overline{Q}_m)$ 中，当 v_m 为常数时，将使得稳定区域面积增加，结果反映出熔化热对燃烧稳定性影响的双重效果。首先，在任意的熔化温度，有限的熔化热值将导致稳定性面积的减少，这是由于初始温度的降低引起的。当分析曲线 A 的初始位置($r_N=0$)时，从图 5.1 和图 5.2 可以看出这种效果。同时，对于给定的熔化温度值，当温度分布振荡到达固液界面时，熔化热作为一个阻尼器，对于提高燃烧稳定性起到了积极作用，如平面坐标系 k^* 与 r_N(见图 5.3)。由于最初因素的重要影响，关于熔化热对燃烧稳定性的负面影响，这并不会改变总的结论。当

$r_N \to 0$ 时(高频区域,见图 5.1 - 图 5.3),考虑在气相和凝聚相存在有限过渡时间,需要开展特定分析。

5.2.5 唯象模型的特定分析

1. 考虑外部辐射的影响

关于凝聚相的透明性可以通过问题陈述来简单概况[1,20]。辐射吸收由 Lambert - Beer 法则来确定,相应的项可以添加到凝聚相的热传导方程中,该方程的求解方案在文献[1,20]中进行了描述。文献[26,87 - 89]中,在辐射通量作用下,进行了固体推进剂传输过程非稳态燃烧的理论和实验研究。在固体推进剂燃烧实际条件下,很难确定表面上的一小部分辐射吸收。然而,对于成分具有较大透明度的固体推进剂瞬态燃烧模拟来说,这样的研究是非常重要的。例如,根据文献[90],三硝基苯甲硝胺的燃烧,在压强大于 8atm 时内在的火焰加热了凝聚相,超过了 Michelson 预热层厚度,达到 20 倍。

2. 考虑凝聚相反应区有限响应时间

凝聚相反应区时间响应特性,已经在许多论文中进行了尝试性研究。事实上,许多组分的实验测量凝聚相温度分布与 Michelson 规律明显不同,或许是凝聚相反应区较宽的原因[91]。研究表明[92],这种影响可以通过引入有限大小的延迟时间模型来解决[20]。比较现有模型,凝聚相表面层下的热释放由非均匀的分析方法确定。当使用非稳态实验来计算所需要的延迟时间,并将其应用于外部激励随时间变化的任意情况时,该方法可以用于分析固体推进剂瞬态燃烧。

在类似的方法框架内,温度近似解和凝聚相化学反应区没有反应的物质浓度可在文献[93,94]中发现。两个文献的工作存在两个缺陷:首先,在求解确定准稳态过程的区域和相应的非稳态燃速数值时,忽略了有意义的参数。准稳态过程发生在气相和凝聚相($-s<x<0$)表面层以下,因此问题不能被归结为热传导和全局反应速率依赖于 Arrhenius 定律。文献[93,94]认为质量燃烧速率可以由表达式 $m=m(p,\varphi,\beta_s)$ 描述,φ 为温度梯度,β_s 为凝聚相分解率。这种关系仅适用于在物质体积内反应。更实际的是气相反应产物的假设,通过凝聚相的孔隙系统逃逸,通过反应造成了凝聚相体积的部分消耗。这种情况下,通过表面 $x=-s$ 的总的气相流量为

$$\rho_{gs} v_{gs} = \int_{-\infty}^{-s} W \mathrm{d}x \tag{5.7}$$

该流量仅在稳态情况下与 $m(1-\beta_s)$ 值一致,其中,β 满足以下方程:

$$W = -\rho_c \frac{\mathrm{d}\beta}{\mathrm{d}t} = -\rho_c \left(\frac{\partial \beta}{\partial t} + u \frac{\partial \beta}{\partial x} \right), \quad \int_{-\infty}^{-s} W \mathrm{d}x = -\rho_c \int_{-\infty}^{-s} \frac{\partial \beta}{\partial t} \mathrm{d}x + m(1-\beta_s)$$

因此需要考虑过程中对准稳态区参数的依赖性，不仅是表面的孔隙率值$(1-\beta_s)$，而且要考虑参数$\beta_g=\rho_{gs}v_{gs}/m$，这不能被简化为$(1-\beta_s)$，因为这是通过表面$x=-s$的气相的总质量流率。$\beta_g$和$(1-\beta_s)$是不同的，这由凝聚相反应区瞬态响应的观察而得到。考虑到这些因素，可以得到

$$m=m(p,\varphi,\beta_s,\beta_g) \tag{5.8}$$

第二个缺点是方法的不正确性，预估瞬态燃速使用了稳态的经验假设。如文献[1,20]所描述的那样，该方法尚未正式应用。正式应用需要如下考虑：通过求解非稳态问题[95,96]获得方程(5.8)中φ、β_s、β_g的参数值。此后，m值应该由经验获得。找到稳妥的实验获得φ、β_s、β_g的数值是非常必要的。

$$m_0(T_0,p,\mathrm{var1},\mathrm{var2})=m(p,\varphi,\beta_s,\beta_g) \tag{5.9}$$

右边函数所包含的参数主要来自稳态实验或理论结果那些参数左边的函数，例如

$$\lambda\varphi=cm^0(T_s^0-T_0) \tag{5.10}$$

M_o和T_s^o对某些参数的依赖关系应该被考虑。其实，式(5.9)的有效性需要使得函数两边的自变量数目相同。可以建立一些方法来测量稳定状态下的β_s和β_g值。

$$\beta_s=\beta_s(T_0,p,\mathrm{var1},\mathrm{var2}),\quad \beta_g=\beta_g(T_0,p,\mathrm{var1},\mathrm{var2}) \tag{5.11}$$

由方程(5.9)计算m，需要使用计算值φ、β_s及β_g，故必须得到方程(5.9)右边的参数值，需要求解系统的三个方程(5.9)－(5.11)以及三个未知参数T_0、var1、var2。如果假定方程(5.9)对β_g的依赖是不重要的，并且忽视这个参数带来不是很大的误差[93,94]，则剩余的两个独立方程必须对应两个未知数T_0和var1。仅使用一个未知数T_0，表明文献[93,94]中对φ和β_s之间相关性缺乏清晰的认识，并且有损问题合理定义的正确性。

特别值得注意的是，当试图去正确求解时，问题出现了[93,94]。为此，采用静态实验测量m、T_s、β_s、β_g时需要选择各种值，不仅包含p和T_0，而且对其他任意参数var1和var2亦如此。通过改变这些值(分别或同时或结合T_0)，在这些参数改变的二维区域内可以获得β_s和β_g值。指出固体推进剂参数的变化(组成和技术)是困难的，在压强P和φ都为常数条件下，可引入推进剂参数改变β_s，但是不能曲解在表面上所产生现象的形式和函数式(5.9)的形式。此外，当β_s为常数时，改变β_g是不可能的，因为在稳态情况下$\beta_g+\beta_s=1$。因此，考虑凝聚相反应区的特征时间，保存但不改进逻辑方案[1,20]，将导致分析获得不正确结果。

3. 气相中的有限响应时间解释

在气相瞬态燃烧行为研究中，许多工作[92,8,70,71,97-102]围绕预估热传导特征

时间的影响进行了研究。尝试考虑气相中预热区的特征时间，由此解决不需要额外的关于表面过程稳定性假设的问题（和文献[1,20]相比较）。有一个案例已被进行研究[98]，在近表面气相反应区，未知的过程和凝聚相汽化区可以采用准稳态假设。凝聚相和气相应该考虑热松弛时间特性。

与固体推进剂密切相关的稳态燃速 m_0 对压强 p、初始温度 T_0 及外部热流 q_s 的依赖关系，该假设是已知的。研究表明界面和气相反应区质量流率 m_s 和 m_g 分别依赖于 p、φ、q_s 和 p、φ_g、ψ，其中 φ 和 q_s/λ 为凝聚相反应区冷和热边界的温度梯度；φ_g 和 ψ 为气相反应区活性成分的温度和浓度梯度。φ、q_s、φ_g、ψ 数值可以通过求解对应非稳态问题在没有反应发生的区域而确定。m_s 和 m_g 的获得依赖于这些参数的数值，也属于非稳态问题，可以通过类似于文献[1,20]从稳态问题的每个状态参数的经验数据而得到，包含计算需要的 φ、q_s、φ_g、ψ 数值。对于给定的这种方法如此做是不可能的，尽管我们假定在使用外部热源变化的情况下，稳态实验中 q_s 的值是改变的。事实上稳态实验意味着 $m_s = m_g$，但是在稳定状态下任意 T_0 和 q_s 对应的 m_s 和 m_g 数值是不可能获得的，这可能变得与非稳态问题相同。

然而，文献[98]提出的想法看起来是很有前途的，如果拒绝描述气相现象学反应区，那么可以实现采用一个简化形式，并对气相给出一个完整的数学描述，如文献[8,70,71,99-103]所示。在这种情况下，仅有一个凝聚相表面层区域使用最复杂的和几乎未知的过程从现象学上进行描述。如果假定气相为纯粹的热效应区（没有非均相反应），那么下面的关系是有效的[98]：

$$m_s = m_s(p, \varphi, q_s) \tag{5.12}$$

否则，表达式还应包括近表面活性气体组分的浓度。φ 值（见文献[8]）可以通过求解非稳态问题的热传导和扩散获得，准稳态依赖问题式（5.9）可以通过实验并改变 T_0 和 q_s 参数而发现。在这些实验中某些困难可以与发展获取 q_s 的测定技术相联系，因为很难区分外部热通量贡献还是燃烧产物火焰贡献。

4. 变量 RT 值的解释

正如文献[6]所指出的，如果 RT 对 p 和 T_0 存在依赖关系，那么现象学的方法[20]就可以计算瞬态燃烧体系的 RT 值。应该指出的是，记录 $RT(p,T_0)$ 值的实验可能会变得比较简单，因为在燃面相对远的距离范围内“最终”燃烧产物仅仅发生了轻微改变，它们可以通过相当原始的实验手段来确定。

5.3 有完全瞬态气相的熔化准均质材料的瞬态燃烧

众所周知，许多含能材料通过燃烧波而熔化，燃面上有液体层。此外，在相对低温情况下,含能材料可能会改变其晶体结构。通常情况下,在稳态燃烧模拟中,凝聚相变化的影响可以用一个简单的方式予以考虑,即通过引入有效的初始温度进行计算,该计算基于燃面的热平衡原理[104]。

然而,当模拟瞬态燃烧时,尚不清楚相变是否可以采用这样一个简单的方式来考虑。预估含能材料的瞬态燃烧行为,至少限制在燃烧稳定性的情况下,这取决于相变产生时的温度和潜在热能。很明显,作为一项规则,凝聚相表面汽化的最高效力是产生了大量的潜在热能。过去,瞬态燃烧模拟中主要考虑了蒸发。然而,似乎关于相变的影响也应该被研究,因此在最近的工作中对这个问题已经开始进行探索研究。结果表明,熔化或相变产生的潜在热能大大小于蒸发热,可能在辐射驱动燃烧中起到特殊作用[105,106],在含能材料燃烧的内在稳定性研究中[107,108]亦如此。

上述工作主要处理了分析方法的问题,对于研究熔化含能材料的燃烧行为是非常有意义的,尤其是使用复杂数学模型来研究瞬态燃烧问题。

5.3.1 数学模型

该模型是采用凝聚相和气相中的化学变化来描述含能材料的熔化和蒸发燃烧[105,107]。含能材料的典型代表是硝胺,以及新近合成的氧化剂如 ADN、HNF 等。为简单起见,仅考虑全局反应进行分析。

在凝聚相中,模型考虑了固体的热传导和液体的熔化温度 T_m(吸热 Q_m 的影响);有热效应的液体相一级分解的全局放热(Q_{liq})反应;以及根据 Beer 定律[$q_r \approx \exp(-\alpha x)$]在大部分凝聚相进行的辐射吸收。虽然凝聚相和液体相的导热系数是不同的,但热容量和密度则是相同的。对固体和液体材料来说,辐射吸收系数 α 是相同的。固体和液体界面,以速度 v_m 通过凝聚相。

在气相中,模型考虑了热传导、扩散和热效应为 Q_i($i=1,2$)的两个全局反应。气相反应产物被认为与液相分解产物在组成方面是一致的,蒸气的分解反应为 N_1 级,主要是一级反应。经过二次反应产生了最终燃烧产物,该反应为 N_2 级。燃烧过程的反应路径如下所示:

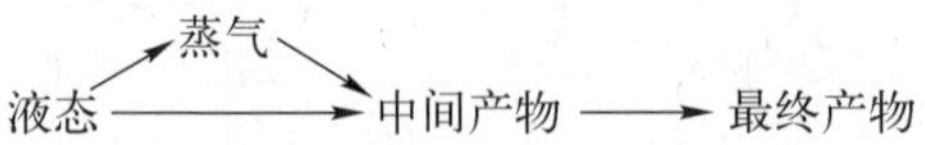

合理反应路径的选择是一个十分复杂的课题,并且还没有足够的背景支撑。这尤其要考虑凝聚相中的反应。尝试去制定包含一些全局反应[109,110]的反应路径,但没有阐明其理由。值得注意的是,当使用全局反应方法时,不得不描述某些方法来实验确定动力学参数。

在计算凝聚相反应参数时，主要是基于硝胺热分解[111]的文献资料数据。事实上，由于燃烧和热分解条件下的加热速率的差异使得这是一个非常粗略的估计。在特定条件下，通过点火实验获得所需要的数据是合理的，提供了消除气相反应所造成的可能的影响，例如，采用惰性气体吹到惰性表面上。

文献[112－115]中列出了硝胺燃烧火焰反应的几个详细方案，包含40种组分200个反应步骤。使用这些方案可计算火焰温度和浓度。但使用复杂的详细化学反应方案，使得在计算瞬态燃烧问题时存在技术困难，因此需要简化动力学方案来研究动态燃烧行为，这是将来一个主要的工作。值得注意的是凝聚相反应的详细方案尚没有阐述，同时全局动力学反应参数也可以来自特定条件下熔化含能材料燃烧实验数据的恰当处理。因此，基于模型开展了很多的计算工作。作为第一个估计，硝胺蒸气热分解数据和产物反应数据可以用于确定气相反应的全局动力学参数。

1. 凝聚相的物理状态

在建立数学模型时，在凝聚相表面和基体燃烧过程中讨论清楚物理作用是很重要的。大量凝聚相中进行的化学反应提出了需要解释的问题，即液体含能材料的有效密度以及通过亚表面层溶解气体的演化模式。很自然，这里需要假设，气相分解产物首先溶解在液体层中[116]。然而，如果考虑液体材料中气相平衡求解方法，那么这对应于在凝聚相中忽略含能材料的一部分热分解[117]。在有限分解程度情况下，将会假定气相泡沫在液体层中形成。它们的行为可以采用几种方式进行描述。

1966年[118]有学者建议这样描述，假定气相和液相的运动速度是相等的：$v = v_{liq} = m/\rho_c$，因此凝聚相的有效密度为 $\rho_c = (1-\beta)\rho_{liq} + \beta\rho$，$\beta$ 为体积气体分数，ρ 为气相密度。建议的描述相当于在燃烧表面形成多层泡沫，该描述从来没有被实验所证实。对两相表面层更详细的分析参见文献[119－121]。特别是文献[120]中，气相运动和液相运动的线性速度的半经验公式分别为 $v = (1 - s\beta + s)m/\rho$ 和 $v_{liq} = (1 - s\beta)m/\rho_{liq}$。这里匹配参数变化范围为 $0 \sim \infty$，允许描述从亚表面层气体释放的极端状况。

模型分析中，讨论了恒定密度的液体层的最简单情况，这对应于理想气体在液体中溶解而不形成气泡或者是以极快速（$v\to\infty$，$s\to\infty$）排气的液体层。应该说，在薄层的扩散过程中，能够提供从液相中排出的气体很快的运动速度。如果假定气相产物开始逸出，则大量含能材料逸出气体点与表面距离等于反应区长度 $l_{ch} \approx 0.1\,(\lambda/C\rho)_{liq}/r_b$。如果在反应区中液体的停留时间 l_{ch}/r_b 大于扩散时间 $(l_{ch})^2/D$，D 为扩散系数，泡沫将不会形成。上述条件的数学表达式为 $D(T_s) > r_b l_{ch} = 0.1\,(\lambda/C\rho)_{liq}$。简单的估计表明，典型含能材料保持熔化状态的大致条件

是 $D \geqslant 10^{-4}cm^2/s$ 以及$(\lambda/C\rho)_{liq}=0.001cm^2/s$。

由于气泡内的内在蒸发，以及 Marangoni 和 Archimedes 效应，泡沫通过液相层对热传导的影响则应进行详细的考虑。问题是在熔化含能材料液体表面层是否存在可靠的泡沫。恰恰相反，在大气环境和压强升高情况下双基推进剂燃烧表面并没有观察到实际形成的泡沫，尽管在熄灭的样品表面有泡沫存在[122]。双基推进剂熄灭表面的泡沫是推进剂样品熄火时，样品冷却过程导致非平衡气相释放的结果。因此，泡沫形成引入到燃烧模型应该有明确的实验结果来证明。一个获得信息的方式是采用 X 射线辐射源的高速摄影研究含能材料的燃烧。

2. 表面蒸发的边界条件

正如上面提到的，按照模型凝聚相通过化学反应和蒸发的方式变成气相。如果计算蒸发和冷凝的质量流率，则最后的过程可以根据气相动力学理论来精确描述。在非平衡条件下，对应于某燃烧过程，可给定质量燃烧率的差异，这种方法已经在多个研究工作中应用[112-114,120]。

然而，通过计算验证这种方法的有效性是相当困难的。首先，没有可靠的黏附系数的知识，它控制着气相分子与液/气界面碰撞的黏性。其次，最重要的是，两个速率的不同体现在两个大量值的不同，计算中小的误差导致了质量燃烧速率值错误。

因此，当前基于蒸气分压差的平衡值对使用模型进行选择性描述，按照燃烧产物流动马赫数顺序，尽管其数值量级较小。因此，正如文献[123]所建议的那样，可以大致估计蒸气压的真值，并作为平衡值，基于 Clausius - Clapeyron 方程形式来进行平衡值计算。

$$(M/M_1)y_{1s}p \approx \text{const}\ \exp(-L/RT_s)$$

式中，$(M/M_1)y_{1s}$为表面上蒸气的摩尔分数；p 为环境压强。使用这个方程可使数值计算迭代过程较好收敛。

值得注意的是，基于气体动力学方法的 Clausius - Clapeyron 方程，也可以用于计算气相平衡压强，计算结果的准确性直接依赖于蒸气潜在热能数值准确性。但是含能材料的真值的准确性很低，这是由于在高温情况下，造成含能材料部分分解。汽化热可以通过半经验公式计算[124]或通过表面测量温度数据外推确定。

3. 问题的提出

首先为燃烧表面选择一个移动坐标系(x,t)（x 轴正向为凝聚相材料的体积），然后推导出描述凝聚相物理化学过程的方程组（这里考虑凝聚相材料从固体 y_c转变为液体 y_{liq}状态）：

(1) 固态($x_m(t) \leqslant x \leqslant x_R$):

$$C_{sol}\rho_{sol}\left(\frac{\partial T_{sol}}{\partial t}-r_b\frac{\partial T_{sol}}{\partial x}\right)=\lambda_{sol}\frac{\partial^2 T_{sol}}{\partial x^2}+q(t)\alpha\exp(-\alpha x)$$

$$T_{sol}(x,0)=T_0,\quad T_{sol}(x_m,t)=T_m,\quad \left(\frac{\partial T_{sol}}{\partial x}\right)_{x=x_R}=0$$

(2) 液态($0 \leqslant x \leqslant x_m$):

$$C_{liq}\rho_{liq}\left(\frac{\partial T_{liq}}{\partial t}-r_b\frac{\partial T_{liq}}{\partial x}\right)=\lambda_{liq}\frac{\partial^2 T_{liq}}{\partial x^2}+\Phi_{liq}+q_r(t)\alpha\exp(-\alpha x)$$

$$\rho_{liq}\left(\frac{\partial y_{liq}}{\partial t}-r_b\frac{\partial y_{liq}}{\partial x}\right)=-\omega_{liq}$$

$$\Phi_{liq}=Q_{liq}\omega_{liq},\quad \omega_{liq}=A_{liq}\rho_{liq}y_{liq}\exp(-E_{liq}/RT_{liq})$$

$$y_{liq}(x_m,t)=1,\quad T_{liq}(x,0)=T_0,\quad T_{liq}(x_m,0)=T_m$$

$$-\lambda_{liq}\left(\frac{\partial T_{liq}}{\partial x}\right)_{x=x_m-0}=-\lambda_{sol}\left(\frac{\partial T_{sol}}{\partial x}\right)_{x=x_m+0}+Q_m r_m\rho_{liq}$$

凝聚相产生了蒸气和可燃气体。因此,气相中有三种成分:蒸气 y_1,中间分解产物 y_2 和最终燃烧产物 y_3。在给定空间点,组分的温度是均匀的。气相系统方程如下所示($x_L \leqslant x \leqslant 0$):

$$C_p\rho\left[\frac{\partial T}{\partial t}-\left(V-r_b-\sum_{i=1}^{3}\frac{C_{pi}}{C_p}D_i\frac{\partial y_i}{\partial x}\right)\frac{\partial T}{\partial x}\right]=\frac{\partial}{\partial x}\left(\lambda\frac{\partial T}{\partial x}\right)+\Phi_1+\Phi_2$$

$$\rho\left[\frac{\partial y_1}{\partial t}-(V-r_b)\frac{\partial y_1}{\partial x}\right]=\frac{\partial}{\partial x}\left(\rho D_1\frac{\partial y_1}{\partial x}\right)-\omega_1$$

$$\rho\left[\frac{\partial y_2}{\partial t}-(V-r_b)\frac{\partial y_2}{\partial x}\right]=\frac{\partial}{\partial x}\left(\rho D_2\frac{\partial y_2}{\partial x}\right)-\omega_2+\omega_1$$

$$\frac{\partial\rho}{\partial t}-r_b\frac{\partial\rho}{\partial x}+\frac{\partial(\rho V)}{\partial x}=0$$

$$P=R\rho T/M$$

$$\frac{1}{M}=\left(\frac{y_1}{M_1}+\frac{y_2}{M_2}+\frac{y_3}{M_3}\right),\quad \Phi_1=Q_1\omega_1,\quad \Phi_2=Q_2\omega_2$$

$$\omega_1=A_{g1}(\rho y_1)^{N_1}\exp(-E_1/RT),\quad \omega_2=A_{g2}(\rho y_2)^{N_2}\exp(-E_2/RT)$$

$$T(x,0)=T_0,\quad y_1(x,0)=y_2(x,0)=0,\quad \frac{\partial T}{\partial x}=\frac{\partial y_1}{\partial x}=\frac{\partial y_2}{\partial x}=0(x=x_L)$$

在 $x=0$ 处,边界条件表达形式如下:

$$\lambda\left(\frac{\partial T}{\partial x}\right)_{x=-0}=\lambda_{liq}\left(\frac{\partial T_{liq}}{\partial x}\right)_{x=+0}-y_{liq,s}\rho_{liq}r_bL$$

$$-\rho(V-r_b)y_{1s}+\rho D_1\frac{\partial y_1}{\partial x}=\rho_{liq}r_b y_{liq,s}$$

$$-\rho(V-r_b)y_{2s}+\rho D_1\frac{\partial y_2}{\partial x}=\rho_{liq}r_b(1-y_{liq,s})$$

$$-\rho(V-r_b)=-\rho_c r_b,\quad \frac{p}{p_0}y_1=\frac{M_1}{M}\exp\left[-\frac{LM_1}{R}\left(\frac{1}{T_s}-\frac{1}{T_b}\right)\right]$$

对于不透明材料($\alpha\to\infty$),q_r项必须从固相和液相热传导方程中去除,热通量边界条件可以写为如下形式:

$$\lambda\left(\frac{\partial T}{\partial x}\right)_{x=-0}=\lambda_{liq}\left(\frac{\partial T_{liq}}{\partial x}\right)_{x=+0}-y_{liq,s}\rho_{liq}r_b L+q_r$$

$$y_1+y_2+y_3+1,\quad D_1\frac{\partial y_1}{\partial x}+D_2\frac{\partial y_2}{\partial x}+D_3\frac{\partial y_3}{\partial x}=0$$

4. 数值方法

在气相中,能量和组分浓度方程应包含对流和扩散项。当对流项使用中心差分格式求解时,存在计算困难。另一个困难是方程的刚度。为克服这种准单调困难,建立了二阶精度的差分格式,它可以在差分网格中有效运行。这种算法的本质可以解释为在一个二维区域$\{0\leqslant x\leqslant 1,0\leqslant t\leqslant T\}$内求解非线性方程标量函数$\phi$。

$$\partial\phi/\partial t+u\partial\phi/\partial x=a\partial^2\phi/\partial x^2+f(\phi,t)\tag{5.13}$$

式中,u为速度;a为常数;$f(\phi,t)$为源项。

对流项使用近似式$\partial\phi/\partial x\approx(\phi_{i+1}^{n+1}-\phi_{i-1}^{n+1})/(2h)$将会导致在$\phi$值急剧变化的时间间隔内,数值解出现非物理的振荡。对于给定的一类问题,其通常对应于反应区温度和浓度梯度较高的情况。为消除这些振荡,可能会使用一个基于双曲线近似的差分格式。为此,把方程(5.13)左边沿曲线$\mathrm{d}x/\mathrm{d}t=u$,即通常所称的特征线,使用$f(\phi,t)$函数按照时间的泰勒级数展开构造如下非线性两步差分格式:

$$(\tilde{\phi}_i^{n+1}-\phi_*^n)/\tau=a_*^n\left(\frac{\partial^2\tilde{\phi}}{\partial x^2}\right)_i^{n+1}+f(\tilde{\phi},t+\tau)_i^{n+1}\tag{5.14}$$

$$(\phi_i^{n+1}-\phi_*^n)/\tau=0.5\times\left[a_i^n\left(\frac{\partial^2\phi}{\partial x^2}\right)_i^{n+1}+a_*^n\left(\frac{\partial^2\phi}{\partial x^2}\right)_*^n\right]+$$

$$f(\phi,t+\tau)_i^{n+1}\left[1+\frac{\tau}{2}\left(\frac{\partial\tilde{f}}{\partial\phi}\right)_i^{n+1}\right]\tag{5.15}$$

式中,τ和h为网格步骤在空间和时间的变量,$t=n\tau$;$x=ih$;$n=0,\cdots,1/\mathrm{h}$;$i=0,\cdots,T/\tau$。

通过在特征线的交叉点使用恰当的插值计算有下标 * 参数的数值,特征线是从点$(n+1,i)$开始形成差分网格的直线(在 $h/\tau > u$ 时是水平的,在 $h/\tau < u$ 时是垂直的)。非线性差分格式(5.14)、式(5.15)可以使用牛顿方法求解。

返回到原来的问题建立求解方案,流程如下:在每一个时间步长内,表面温度 T_s 和燃烧速度 r_b 通过内迭代程序检索。对于一个假定的初始值 T_s 和 r_b,可以进行组分浓度方程求解。然后数值 y_{1s}、y_{2s}、$y_{\text{liq},s}$ 用于确定气相和凝聚相能量方程的边界条件。当能量方程被求解后,得到了边界条件上新的 T_s 和 r_b 数值。内循环重复直到 t_s 和 r_b 收敛为止。在气、液界面附近使用一种变步长网格可以得到 0.1% 精度的结果。

数值求解具有封闭初始和边界条件,需要在考虑物理因素和数值实验的基础上选择空间域($x_L \leqslant x \leqslant x_R$)。应该允许域的尺寸在边界上建立零温度梯度和组分浓度。对于气相混合物(蒸气、中间和最终产物,分别用 1,2,3 表示),使用 Wilke 公式 $1/D_i = y_1/D_{i1} + y_2/D_{i2} + y_3/D_{i3}$ 计算相应的扩散系数。D_{ik} 的值采用 Lennard – Jones 势值,即:$(\varepsilon/k)_1 = 436K$,$(\varepsilon/k)_2 = 244K$,$(\varepsilon/k)_3 = 97K$;$\sigma_1 = 6\text{Å}$,$\sigma_2 = 3.7\text{Å}$,$\sigma_3 = 3.6\text{Å}$。气相混合物的热导率和比热通过如下公式计算:

$$\lambda = \lambda_1 y_1 + \lambda_2 y_2 + \lambda_3 (1 - y_1 - y_2), \quad c = c_1 y_1 + c_2 y_2 + c_3 (1 - y_1 - y_2)$$

$$\lambda_i = A_{\lambda i} + B_{\lambda i} T, \quad c_i = A_{ci} + B_{ci} T$$

$$A_{\lambda i} = 5 \times 10^{-5}, 8 \times 10^{-5}, 9 \times 10^{-5} \text{cal/(cm·s·K)}$$

$$B_{\lambda i} = 10^{-8}, 2.5 \times 10^{-8}, 5 \times 10^{-8} \text{cal/(cm·s·K}^2\text{)}$$

$$A_{ci} = 0.2, 0.25, 0.3 \text{cal/(g·K)}$$

$$B_{ci} = 10^{-5}, 5 \times 10^{-5}, 9 \times 10^{-5} \text{cal/(g·K}^2\text{)}$$

5.3.2　压强改变对燃速影响

为了预估燃烧室中可能的声学振荡行为,从实践的角度来预测瞬态压强条件下含能材料的燃烧行为是很重要的。根据已经公开的含能材料参考数据[109 – 112]可计算燃速响应,故在 1 ~ 90atm 压强范围内,使用与 RDX 燃速实验数据符合的参数,计算了燃速响应。相关参数列于表 5.1 中。

表 5.1　含能材料的物理化学特性参数

导热系数	$\lambda_{\text{liq}} = \lambda_{\text{sol}} = 0.00055$ cal/(cm·s·K)
凝聚相的比热容	$C_{\text{sol}} = C_{\text{liq}} = 0.3$ cal/(g·K)
凝聚相的密度	$\rho_{\text{sol}} = \rho_{\text{liq}} = 1.72$ g/cm^3
蒸发热	$L = 112$ cal/g
熔化热	$Q_m = 38$(或 60)cal/g

（续）

熔化温度	$T_m = 480$（或 580）K
在大气压强下的沸腾温度	$T_b = 613$K
初始温度	$T_0 = 300$K
凝聚相的 Arrhenius 活化能	$E_{liq} = 47100$cal/mol
凝聚相反应热	$Q_{liq} = 613$cal/g
气相的 Arrhenius 活化能	$E_1 = 15500$cal/mol, $E_2 = 50000$cal/mol
气相反应热	$Q_1 = 725$cal/g, $Q_2 = 235$cal/g
气相反应级数	$N_1 = N_2 = 1.6$
指前因子	$A_{liq} = 10^{18.3}$ 1/s, $A_{g1} = 10^{10.2}$ g/(cm^3 · s · atm^{N1}), $A_{g2} = 10^{10.2}$ g/(cm^3 · s · atm^{N2})
气相分子质量	$M_1 = 222$g/mol
分解产物的分子质量	$M_2 = 35$g/mol
燃烧产物的分子质量	$M_3 = 30$g/mol

在 70atm 条件下，响应函数计算结果 $R_p = (\Delta r_b / r_b)/(\Delta p/p)$，如图 5.4 所示。从图中可以看出，压强数值的增加使得燃速响应函数减小，增加熔化层温度和减小熔化层厚度使响应函数减小。可以用如下方式定性解释这种行为。根据 Le Chatelier 原理，相变熔化减少了热分布的振荡幅度，但它只能在频率没有超过特定极限值范围内才适合。熔化温度越低，熔化层越宽，极限频率越低。图 5.4 中曲线 1 的幅值相对较小，是因为在温度 580K 时熔化层非常窄。对比曲线 2 和 3 可知，熔化热增加导致燃烧稳定性减小，与燃烧稳定性的内在分析一致。

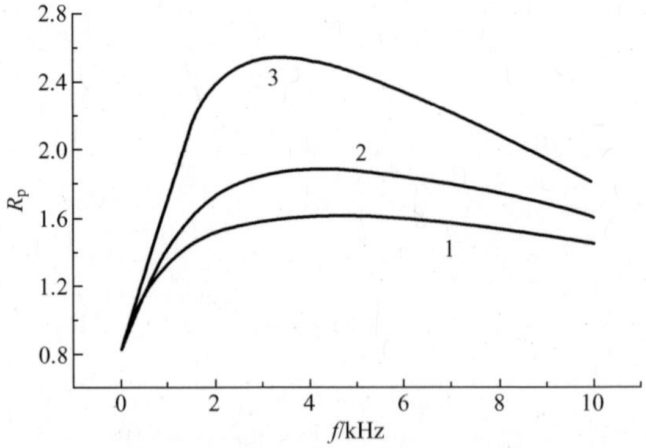

图 5.4　压强振荡频率与响应函数关系（$p = 70$atm，$\Delta p/p = 0.02$）

1—$T_m = 580$K，$Q_m = 38$cal/g；2—$T_m = 480$K，$Q_m = 38$cal/g；3—$T_m = 480$K，$Q_m = 60$cal/g。

分析图 5.4 可知，高频下燃速响应函数行为并不遵守经典模式，将使得响应函数减小到无穷小。相反，可以看出在特定频率下响应函数达到最大值。在文献[125]中也报道了同样的结果，通常情况下计算结果不使用燃面温度和燃烧速度有明确相关性的假定。结果的简单定性解释与热传导理论比较符合，热传导理论认为，在高频情况下振荡热反馈到固体时，燃面温度的振荡幅度可减小到零。在特定情况下有如下关系：$r_b = r_b(T_s)$，导致了燃速的振荡幅度急剧减小。无论如何，一般情况下高频下燃速 r_b 有限的振荡幅度并不存在这种关系。

5.3.3 辐射驱动气化的稳定性

当吸收的辐射热量大于来自气相表面的热反馈时，在外部强烈的热辐射下含能材料内部受到刺激而裂解气化。对含能材料实际应用来说，汽化很少见，但可以有效地用于研究燃烧机理。强烈的辐射导致了高速汽化和气体火焰从燃面脱离。气体火焰可以完全消除，特别是气相中存在额外的热沉时。这种情况下的决定性因素是辐射吸收、热导率、熔化、分解放热反应及蒸发。这个过程比普通燃烧过程容易描述，这涉及气体火焰。气化可以获得凝聚相的全局反应信息，这个信息可以通过比较动态特性实验和计算数据获得，特别是在临界条件下的回归模式。我们考虑如下数值计算结果，对熔化含能材料来说，证实了存在稳态气化临界限制条件，临界条件可根据辐射通量 q_r 确定。计算是基于不考虑火焰热反馈条件进行的。这在热通量较高条件下是正常的，但在热通量小的情况下，意味着气相中存在有效热沉或工作的压强相对较低。

计算参考数据：$p = 1\text{atm}$，$Q_m = 25$ 和 60cal/g，$T_m = 480\text{K}$，$\lambda_{liq} = 0.00095\text{cal/(cm}\cdot\text{s}\cdot\text{K)}$。

其他参数值来源于 5.3.2 节。计算结果表明，给定辐射吸收系数 α，固定其他稳态气化参数，变量 q_r 的变化存在一定范围，例如，有高和低的 q_r 的极限值，其主要依赖于 Q_m，如图 5.5 所示。

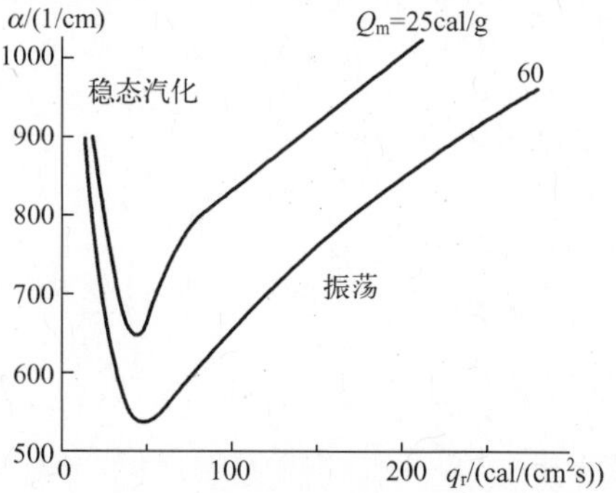

图 5.5 稳态的气化机制图

在图5.5中，稳态气化区域位于常量Q_m曲线上方，熔化层Q_m增加会扩展稳态区域。因为热爆炸导致不稳定，但是Q_m提高削弱了热爆炸，Q_m值的增加相当于减小了T_0。

常量Q_m曲线的左侧可以简单解释如下：热通量较低，亚表面层下的温度梯度也较小，熔化含能材料热爆炸发展早于表面退移。在较低的恒定辐射通量下，连续的热爆炸使得气化进行。

常量Q_m曲线的右侧可解释如下：

仅考虑当$Q_m = 0$的情况，分析证明存在汽化的上极限可用$(RT_s^2/E)\lambda/q_r < 1/\alpha$来简单表示。根据其"内在"问题的形式，在能量守恒方程中忽略了非稳态和对流项，采用渐近展开匹配方法。

$$\begin{cases}\lambda \mathrm{d}^2T/\mathrm{d}x^2 + \alpha q_r \exp(-\alpha x) + k\rho Q_c \exp(-E/RT_s)\exp(\upsilon) \\ x=0, T=T_s, \lambda \mathrm{d}T/\mathrm{d}x = Lm\end{cases} \tag{5.16}$$

当$x>0$时，$\upsilon=(T-T_s)E/(RT_s^2)$；当$x=0$时，温度梯度$\mathrm{d}T/\mathrm{d}x>0$。

方程(5.16)没有简单的解析解。为了得到近似解，温度曲线可以用抛物线的形式来表示。

$$T \approx T_{max} - (T_{max}-T_s)(1-x/x_{max})^2 \text{或} \upsilon = \upsilon_{max}[1-(1-x/x_{max})^2]$$

T_{max}的值是未知的，x_{max}被认为是在"惰性"问题中与最大过热点相一致。在这个问题中：

$$\begin{cases}\tau = [(1-\alpha_1)\exp(-\xi) - (L_1+1)\exp(-\alpha_1\xi)]/(\alpha_1-1) \\ \xi = xmc/\lambda, \alpha_1 = \alpha\lambda/(mc), \tau = (T-T_0)/(T_s-T_0) \\ L_1 = L/[c(T_s-T_0)], m = q_r/[c(T_s-T_0)+L]\end{cases} \tag{5.17}$$

温度有最大值，即

$$\tau_{max} = (1+L_1/\alpha_1)[\alpha_1(1+L_1)/(\alpha_1+L_1)]^{-1/(\alpha_1-1)}$$

此值在$\xi=(\alpha_1-1)^{-1}\ln[\alpha_1(1+L_1)/(\alpha_1+L_1)]$时达到。

如果$\alpha_1 \gg 1$，那么$x_{max} \approx \alpha_1^{-1}\ln(\alpha_1+1)$，$T_{max}-T_s \approx (q_r/\alpha\lambda)(L_1-\ln(L_1+1))/(L_1+1)$。

通过积分方程(5.16)，可以得到

$$\lambda T' - \lambda T_s' + q_r(1-\mathrm{e}^{-\alpha x}) + B_1 \mathrm{e}^{\upsilon_{max}} \int_0^{x/x_{max}} \exp[\upsilon_{max}(1-x/x_{max})^2]\mathrm{d}(x/x_{max}) = 0$$

式中，$T' = \mathrm{d}T/\mathrm{d}x$；$B_1 = x_{max}Q_c k\rho \exp(-E/RT_s)$。在冷边界(匹配点$x^*$)，有

$$\begin{cases}q_+ - q_- = 0 \\ q_+ = q_r + B_1\sqrt{\pi}\dfrac{1+\mathrm{erfc}(\sqrt{\upsilon_{max}})}{2\sqrt{\upsilon_{max}}}\mathrm{e}^{\upsilon_{max}}, \quad q_- = \lambda T_s' - \lambda(T')^*\end{cases} \tag{5.18}$$

在稳态状况下,可给出“外部”问题(忽略化学热释放和辐射吸收):

$$\lambda\ (T')^{*} = -mc(T_s - T_0)$$

考虑到 $m = \lambda T'_s/L$,从 $T(x)$ 抛物线的近似中可以得到

$$\lambda T'_s \approx \upsilon_{max}(2\lambda/x_{max})(RT_s^2/E) \tag{5.19}$$

使用方程(5.19),可获得 $q_- = B_2\upsilon_{max}$,其中,$B_2 = [1 + c(T_s - T_0)/L](2\lambda/x_{max})(RT_s^2/E)$。

在图 5.6 中,$q_+(\upsilon_{max})$ 和 $q_-(\upsilon_{max})$ 曲线对应于方程(5.19),阐明了典型的热爆炸行为。曲线 $q_+(\vartheta_{max})$ 存在最小值,被证实可通过分析式(5.18)中的 q_+ 得到。当 $\vartheta_{max}\to 0$,q_+ 趋近于无穷大;当 $\vartheta_{max}\to\infty$,q_+ 趋近于无穷大,类似于指数函数 $q_+ \sim \exp(\vartheta_{max})$。

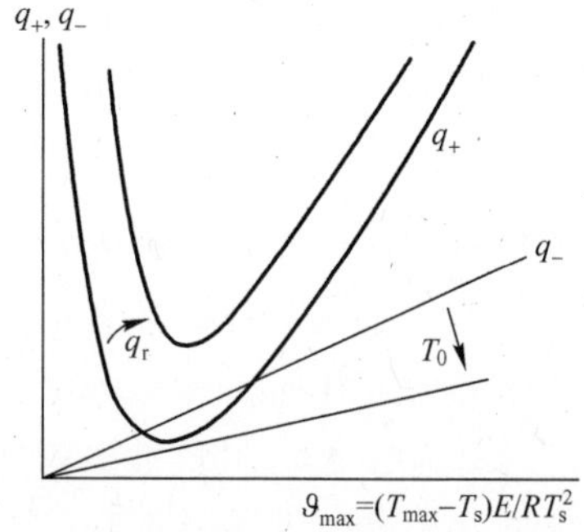

图 5.6　半透明含能材料的凝聚相反应区热释放和热损失

表达式$[(1 + \mathrm{erfc}(\upsilon_{max}{}^{1/2})]/2$ 仅在 0.5 ~ 1.0 范围内变化,因此最小值必定在 $0 < \upsilon_{max} < \infty$ 范围内。对热爆炸临界条件对应的线 $q_+(\upsilon_{max})$ 和 $q_-(\upsilon_{max})$ 的接触所描述的状态有 $q_+ = q_-$ 和 $dq_+/d(\upsilon_{max}) = dq_-/d(\upsilon_{max})$。依赖于 q_r 和其他参数值,曲线 q_+ 和 q_- 有两个交叉点。高的初温值和 q_r 没有交叉点,也没有稳态气化体系。

5.3.4　压强下降和辐射通量脉冲对瞬态燃烧稳定性的影响

当燃烧从恒定压强 p_1 过渡到较低的恒定压强 p_2 时,含能材料的燃烧行为可基于燃烧的转变而被模拟。在时间间隔 Δt 内(可以等于零),按照直线法则使压强下降。在这些计算中含能材料参数值选取与计算燃速对压强振荡响应参数一致。在相对低的最终压强 p_2 或短时间 Δt 情况下可以观察到熄灭而不是过渡到一个新的燃烧体系。

对于给定 p_1 和 p_2 且在 Δt 时间内,可通过计算获得熄火边界条件,如图 5.7

所示。当一个新的燃烧区域的转变位于曲线上方，曲线下方有熄火产生。计算结果表明，当熔化温度 T_m 减小或者相变热效应 Q_m 增加时，会使得燃烧稳定性减小。

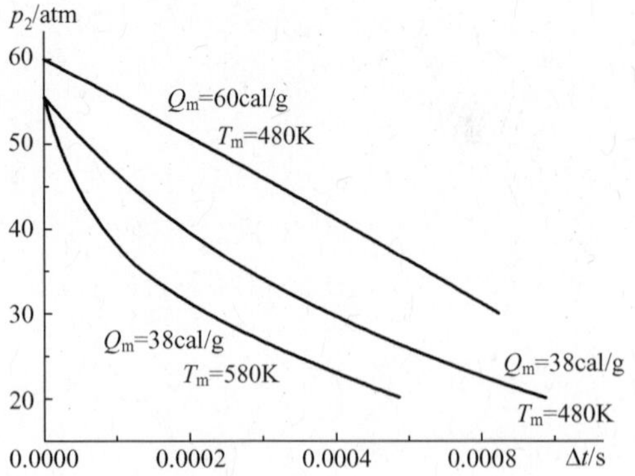

图 5.7　在不同 T_m 和 Q_m 值条件下，p_1 = 100atm 时的熄灭边界条件

在特定情况下，不考虑凝聚相反应和气相放热反应控制含能材料燃速，研究了燃速对单辐射通量的脉冲响应。输入参数选择为 $p = 1\text{atm}$，$A_{g1} = 10^{8.85}\text{g}/(\text{cm}^3 \cdot \text{s} \cdot \text{atm}^{1.6})$，$D = 0.15\text{cm}^2/\text{s}$，$A_{g2} = 10^{10}\text{g}/(\text{cm}^3 \cdot \text{s} \cdot \text{atm}^{1.5})$，$\lambda_{\text{gas}} = 0.0002\text{cal}/(\text{cm} \cdot \text{s} \cdot \text{K})$。其他参数列于 5.3.2 节中。含能材料被辐射通量点燃后开始自持续燃烧，然后在热通量 $10\text{cal}/(\text{cm}^2 \cdot \text{s})$ 条件下照射 0.1s。图 5.8 展现了计算结果，表面瞬态燃烧稳定性取决于熔化热和熔化温度。从图 5.8 还可以看出，含能材料受到脉冲照射时，即便是一个中等的熔化热（20cal/g）也会导致燃烧行为急剧改变。

需要注意的是，在图 5.8 中，参数 $k = (T_s - T_0)(\partial \ln r_b / \partial T_0)_p$ 对应于含能材料的燃烧，分别为 0.46 和 0.48。这意味着那些含能材料自持燃烧的稳定性都很高，且观察到瞬态燃烧行为主要受到含能材料亚表面层下的热损失影响。

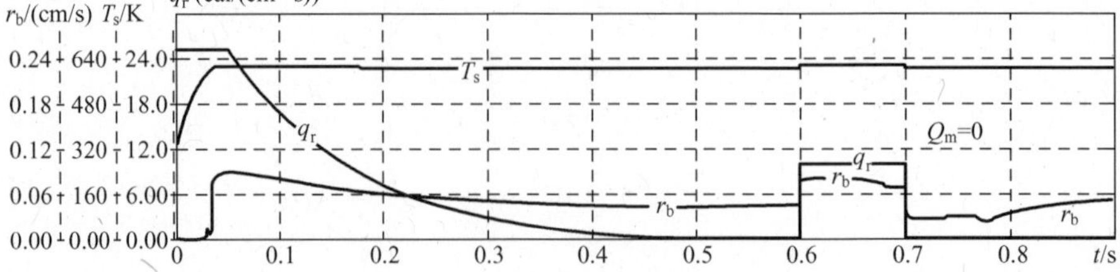

(a) Q_m=0cal/g

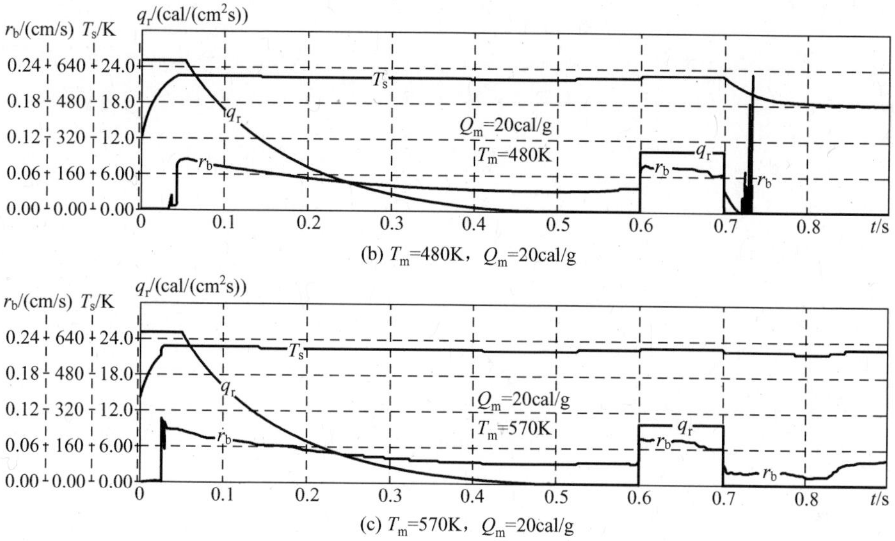

图 5.8　辐射驱动下含能材料燃烧行为

图 5.8(c)表明，当提高熔化温度时，切断照射后自持续燃烧的过渡稳定性将增加。这种效果是定性上相似的，在振荡热通量的情况下燃烧响应的效果。事实上，如图 5.8(b)所示，在单独辐射通量的脉冲作用下，瞬态燃烧稳定性变小是由含能材料相对较低的熔点造成的。

5.3.5　点火特性

含能材料通过热辐射点火展现了一些特性。半透明的含能材料（根据 Beer 法则，$\alpha = 1000\text{cm}^{-1}$）由单位时间辐射能量而被点燃，其在时间间隔 $0 < t < t_1$ 时，$q_r = q_0 =$ 常数，并在时间间隔 $t_1 < t < t_2$ 时，线性减小到零。很明显，其依赖于参数 q_0、t_1 和 t_2，以及可能的点火体系一步、两步、三步动力学参数（首先为气相）。所有的机制都有相同的初始阶段，即当所有反应热可以忽略不计时。这一阶段持续到表面温度达到含能材料的沸点 T_b，当 T_s 达到 T_b 时，表面的蒸发率和气液相反应变得显著。

为了演示多步骤点火的效果，基于以下参数进行计算：$Q_{\text{liq}} = 102\text{cal/g}$，$E_1 = E_2 = 35400\text{cal/mol}$，$Q_1 = 250\text{cal/g}$，$Q_2 = 716\text{cal/g}$。气相反应的指前因子改变用于证明不同点火方式，它们的取值分别为：图 5.9 对应数值为 $A_{g1} = 10^{14}\text{g/(cm}^3 \cdot \text{s} \cdot \text{atm}^{1.6})$，$A_{g2} = 10^{13.5}\text{g/(cm}^3 \cdot \text{s} \cdot \text{atm}^{1.6})$；图 5.10 对应数值为 $A_{g1} = A_{g2} = 10^{13.5}\text{g/(cm}^3 \cdot \text{s} \cdot \text{atm}^{1.6})$；图 5.11 对应数值为 $A_{g1} = 10^{13.5}\text{g/(cm}^3 \cdot \text{s} \cdot \text{atm}^{1.6})$，$A_{g2} = 10^{12.3}\text{g/(cm}^3 \cdot \text{s} \cdot \text{atm}^{1.6})$。

如图 5.9 所示，在时间间隔 $0<t\sim t_1$ 时，一步点火被认为是气相中足够强的反应热释放。气相火焰在燃烧表面附近，为凝聚相提供了热和蒸发物。当 q_r 值逐渐减小到零时，自持燃烧稳定性机制被建立，以消除辐射。时间 (t_2-t_1) 以不少于预热层的热松弛时间为宜（相反情况下火焰熄灭）。在自持燃烧体制中退移率较高，但液体转化率很小。

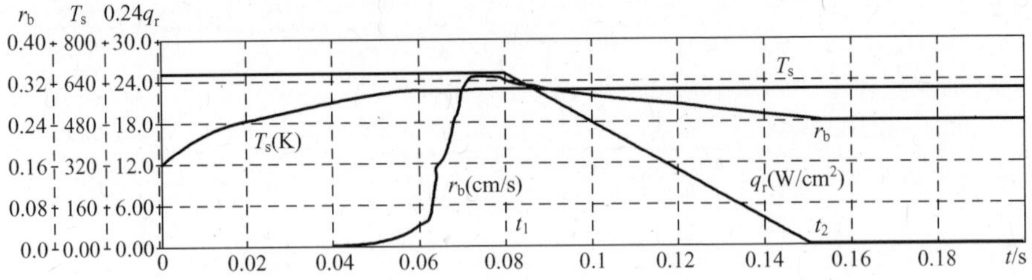

图 5.9　一步点火（$q_0=105\text{W/cm}^2$，$t_1=0.08\text{s}$，$t_2=0.15\text{s}$）

由图 5.10 的两步点火观察到，气相反应动力学相对较低。当 $T_s\approx T_b$ 时，气相火焰出现，强烈的气化开始。然而，火焰首先出现在分离区域中，即远离表面位于 $h\approx v_g t_{ign}$ 的位置，其中 $v_g\sim q_r$ 为来自表面的气体流动速度，t_{ign} 为在特征温度 T_s 下气相的热爆炸时间。当 $h>\lambda/(c\rho V_g)$ 时，气相火焰没有有效的把热反馈回表面。

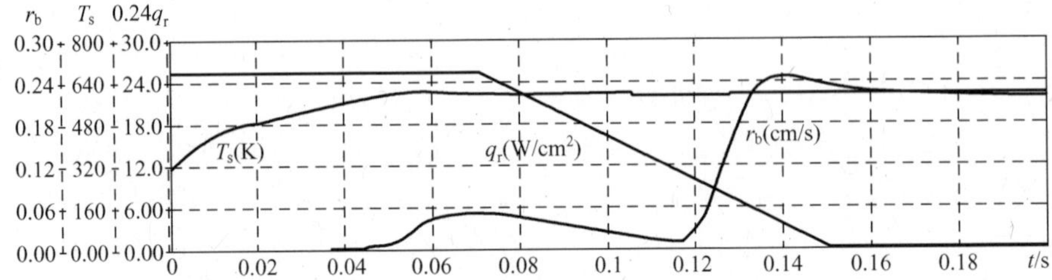

图 5.10　二步点火（$q_0=105\text{W/cm}^2$，$t_1=0.07\text{s}$，$t_2=0.15\text{s}$）

在这些条件下，在外部热通量 q_r 作用下汽化体系持续进行。当 q_r 减小时，凝聚相转化程度增加，对于使用参考数值来说，q_r 增加到了 0.2，同时燃速 r_b 减小。随着 $q_r(t)$ 减小，气体流速和距离 h 同时减小，火焰靠近表面。当 q_r 消失时，火焰提供给表面的热反馈可以使其稳定地自持燃烧（如果撤除辐射不是很快）。在这种情况下，表面 y_{1s} 上的蒸气质量分数变小，主要是由于在燃烧分离区或气化体系有相同 y_{cs}，水蒸汽的扩散稀释了燃烧产物。这导致 T_s 有所减小。因此，相对于气化体系来说，$1-y_{cs}$ 值减小。

如图 5.11 所示，在远区燃烧时，三步反应机制被认为其气相第二步反应动力学是相对较慢的。在这种情况下，当在气化区域中发生初始反应时，第一个反应的气相火焰从表面分离，并与远区第二个反应的火焰分离。当 q_r减小时，远区火焰接近第一火焰并最终重合。

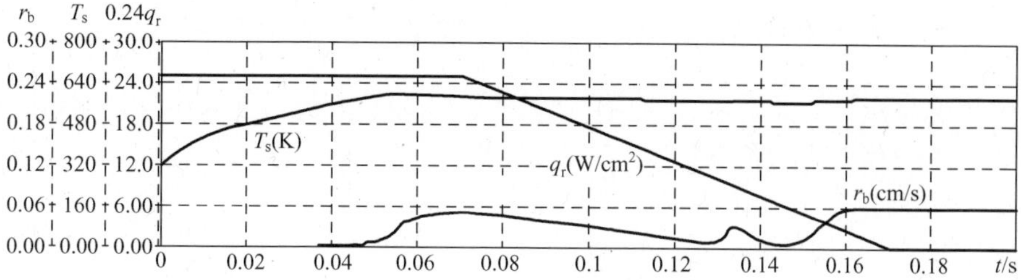

图 5.11　三步点火（$q_0=105\mathrm{W/cm^2}$，$t_1=0.07\mathrm{s}$，$t_2=0.17\mathrm{s}$）

应当指出的是，Nd－YAG 激光照射下，大气压强下 RDX 样品的燃烧形成的无焰气化体系被实验观察到。实验是在 1998 年，由新西伯利亚的化学动力学和燃烧研究所进行的。

5.3.6　初始温度影响的定性分析

以上结果表明，熔化对含能材料燃烧行为的影响可以由燃烧的经典热理论定性解释。如果假定提高熔化热的绝对值相当于减少燃烧含能材料的初始温度，然后观察到内在燃烧稳定性响应小或者有限振幅的热通量的脉冲扰动，这是降低有效初始温度的结果。初始温度对燃烧稳定性极限的影响是由计算参数 $k=(T_s-T_0)(\partial\ln r_b/\partial T_0)_p$ 的贴近程度确定的，其临界值对应于稳态燃烧体系的边界。在初始温度 T_0减小的情况下，气相反应控制推进剂的燃烧速度，影响因素 $\partial\ln r_b/\partial T\sim E_g/RT_g^2$ 对 T_0和参数 k 的增加有微弱的依赖性。因此，当 T_0减小，参数 k 则增加，导致燃烧稳定性降低。这种阐述在小扰动情况下是有效的。

熔化温度大小对燃烧稳定性影响可以通过分析热干扰与熔化表面的相互作用来定性处理。当热波穿透大部分含能材料到达熔融面时，与含能材料相变引起的热散失相互作用导致了热扰动的耗散，这符合 Le Chatelier 原理。因此，较高的熔化温度（接近燃烧表面温度），无论是在压强下降或辐射通量脉动情况下，瞬态和自持燃烧均有较高的稳定性。

为含能材料熔化和蒸发所提出的数学模型框架内的计算结果表明，表面温度的变化有效地减少了由于含能材料蒸发造成的表面热散失。这将导致参数 $r_N=(\partial T_s/\partial T_0)_p$ 的小幅度变化和燃速响应对压强振荡相对微弱的频率依赖性。应该指出的是，这些理论预估仍然没有在实验中得到可靠的验证。

5.4 非均质凝聚相系统的非稳态燃烧

5.4.1 含粗粒氧化剂和含能黏合剂的推进剂组分燃烧

鉴于非均质凝聚相系统(HCS)种类的多样性和燃烧条件的多变性,仅可能通过一组模型来描述其燃烧。在非稳态燃烧中,不同模型使用同一个假设 $d \ll k/u$(d为粒径,k 为凝聚相的热扩散率,u 为非均质凝聚相系统的燃速)。另一个重要假设是热传导过程一维模式,同时它是明确的 $d \geqslant k/u$,当单独颗粒燃尽时间 d/u 与 HCS 预热层热松弛时间 k/u^2 可以相比较时,HCS 的燃烧是局部瞬态的[126,127]。非均质凝聚相系统引起的扰动特性可以是不同的。

如果一个组分的气化产物以速度 v 在不易挥发(汽化)组分周围喷出,其高度约为 d,则有一个雷诺数达 $Re = \rho vd/\mu \sim 10$ 时,可能会发生脉动,导致在频率 v/d 条件下卡门涡脱落。如果黏合剂单独燃烧并快于填料,则填料对非均质凝聚相系统的作用,是减少了来自黏合剂燃烧区域的热传递[128]。填料颗粒之间的黏合剂层厚度 h 降低(增加填料的体积分数ς或减小颗粒直径 d),黏合剂燃烧变慢,当到达临界厚度 h^* 时,燃烧火焰熄灭,燃烧停止,这已由双基推进剂试样的实验结果证明[129]。根据文献[91],在许多情况下,均质双基推进剂样品有一个临界厚度接近振荡燃烧。同样的行为可能会在 HCS 中迅速燃烧黏合剂层。

另一方面,当 $h \gg h^*$ 时,黏合剂和填料表面燃烧相互独立,瞬态压强下 HCS 系统非稳态燃烧是由于填料表面积变化导致系统组分的质量流率改变造成的。

以下考虑环境压强快速改变情况下的燃烧。如果压强变化的特征时间 $t_p \ll d/u_m$,这时 $u_m = \max(u_{0x}, u_b)$,u_{0x}和 u_b为填料和黏合剂的燃速,如可能会忽视在时间间隔 t_p内 HCS 系统表面结构的改变。根据文献[11],横截面为 S 的 HCS 样品,作为两个独立的燃烧样品(单独由黏合剂或填料制作)保持了平行层燃烧规律($S_{0x} = S_{0x}^0, S_b = S_{b0}^0$),存在如下稳定状态关系:

$$S_{0x}^0 u_{0x}^0 = \varsigma Su^0, \quad S_b^0 u_b^0 = (1 - \varsigma) Su^0$$

式中,u_0为整个样品在稳态下的燃速(压强改变前)。仅有的不同是质量流率由下式计算:

$$M_{0x} = S_{0x}^0 \rho_{0x} u_{0x}(t), \quad M_b = S_b^0 \rho_b u_b(t)$$

对于两个组分,其计算公式为基于在 HCS 表面的瞬时混合假设。燃烧产物温度变化由 $M_{0x}(t)/M_b(t)$发生变化而引起。这些变化(可达几百度)已经被实验记录下来[11,13,130]。

1. 周期性压强振荡下的燃烧

现在更详细地讨论填料颗粒在 HCS 系统中无序排列时的情况；颗粒尺寸是相当大的，以致于整个颗粒表面和黏合剂表面几乎被认为是独立的（$h \gg h^*$）。对纯填料和黏合剂来说，响应函数形式[138]如下：

$$f_{0x}(\omega) = (\Delta u_{0x}/u_{0x})/(\Delta P/P), \quad f_b(\omega) = (\Delta u_b/u_b)/(\Delta P/P) \tag{5.20}$$

压强谐波变化公式 $\Delta P = |\Delta P| \exp(i\omega t)$，据理论和实验来建立。

假定黏合剂燃烧快于填料（气相中氧化剂颗粒最后燃烧），$u_{ox} < u_b$，但是数值 $t_p \sim 2\pi\omega$、d/u_{0x}、d/u_b 三者大小可比，所以在压强脉动响应时改变晶粒形状应被考虑。在大量的 HCS 系统中，填料颗粒被认为是球形的并且均匀分布。对于 HCS 系统来说，质量燃烧速度 M 有必要获得一个线性近似的响应函数。

$$f_M(\omega) = (\Delta M/M)/(\Delta P/P) \tag{5.21}$$

对于燃烧产物温度，有

$$f_{RT}(\omega) = (\Delta RT/RT)/(\Delta P/P) \tag{5.22}$$

为了获得这些数值，对样品表面的填料和黏合剂来说，充分了解气体生成的质量速度是必要的。

$$\begin{cases} M = M_{0x} + M_b \\ \Delta M/M = (\Delta M_{0x}/M_{0x})(M_{0x}/M) + (\Delta M_b/M_b)(1 - M_{0x}/M) \end{cases} \tag{5.23}$$

火焰温度与 M_{0x}/M 的关系来源于实验或计算。因此考虑方程（5.23）可以得到

$$\begin{cases} f_{RT}(\omega) \approx \{\mathrm{dln}RT/\mathrm{d}(M_{0x}/M)\}\Delta(M_{0x}/M)/(\Delta P/P) \\ \Delta(M_{0x}/M) = (M_{0x}M_b/M^2)[\Delta M_{0x}/M - \Delta M_b/M_b] \end{cases} \tag{5.24}$$

为了获得质量流率 $M_{0x}(t)$ 和 $M_b(t)$ 两个变量的值，可以采用如下形式表达：

$$\begin{cases} M_b = \rho_b S_b u_b, (\Delta M_b/M_b)/(\Delta P/P) = (\Delta S_b/S_b)/(\Delta P/P) + f_b(\omega) \\ M_{0x} = \rho_{0x}\int(-\partial w/\partial t)\mathrm{d}N \end{cases} \tag{5.25}$$

式中，w 为未燃烧的颗粒填料体积；N 为燃烧颗粒数量（也包含那些飞出的颗粒）。因此，已知 $f_{0x}(\omega)$ 和 $f_b(\omega)$，此问题被简化为几何问题，即计算 $\Delta S_b(t)$ 和方程（5.25）的积分。

接触气体的黏合剂表面被认为是平面且面积为

$$S_b \approx (1 - \varsigma)S = \mathrm{const}, \quad \Delta S_b(t) = 0 \tag{5.26}$$

考虑填料燃烧的压强变化使得 u_{0x}/u_b 比值改变，表面形状变化的热波从与黏合剂接触的线向每个颗粒燃面中心传播，成为一个扰动源。同样的过程在文献[139]中进行了分析。该现象可由一阶偏导数方程来描述。然而，如果认为实际颗粒具有不规则形状，并且与黏结剂的曲面是无序接触的，那么，在 BDP 模

型[140]采用简化方式是有效的。因此,假定 HCS 表面顶部颗粒燃烧速度为 $u_{0x}(t)$,剩余表面因与气体接触而改变,如图5.12(b)所示,剩余部分球界面与黏合剂水平平面以速度 $u_b(t)$移动。采用 HCS 系统中颗粒在整个体积内随机分布的假设,通过计算积分式(5.25),可以得到(参见5.4.2节)

$$(\Delta M_{0s}/M_{0x})/(\Delta P/P)=f_b(\omega)+3(f_{0x}(\omega)-f_b(\omega))\delta F(\Omega,\delta) \quad (5.27)$$

$$\begin{aligned}F(\Omega,\delta)=&[1/6+(1-\delta)^2/(3\delta)+\mathrm{i}(1-\delta)^2/\Omega+(1-(1-\delta)4\delta)/\Omega^2+\\&2\mathrm{i}\delta(2-5\delta)/\Omega^3]-[(1-2\delta^2)/\Omega^2+2\mathrm{i}\delta(2+3\delta)/\Omega^3]\exp(-\mathrm{i}\Omega)+\\&(16\mathrm{i}\delta^2/\Omega^3)\exp(-\mathrm{i}\Omega/2\delta)\cos(\Omega/2)\end{aligned}$$

$$\delta=u_{0x}/u_b,\quad \Omega=\omega d/u_b \quad (5.28)$$

可以看出,当方程(5.28)取 $\omega\to 0$,则 $F(\Omega,\delta)\to 0$,故而使得$(\Delta M_{0x}/M_{0x})\to(\Delta u_b/u_b)$。其含物理意义如下:缓慢的压强变化速率下,准稳态情况下样品燃烧速度等于 $u_b(p)$。根据文献[11],在高频下有$(\Delta M_{0x}/M_{0x})\to(\Delta u_{0x}/u_{0x})$,对应方程(5.27)应为 $3\delta F(\Omega,\delta)\to 1$。然而,从方程(5.28)可得 $F(\infty,\delta)=(1/3\delta-1/2+\delta/3)$,其仅当 $\delta=u_{0x}/u_b\ll 1$ 时成立。这种差异的原因是,对于黏合剂上喷出的部分颗粒来说,总是基于球形颗粒进行简化提出假设。根据这一假设,保持球形形状是必须的,颗粒表面将会对黏合剂边界快速变化做出瞬间响应,这与模型的物理意义有些矛盾。

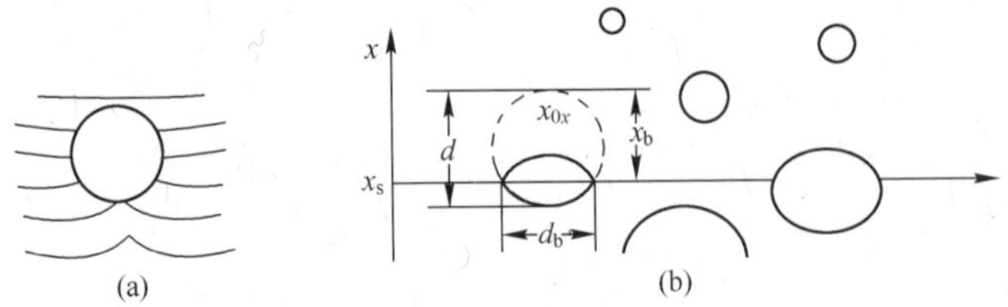

图5.12　惰性颗粒前缘的曲面燃烧(a)和 HCS 表面几何形状(b)[138]

不考虑球形颗粒简化假设,而采用一个更准确的数学表述将会导致非常繁琐的迭代计算,如果再考虑其他理想化假设的粗糙度不尽合理。代替 F,使用一个修正函数

$$F_1=F+(1/2-\delta/3)\{1-[1-\exp(-\mathrm{i}\Omega\gamma)]/(\mathrm{i}\Omega\gamma)\} \quad (5.29)$$

式中,γ 为匹配因子(次序可能是1)。根据方程(5.28)和方程(5.29),当 $\Omega\to 0$ 时,$F_1\to 0$;$\Omega\to\infty$ 时,$F_1\to 1/3\delta$。通过假定 $F_1=F_2+\mathrm{i}F_3$,可得

$$\begin{cases}F_2=(1-2\delta)^2/(3\delta\Omega^2)-(1-2\delta^2)\Omega^2\cos\Omega-2\delta(2+3\delta)\Omega^3\sin\Omega+\\ \quad 16\delta^2\Omega^3\sin(\Omega/2\delta)\cos(\Omega/2)-(3-2\delta)(6\gamma\Omega)^{-1}\sin(\gamma\Omega)\\ F_3=(1-\delta)^2/\Omega+2\delta(2-5\delta)\Omega^3+(1-2\delta^2)\Omega^2\sin\Omega-2\delta(2+3\delta)\Omega^3\cos\Omega+\\ \quad 16\delta^2\Omega^3\cos(\Omega/2\delta)\cos(\Omega/2)+(3-2\delta)(6\gamma\Omega)^{-1}[1-\cos(\gamma\Omega)]\end{cases} \quad (5.30)$$

除了方程(5.29),其他形式的修正函数 F 式是可能的。根据方程(5.27)-方程(5.30),取代方程(5.27)中的函数 F_1,可获得如下函数 $f_m(\omega)$ 和 $f_{RT}(\omega)$。

讨论一下 f 函数形式。由方程(5.24)-方程(5.27)得到

$$f_{RT} = (\Delta RT/RT)/(\Delta P/P) =$$

$$[\mathrm{dln}RT/\mathrm{d}(M_{0x}/M)](M_{0x}/M)(1 - M_{0x}/M)^3[f_{0x}(\omega) - f_b(\omega)]\delta F_1(\Omega\delta) \tag{5.31}$$

如图5.13所示,弹性模量 A(上升曲线)和参数(递减曲线)$3\delta F_1$ 与 $\Omega = \omega d/u_b$ 存在依赖关系,且在不同的 $\delta = u_0/u_b$ 和 γ 条件下。

$$A = 3\delta(F_2^2 + F_3^2)^{1/2},\quad \upsilon = \tan(F_3/F_2) \tag{5.32}$$

可以看出,模量值对匹配因子 $\gamma = 0.5 \sim 2$ 的依赖性较小,随着比值 u_{0x}/u_b 的减小,任何情况都不会改变曲线的形状。

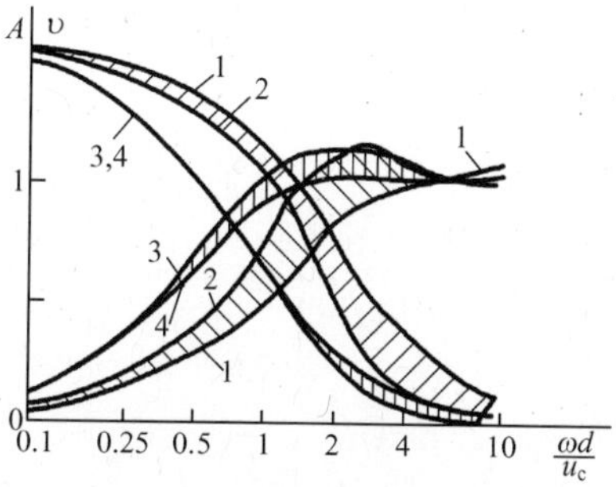

图5.13　对应于 $3\delta F_1$ 的模量和参数值与 ω_d/u_b 之间的关系

u_{0x}/u_b:1-0.3;2-0.3;3-0.1;4-0.1

γ:1-0.5;2-2;3-2;4-0.5

根据方程(5.31),可得出关系式 $f_{RT}(\omega)$ 有关特性的一些结论。众所周知[20],在低频($\omega \ll 2\pi u^2/\kappa$)下,均匀的混合物有一个线性燃烧速率 u,响应函数 $f = (\Delta u/u)/(\Delta p/p)$ 接近于指数燃烧规律 $v = \mathrm{dln}u/\mathrm{ln}p$。当 $\omega \approx 2\pi u^2/\kappa$($\kappa$ 为凝聚相热扩散率)时,模量 f 有最大值,随后开始减小。考虑 $\delta = u_0/u_b < 1$,产物模量 $(f_{0x} - f_b)3\delta F_1$ 与 ω 关系是通过零点的斜直线,起点为 $\omega/2\pi \approx u_b/d$,也有两个最大值,分别对应于 $\omega/2\pi \approx u_{0x}^2/\kappa$ 和 $\omega/2\pi \approx u_b^2/\kappa$。如果 $u_{0x}^2/\kappa < u_b/d$,零斜率和最大值与填料的作用相联系,在 $\omega/2\pi \sim u_b/d$ 时,可简并为最大值[见图5.14(b)]。

可以注意到,文献[141]对声场中均质含能材料的燃烧行为进行了详尽的分析。在本书中,除了线性燃速响应函数方法外,介绍了非线性响应函数的概念,其通过二阶响应函数的例子阐明,分析了具有不同振幅和频率的压强振荡响

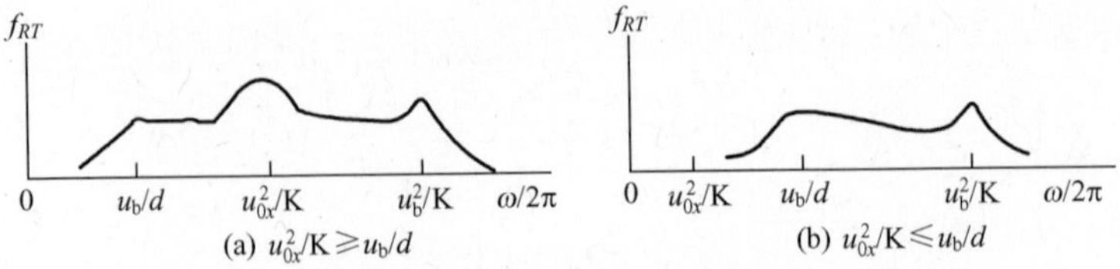

图 5.14　反应产物的温度响应模量对频率的定性依赖

应函数的分支。结果表明，最简单燃烧模型仅包含三个参数，一个混沌燃烧系统将被建立并且通过分支加倍燃烧速率的振荡周期。未来该领域可以从以下几个方面开展研究：发展气化的凝聚相系统的燃烧模型，通过化学转变来综合描述复杂的相变；对随时间变化切向流动燃烧表面的线性和非线性燃速响应进行研究。

2. 附录计算函数 $f_M(\omega)$ 表达式的推导

根据方程(5.25)，为了获得关系式 $M_{0x}(t)$，有必要获得出现在表面上的颗粒的未燃烧体积。把 $x=0$ 当做样品冷边界，$x=x_s$ 作为燃面[图 5.12(b)]。在平面 x，时刻 t 可以考虑颗粒的几何中心(不考虑燃烧)。未燃烧颗粒包含两段高度为 h_B 和 h_{0x}，其有共同的基础对应于直径 d_b 的圆心，它们的总体积包括

$$w=(\pi h_B/6)[3(d_b/2)^2+h_B^2]+(\pi h_{0x}/6)[3(d_b/2)^2+h_{0x}^2] \qquad (\text{I})$$

进一步根据 x_{0x} 和 x_b 表达 h_B 和 h_{0x}，在时刻 t 燃烧波通过颗粒和黏合剂传播，从顶部算起有多少距离，即在颗粒顶部燃烧表面出现[见图 5.12(b)]：

$$h_B=x_b-x_{0x} \quad h_{0x}=d-x_b \qquad (\text{II})$$

利用几何关系

$$(d_b/2)^2=x_b(d-x_b) \qquad (\text{III})$$

如果颗粒中心(不考虑燃烧)位于平面 x 中，则有

$$x_b=x-x_s+d/2, \quad -\mathrm{d}x_s/\mathrm{d}t=u_b \qquad (\text{IV})$$

颗粒燃烧开始于

$$x_s=x_s^*=x+d/2 \qquad (\text{V})$$

当 $x_s=x_s^{**}=x-d/2$ 时，颗粒与表面分离。

对 x_{0x} 可以得到

$$x_{0x}=\int^t u_{0x}\mathrm{d}t=\int_{x_s(t)}^{x_s^*(t)}\delta \mathrm{d}x_s, \quad \delta=u_{0x}/u_b$$

由方程(Ⅰ)-方程(Ⅲ)可以得到

$$\begin{cases} w/(\pi d^3 6)=(\xi_b-\xi_{0x})[3\xi_b(1-\xi_b)+(\xi_b-\xi_{0x})^2]+(1-\xi_b)^2(1+2\xi_b) \\ \xi_b<1, \quad \xi=x/d \end{cases} \qquad (\text{VI})$$

除了时间将使用其他的值 $\xi_s = x_s(t)/d$，对于颗粒分离后的时期有

$$w/(\pi d^3/6) = \max[0,(1+\xi_{0x}^{**}-2\xi_{0x})^3],\quad \xi_s<\xi_s^{**}(\xi) \tag{Ⅶ}$$

$$\overline{w}(\xi,\xi_s) = w/(\pi d^3/6) \tag{Ⅷ}$$

$$\overline{w}(\xi,\xi_s) = \psi(\xi_b,\xi_{0x}),\quad \xi-\xi_s<1/2$$

$$\overline{w}(\xi,\xi_s) = \varphi(\xi_{0x}^{**},\xi_{0x}),\quad \xi-\xi_s>1/2$$

ψ 和 φ 可由（Ⅵ）和（Ⅶ）给定。

$$\xi_H^{**}(\xi) = \int_{\xi-1/2}^{\xi+1/2}\delta(\xi_s)\mathrm{d}\xi_s\quad \xi_H(\xi,\xi_s) = \int_{\xi}^{\xi+1/2}\delta(\xi_s)\mathrm{d}\xi_s \tag{Ⅸ}$$

在计算方程(5.25)的积分时，在厚度层 dx 中，颗粒中心数 dN 等于该层的体积 $S\mathrm{d}x$ 除以样品颗粒中心的平均体积浓度 $\xi/(\pi d^3/6)$。然后方程(5.25)可以采取如下形式：

$$M_{0x} = \rho_{0x}S\zeta u_b(t)\int\frac{\partial\overline{w}(\xi,\xi_s)}{\partial\xi_s}\mathrm{d}\xi \tag{Ⅹ}$$

根据方程（Ⅴ）和（Ⅶ）的积分极限，关系 $\xi=\xi_s-1/2$，$1+\xi_{0x}^{**}-2\xi_{0x}=0$（燃烧开始和结束）必须满足。现在我们在积分式（Ⅹ）中放入表达式（ⅩⅢ）：

$$\int\frac{\partial\overline{w}(\xi,\xi_s)}{\partial\xi_s}\mathrm{d}\xi = \int_{\xi_s-1/2}^{\xi_s+1/2}\left[\frac{\partial\psi}{\partial\xi_c}\frac{\partial\xi_c}{\partial\xi_s}-\frac{\partial\psi}{\partial\xi_H}\frac{\partial\xi_H}{\partial\xi_s}\right]\mathrm{d}\xi+\int_{\xi=\xi_s+1/2}^{1+\xi_H^{**}-2\xi_H=0}\frac{\partial\varphi}{\partial\xi_H}\frac{\partial\xi_H}{\partial\xi_s}\mathrm{d}\xi \tag{Ⅺ}$$

从方程（Ⅳ）和（Ⅸ）可得

$$\frac{\partial\xi_c}{\partial\xi_s}=-1,\quad \frac{\partial\xi_c}{\partial\xi}=1,\quad \frac{\partial\xi_H}{\partial\xi_s}=-\delta(\xi_s)$$

$$\frac{\partial\xi_H}{\partial\xi}=\delta(\xi+1/2),\quad \frac{\partial\xi_H^{**}}{\partial\xi}=\delta(\xi+1/2)-\delta(\xi-1/2)$$

因此，方程（Ⅺ）采用如下形式：

$$\int\frac{\partial\overline{w}}{\partial\xi_s}\mathrm{d}\xi = \int_{\xi_s-1/2}^{\xi_s+1/2}\left[-\frac{\partial\psi}{\partial\xi_c}+\delta(\xi_s)\frac{\partial\psi}{\partial\xi_H}\right]\mathrm{d}\xi+\int_{\xi=\xi_s+1/2}^{1+\xi_H^{**}-2\xi_H=0}-\delta(\xi_s)\frac{\partial\varphi}{\partial\xi_H}\mathrm{d}\xi \tag{Ⅻ}$$

比较而言，如下表达式比较有用：

$$1=-\int\frac{\partial w}{\partial\xi_s}\mathrm{d}\xi = \int_{\xi_s-1/2}^{\xi_s+1/2}\left[-\frac{\partial\psi}{\partial\xi_c}1-\frac{\partial\psi}{\partial\xi_H}\delta(\xi+1/2)\right]\mathrm{d}\xi+$$
$$\int_{\xi=\xi_s+1/2}^{1+\xi_H^{**}-2\xi_H=0}\left[-\frac{\partial\varphi}{\partial\xi_H}\delta(\xi+1/2)-\frac{\partial\varphi}{\partial\xi_H^{**}}(\delta(\xi+1/2)-\delta(\xi-1/2))\right]\mathrm{d}\xi \tag{ⅩⅢ}$$

比较方程（Ⅻ）和（ⅩⅢ），考虑方程（Ⅵ）、（Ⅶ）、（Ⅺ），得到

$$\frac{M_{0x}}{\rho_{0x}S\xi u_b(t)}-1=-3\int_{\xi_s-1/2}^{\xi_s+1/2}\{\xi_c(1-\xi_c)+(\xi_c-\xi_H)^2\}[\delta(\xi+1/2)-\delta(\xi_s)]\mathrm{d}\xi+$$

$$\int_{\xi=\xi_s+1/2}^{1+\xi_H^{**}-2\xi_H=0} (1+\xi_H^{**}-2\xi_H)^2[\delta(\xi+1/2)-\delta(\xi-1/2)+2\delta(\xi_s)]\mathrm{d}\xi \quad (\text{XIV})$$

$$\xi_c=\xi-\xi_s+1/2,\quad \xi_s=\text{const}-(1/d)\int_0^t u_b(t)\,\mathrm{d}t \quad (\text{XV})$$

对于稳态体系来说，方程(XIV)左右两边都为零。通过计算一个稳态系统的偏差，称为 $\Delta p/p$，由方程左边可以得到 $(\Delta M_{0x}/M_{0x})/(\Delta p/p)-f_b(\omega)$。对方程右边，在稳态体系中方括号中的表达式应该等于零。因此，积分下剩余多项式采取线性近似，如果考虑方程(IX)和(XV)积分极限在稳态情况下可以给定。

$$\xi_{0x}=\xi_b\delta,\quad \xi_{0x}^{**}=\delta,\quad \xi_s=\text{const}-u_bt/d$$

对于扰动值 $\delta=u_{0x}(t)/u_b(t)$，可以得到(参见方程(5.20)中的名称与符号 f_{0x} 和 f_b)

$$\Delta\delta(\xi_s)/(\Delta p(t)/p)=(f_{0x}-f_b)\delta$$

如果给定 δ 值的参数 $\xi+1/2=\xi_s+\xi_b$，那么相当于用 $t-\xi_bd/u_b$ 来代替 t(根据关系式 $\xi_s=\text{const}-u_bt/d$)。

最后，考虑到 $\Delta p\sim\exp(\mathrm{i}\omega t)$，可以得到

$$\frac{\Delta\delta(\xi+1/2)}{\Delta p(t)/p}=\frac{\Delta\delta(\xi_s+\xi_c)}{\Delta p(t-\xi_cd/u_b)/p}\frac{\Delta p(t-\xi_cd/u_b)}{\Delta p(t)}=(f_{0x}-f_b)\delta\mathrm{e}^{-\mathrm{i}\Omega\xi_c}$$

同样，有

$$\frac{\Delta\delta(\xi-1/2)}{\Delta p(t)/p}=(f_{0x}-f_b)\delta\mathrm{e}^{-\mathrm{i}\Omega(\xi_c-1)},\quad \Omega=\omega d/u_b$$

在积分方程(XIV)中引入新的变量 $\xi_b=\xi-\xi_s+1/2$，可得

$$(\Delta M_{0x}/M_{0x})/(\Delta p/p)=f_b(\omega)+3(f_{0x}(\omega)-f_b(\omega))\delta F(\Omega,\delta)$$

$$\begin{aligned}F(\Omega,\delta)=&[1/\delta+(1-\delta)^2/(3\delta)+\mathrm{i}(1-\delta)^2/\Omega+(1-(1-\delta)4\delta)/\Omega^2+\\&2\mathrm{i}\delta(2-5\delta)/\Omega^3]-[(1-2\delta^2)/\Omega^2+2\mathrm{i}\delta(2+3\delta)/\Omega^3]\exp(-\mathrm{i}\Omega)+\\&(16\mathrm{i}\delta^2/\Omega^3)\exp(-\mathrm{i}\Omega/2\delta)\cos(\Omega/2)\end{aligned}$$

从积分表达式 $F(\Omega,\delta)$ 可以获知 $F(0,\delta)=0$。

5.4.2 非稳态侵蚀燃烧机理探讨

仅有少数复合推进剂的瞬态燃烧研究涉及非稳态侵蚀燃烧。在文献[142]中，对于均质固体推进剂，燃速响应与交叉流动速度改变的函数关系已经被实验确定。为此，双基推进剂样品试样在 T 型燃烧器中心被点燃(其压强振荡有一个节点，即具有零振幅，尽管流动速度振荡显示聚束是最大的)。文献[143]中阐述了现象学 Z－N 模型对准均质推进剂非稳态侵蚀燃烧适用。特别是，在这

个模型中,推进剂的稳态燃烧速率对气体的横向流动行为不敏感,对非稳态燃烧体制也不敏感。然而,正如在文献[144]中所强调的,该现象的理论依据并不充分。

文献中对于异质混合物非稳态侵蚀燃烧的实验研究结果没有报道。然而,由于推进剂燃烧过渡到非稳态燃烧过程中,侵蚀影响显著,因此调查显示开展研究是必要的。由于在稳态燃烧中没有这些影响,期望这些问题能在推进剂瞬态燃烧中提出来。

如文献[138,145]所述,对一些推进剂来说,热传导前沿对应于不耐热成分的气化,确定了稳态燃烧速率值,复合推进剂表面的固定切向流动对其影响不大。然而,非稳态流动确实会大幅度改变耐热组分的分支凸曲面的气体产生,气相组分浓度配比和燃烧产物的温度将会发生变化。这些变化对推进剂燃烧速度的影响潜在地激励了复合推进剂非稳态侵蚀燃烧的实验和理论研究。

在气相组分组成变化时,影响效果取决于耐热组分区域的结构。当没有办法保持热稳定组分在平面上时,喷出的颗粒将会在燃烧室容积中反应,这是确定的,不仅是因为通过复合推进剂表面的瞬时气体速度,而且通过燃烧室的整体流体力学来确定。

如果一个耐高温组分形成了单独凸起,它们尺寸的经验数据作为 v 的函数将是非常有用的。在这种情况下,在非稳态系统中,组分凸起形态的变化信息是必要的。通过近似方法这些信息可以很容易获得[138,145,146]。

让我们采用一个半经验方法[147]来确定耐热组分凸起的推进剂的响应函数。为此,采用"复合三明治"系统来简单近似模拟复合固体推进剂,其中平截面由交替矩形(1cm · b)中的非挥发性截面构成,导致了缓慢的燃烧和快速的组分燃烧(1cm · a)。

可以假定在稳态体系层合板模型中,热气体切向流动到燃烧表面,线性燃烧速度 u 实际上与流动速度相互独立。上述已经提出了这种燃烧行为的最可能原因。不耐热成分在前沿的燃烧,决定了整个系统的平稳燃烧速率,来自于耐热组分的凸起影响了对燃烧产物流动的保护。这种凸起受到了许多方面的影响,例如,当 v 改变时,凸起的形成和高度也会发生变化。加强热和质量传递将会使得凸起高度减小,这种情况是可能的。毋容置疑的是,在较高的临界流速情况下,凸起将不会起到保护作用,切向流动将会影响前沿。这一系列参数超出了本研究范围。

假设稳态经验速度依赖的表面上的凸起高度是已知的。在稳定状态下,凸起部分的传播速度 $u_1 \equiv -\mathrm{d}x_1/\mathrm{d}t$ 和边缘速度 $u_f \equiv -\mathrm{d}x_f/\mathrm{d}t$ 一致。在瞬态流动条件下,认为最大气相速度低于临界值。因此,$u_f = \text{const} = u_{st}$,且 u_1 满足如下关系式：

$$u_1 = u_{1,\mathrm{st}} + A[h - h_{\mathrm{st}}(v(t))]$$

因此，可得

$$\mathrm{d}h/\mathrm{d}t = -A[h - h_{\mathrm{st}}(v(t))] \tag{5.33}$$

其中 $h_{\mathrm{st}}(v)$ 是准稳态的：

$$h_{\mathrm{st}} = x_1 - x_{\mathrm{f}} = h_0 - kv^2 \tag{5.34}$$

式中，x 位于复合推进剂整体坐标系的平面坐标系中，ε 为常数。下标 st、1、f、0 代表稳态、慢和快的燃烧组分以及流动停止状态。

注意到文献中，缺乏在有或无流动情况下，复合推进剂试样燃烧的表面粗糙度原位测量实验数据。模拟复合推进剂试样的照片和 X 光片对于获得 $h(v)$ 是有用的。二次依赖关系式(5.34)是最简单的形式，其满足了侵蚀燃烧模式要求，并且与流动速度方向无关。

方程(5.33)的意义如下：更突出了缓慢燃烧成分超过了准稳态平面水平，由于交叉流动作用，使得更快速燃烧，反之亦然。常数 A 可以由非稳态实验或理论计算获得。方程(5.33)限制在 $t \to -\infty$ 时(更准确的服从状态 $\lim_{t\to-\infty}[h\exp(At)] = 0$)求解具有如下形式：

$$h(t) = A\int_{-\infty}^{t} h_{\mathrm{st}}(v(t))\mathrm{e}^{-A(t-\tau)}\mathrm{d}\tau \tag{5.35}$$

特别地，气流速度(在燃烧的复合推进剂装药圆柱孔内的气向气流振荡)交替变化在频率 w，$v = v_{\mathrm{a}}\cos(\omega t)$，由方程(5.34)和方程(5.35)给出：

$$h = h_0 - kv_a^2\{0.5 + [0.5A\cos(2\omega t) + \omega\sin(2\omega t)]A/(A^2 + 4\omega^2)\} \tag{5.36}$$

气化产物的组成比率变化可以使用当改变高度时引起了凸起形状的改变规律。假设有一个三角形的凸起，界面上前沿点上的气化组分很容易沿复合推进剂以速度 u_{f} 传播且 h 随时间改变，我们获得了一个缓慢燃烧固体推进剂组分的质量流率(对一层进行计算)：

$$M_1^* = \rho_1 b(u_{\mathrm{f}} - 0.5\mathrm{d}h/\mathrm{d}t) \tag{5.37}$$

快速燃烧组分的质量流率与时间无关，且 $M_{\mathrm{f}}^* = \rho_{\mathrm{f}} a u_{\mathrm{f}}$ 达到一层，其中 ρ_1 和 ρ_{f} 为组分密度。因此，考虑方程(5.36)，可得

$$\frac{M_1^*}{M_{\mathrm{f}}^*} = \frac{\alpha}{1-\alpha}\left[1 - \frac{kv_{\mathrm{a}}^2}{2u_{\mathrm{st}}}\frac{\omega}{\sqrt{1+(2\omega/A)^2}}\sin(2\omega t - \varphi)\right] \tag{5.38}$$

式中，$\varphi = \arctan(2\omega/A)$。随着 $\omega \to \infty$，产生了

$$\frac{M_1^*}{M_{\mathrm{f}}^*} = \frac{\alpha}{1-\alpha}\left[1 + \frac{Akv_1^2}{4u_{\mathrm{st}}}\cos(2\omega t)\right]$$

在方程(5.38)中，使用了关系式 $(\rho_1 b)/(\rho_{\mathrm{f}} b) = \alpha/(1-\alpha)$，对上述复合系统

来说关系式是正确的，a 为系统中慢燃(耐高温)组分的质量分数。方程(5.38)允许考虑燃烧产物的组分改变。对由两部分组成的复合系统来说(不一定是"三明治")，燃烧产物温度 $T_p(\alpha)$ 与组分之间有固定依赖关系，可以从热力学计算或实验获得。对于给定的多层系统的非稳态体系，当 $\alpha(t)=(M_1^*/M_f^*)/(1+M_1^*/M_f^*)$ 时，方程(5.38)可以用于计算变量 $T_p(\alpha(t))$。

因此，分析结果表明，多层系统的燃烧特性，对稳态交叉流动几乎不敏感，在瞬态切向流情况下，可以显示非稳态影响。

5.5　现象学方法的适用范围

正如上面已经提到的，固体的瞬态燃烧模型的基础是稳态燃烧模型，即使在稳态情况下，仍然存在重大问题，即缺乏必要的关于高温下凝聚相物质理化性质的信息。另一个问题是边界条件的正确确定，尤其是在非稳态情况下。事实上，在燃烧波中原始固体材料改变了物理状态，并通过各种低温和高温相变转化为凝聚相和气相反应产物，造成了表面层的破坏及泡沫形成、蒸发及阶段化学转变。为了描述这种复杂的现象，需要发展综合的模型来处理高温状态下物理和化学过程的耦合，瞬态时间、温度和组分分布的瞬态变化。特别是，当其熔化、分解及从凸起结构部分蒸发时，由于变化的气相产物的相互作用机制可能会破坏，有必要发展详细子模型来描述表面层下的凝聚相含能材料行为。

混合含能材料凝聚相的组分空间分布的非均匀性可能是到达燃面的不一致性和热点形成的原因。在使用压片的混合含能材料情况下，非均匀反应可能是由非均匀密度的空间分布和微量杂质的存在引起的。在任意情况下，研究热点的气相释放强度的瞬态行为以及瞬时燃速与温度及组分浓度分布耦合是令人感兴趣的。

从对技术文献的考察中可以看出，瞬态燃烧理论模拟近似现象学 Z－N[20] 方法被广泛使用。这是因为它相对简单，试图正确地解决基于热力学第一定律和详细数学模型基础上的问题时出现了许多障碍。但实际推进剂或单元含能材料，采用 Z－N 方法求解非稳态燃烧问题仍面临严重困难，主要是由于缺乏温度依赖关系相关数据。这些信息的获得是一个耗时、技术困难的任务。此外，需要注意的是，根据 Z－N 方法，用于计算参数 $r_N=(\partial T_s/\partial T_0)$ 的正确的燃面温度数值须由凝聚相反应区的冷边界确定。然而，表面温度通常是由实验测量得到的，对应于凝聚相和气相的界面，即反应层的热边界。在实验测定 $T_s(T_0)$ 的依赖关系时，带来了一个额外的未知误差。因此，使用 Z－N 方法计算 $T_s(T_0)$ 依赖关系以及直接测量(热电偶、红外技术)可能导致错误的结果，这在许多例子中已经阐述。

特别地,根据文献[148]实验后座力实验装置记录的数据,环境压强下 HMX 的自持燃烧具有明显的燃速周期振荡特性,自振频率为 6 ~ 8Hz。当压强增加时,在 3atm、频率增加到 40Hz 时后座力减小。当压强超过 5atm 后,振荡检测不到了。周期的后座力振荡的存在,证明了这种对应于稳态自持燃烧的稳定性边界燃烧机制。在 $k = (\partial \ln r_b / \partial T_0)(T_s - T_0)$,当参数 $k > 1$ 时,根据 Z - N 方法计算这种机制被实现了。然而,参数 k 计算是基于热电偶测量数据基础上进行的($p = 1\text{atm}, T_0 = 20$),获得的结果是 $k = 0.88$[149] 和 $k = 0.62$[150]。这意味着,根据热电偶数据该燃烧体系应该是相当稳定的(它的参数位于稳态燃烧区域范围,远离了不稳定边界),但是这些与后座力直接观测结果以及光电记录结果矛盾。

在分析双基推进剂催化燃烧行为的数据特征时,也表现出类似的差异。另外,文献[27]后座力测量结果显示在大气压强下存在明显的力信号的周期性振荡以及高的初始温度($T_0 = 100\text{K}$),这与热电偶测量结果相矛盾。在文献[27]中,不同初始温度和压强下,采用后座力技术测量了周期性辐射通量扰动下燃烧速率的响应函数。在给定实验参数 k 的情况下,燃速响应共振频率的大小被用来计算参数 r_N。文献[48]证明采用这种方式计算的参数 r_N 与基于表面温度与燃烧速度固定依赖关系计算获得的单一值相差 2 ~5 倍。

因此,正如文献[27]建议的,正确和有效地使用 Z - N 方法,在特定设计实验中,可以合理地确定计算数值 k 和 r_N,例如,在由辐射引起的燃速周期性振荡实验中或者在测量瞬时燃速响应对时间、压强或辐射通量变量的响应实验中,这种方式确定的数值 k 和 r_N,还要被进一步用于固体推进剂瞬态燃烧行为的模拟。文献[52]给出了这样确定的一个例子,催化双基推进剂数据是由分阶段或周期性辐射通量扰动实验获得的。

需要强调的是,在获得真正含能材料的 k 和 r_N 值时存在显著误差。事实上,文献[141]中 k 值误差估计大约为 30%,燃速测量精度大约为 5%。r_N 值的误差依赖于测量 T_s 方法。采用 5μm 细热电偶时,在燃速为 1cm/s 时,T_s 的测量误差为 20%。当使用较粗的热电偶时误差可能更大,且得到 r_N 值是通过对 T_s 的关系式进行求导获得的。

在含能材料瞬态燃烧模拟中,主要问题是在凝聚相中组分燃烧有显著热释放情况下,如何正确描述燃面上非均匀反应。结果是在燃面上出现了间歇性的热点,而燃面的起始和随时间变化规律并不能被详细了解。对复合推进剂和烟火药燃烧来说,"热点"的存在原因可能是非均质组分空间分布的不均匀性引起的。实际上,在试样体积内燃料的燃烧表面到达高氯酸铵晶体低温组成和空间分布时,发现燃面大小与热点频率之间直接关联[151]。然而,对于均匀混合的双基推进剂，这个假设勿需特定证明。近来大量典型双基推进剂组分（硝化棉、硝化甘油、）的空间分布的实验数据被报道[152]。通过对推进剂样品切割面进行光学检测已经发现，镶嵌结构的光斑尺寸从 40 变为 200μm，对应于硝化棉的聚合尺寸。可以得出结论，这些非均匀组分的空间分布可能引起凝聚相反应的局部非均匀性。

最先进的含能材料瞬态燃烧问题的简要回顾表明，众多领域中的理论需要进一步改进和创新[153]。研究中的实验验证和有效性取决于现代化的技术发展，特别是激光辐射的应用，瞬态燃速测量的光谱工具和量具。

参 考 文 献

1. Zeldovich Ya. B. On the theory of combustion for powders and explosives // Journal of Experimental and Theoretical Physics (in Russian), 1942. - Vol.12. - pp. 498.

2. Zarko V.E., Beckstead M.W., Simulation of Transient Solid Propellant Combustion // Moscow, Proceedings of the Zel'dovich Memorial, 1996. - Vol.1. - pp. 255-265. *See also* L.K. Gusachenko, V.E. Zarko. Analysis of unsteady solid-propellant combustion models (review) // Combustion, Explosion, and Shock Waves, 2008. - V. 44, No.1. - pp. 35-48.

3. Denison M.R., Baum E. A simplified model of unstable burning in solid propellants // ARS JOURNAL, 1961. -Vol. 31, No. 2. - pp. 1112-1122.

4. Lavrentiev M.A., Shabat V.V. Hydrodynamics problems and its mathematical models // Moscow, Nauka, 1977 (in Russian)

5. Vilyunov V.N. and Rudnev A.P. Low-frequency instability in a powder burning in a partially closed chamber with gas injection and circulation // Combustion, Explosion, and Shock Waves, 1977. - Vol. 13, No. 1. -pp. 36-40.

6. Gostintsev Yu.A., Pokhil P.F. and Sukhanov L.A. Complete equations system for unsteady processes by the propellant combustion in semi-closed space // Doklady AN SSSR (AS USSR Reports), 1970. - Vol. 195, No. 1

7. Gusachenko L.K. The asymptotic solution of sublimation problem // Inzhenerno-Fizicheskii Journal, 1966. - Vol. 10, No. 4 (in Russian).

8. Novozhilov B.V. Gas phase effect on combustion stability of volatile condensed systems // Khimicheskaya Fizika, 1988. – Vol. 7, No. 3. - pp. 388-396 (in Russian)

9. Maximov E.I. Study of light pulsations during the nitroglycerine solid propellants combustion // Russian Journal of Physical Chemistry, 1963. - Vol. 37, No. 5. - pp. 1129-1132. (in Russian)

10. Buldakov V.F., Romanov O.Ya., Shelukhin G.G. To the theory of non-stationary burning of two-component condensed system at constant pressure // Fizika Aerodispersnykh System, Odessa, 1973. – No. 8. - pp. 96-102. (in Russian)

11. Iljukhin V.S., Margolin A.D. and Sverchkov Yu.E. Research of transition processes for course-grained mixed propellant combustion // In: Gorenie Kondensirovannykh Sistem (Condensed systems combustion), Ed. by A.G. Merzhanov, ICP AS USSR, Chernogolovka, 1977. - pp. 44-48 (in Russian).

12. Shelukhin G.G., Buldakov V.F. and Belov V.P. Experimental investigation of the combustion process in heterogeneous condensed systems // Combustion, Explosion, and Shock Waves, 1969. - Vol. 5, No. 1. - pp. 27-33.

13. Iljukhin V.S., Margolin A.D., Valeev I.N. et al. Effect of oxidizer-particle size on the unsteady-state combustion time of a composite solid fuel during a pressure drop // Combustion, Explosion, and Shock Waves, 1987. - Vol. 23, No. 3. - pp. 332-333.

14. Gusachenko L.K. Action of fluctuating pressure on characteristic local fluctuations in burning rate of solid fuel // Combustion, Explosion, and Shock Waves, 1990. - Vol. 26, No. 4. - pp. 397-402.

15. Belyaev A.F. About combustion of explosives // Russian Journal of Physical Chemistry, 1938. - Vol. 12, No. 1. - pp. 93 (R)

16. Zeldovich Ya. B., Leipunskii O.I., Librovich V.B. Theory of the Unsteady Combustion of Powder // Nauka, Moscow, 1975 (in Russian).

17. Istratov A.G., Librovich B.V. About stability of solid propellant combustion // Journal of Applied Mechanics and Technical Physics, 1964. -

No. 5. - pp. 38-43 (in Russian)

18. Novikov S.S., Ryazantsev Yu. S. To the theory of stability for solid propellant combustion // Journal of Applied Mechanics and Technical Physics, 1965. - No. 1. -pp. 57-61 (in Russian).

19. Novozhilov B.V. Stability criterion for stationary combustion regime of solid propellant // Journal of Applied Mechanics and Technical Physics, 1965. - No. 6. -pp.141 (in Russian).

20. Novozhilov B.V., Nonstationary Combustion of Solid Rocket Propellants. Nauka, Moscow, 1973. *See also* Translation AFSC FTD-MT-24-317-74.

21. Frost V.A., Yumashev V.L. Extinction of a solid propellant accompanying a fall in pressure as a loss of combustion stability // Combustion, Explosion, and Shock Waves, 1976. - Vol. 12, No. 4. - pp. 496-503.

22. Kiskin A.B. Stability of stationary powder combustion acted on by a constant light flux // Combustion, Explosion, and Shock Waves, 1983. - Vol. 19, No. 3. - pp. 295-297.

23. Zenin A.A, Nefedova O.I. Burning of ballistite powder over a broad range of initial temperatures // Combustion, Explosion, and Shock Waves, 1967. - Vol. 3, No. 1. - pp. 26-31. *See also* Zenin A.A. Thermophysics of stable combustion waves of solid propellants // Progress in Astronautics and Aeronautics (De Luca L., Price E.W., Summerfield M., Eds.), 1992. – Vol. 143, Ch. 6. – pp. 197-231.

24. Kovalskii A.A., Konev E.V., Krasilnikov B.V. Double-based propellant burning// Combustion, Explosion, and Shock Waves, 1967. - Vol. 3, No. 4. - pp. 547-554.

25. Zarko V.E., Dr.Sci. Habit. Dissertation. Investigation of transient combustion of condensed systems. // Institute Chem. Kinetics and Combustion, Novosibirsk, 1985.

26. Zarko V.E., Simonenko V.N., Kiskin A.B. Radiation-driven transient burning: experimental results // Progress in Astronautics and Aeronautics (De Luca L., Price E.W., Summerfield M., Eds.), 1992.- Vol. 143, Ch.10. - pp. 363-398.

27. Simonenko V.N., Zarko V.E., Koutzenogy K.P. Experimental study of

the conditions for auto- and forced fluctuations of the rate of combustion of a powder // Combustion, Explosion, and Shock Waves, 1980. - Vol. 15, No.3. - pp. 298-304.

28. Novikov S.S., Pokhil P.F., et al. Study of solid propellant extinction conditions by "freezing" in combustion zone // Doklady Physical Chemistry (Proc. USSR Academy Sci.), 1968. - Vol. 180, No. 6. - pp. 1391-1395 (in Russian).

29. Novikov S.S., Ryazantsev Yu. S. Analysis of condition for solid propellant extinction // Journal of Applied Mechanics and Technical Physics, 1969. - Vol. 10, No. 2. - pp. 93 (in Russian).

30. Dik I.G., Zurer A.B., Kuznetsov V.T. Stability of the ignition of condensed substances with the action of a heat-flux pulse // Combustion, Explosion, and Shock Waves, 1979. - Vol. 15, No. 3. - pp. 351-355.

31. Khlevnoi S.S. Extinguishing of an explosive after light radiation effect // Combustion, Explosion, and Shock Waves, 1971. - Vol. 7, No. 2. - pp. 178-188.

32. Summerfield M., Caveny L.H., et al. Journal of Spacecraft and Rockets, 1971. - Vol. 8, No. 3. - pp. 251-258 (*see also* AIAA Paper 1970, # 70).

33. Frost V.A., Yumashev V.L. Solid propellant extinction in combustion model with variable surface temperature // Journal of Applied Mechanics and Technical Physics, 1973. - Vol. 14, No. 3. - pp. 92 (R)

34. De Luca L. Extinction theories and experiments // Progress in Astronautics and Aeronautics (Kuo K.K., Summerfield M., Eds), 1984. - Vol. 90, Ch 12. - pp. 661-732.

35. Zarko V.E., Knyazeva A.G. Simulation of ignition transients for two-component solid propellants under irradiation // AIAA Paper, 1994, 94-0790

36. Librovich V.B. About ignition of solid propellants and explosives, (Russian) // Journal of Applied Mechanics and Technical Physics, 1963. - No. 6. -pp. 74 (R)

37. Novozhilov B.V. Theory of nonsteady burning and combustion stability of solid propellants by the Zeldovich-Novozhilov method // Progress in

Astronautics and Aeronautics (De Luca L., Price E.W., Summerfield M., Eds.), 1992. - Vol. 143, Ch.15. - pp. 601-641.

38. Kiskin A.B. Modeling of Nonstationary Combustion of Gasified Condensed Systems // PhD Dissertation. Institute of Chem. Kinetics and Combustion, Novosibirsk, 1989.

39. Simonenko V.N., Zarko V.E., Kiskin A.B., et al. Stability of the combustion of composite metallized samples // Combustion, Explosion, and Shock Waves, 1983. - No. 5. - pp. 590-592.

40. Hart W. R., McClure F.T. Combustion instability: acoustic interaction with a burning propellant surface//J. Chem. Phys., 1959. - Vol. 30, No. 6.- pp. 1501.

41. Geckler R. D. Selected combustion problems // Fifth Symposium (International) on Combustion, Reinhold, New York, 1955, 35, *see also* AGARD, 1954. - pp. 289.

42. Green L. Unstable Burning of Solid Propellants // Jet Propulsion, 1954.- Vol. 24. - p. 252.

43. Crocco L. and Cheng S. Theory of combustion instability in liquid propellant rocket motors // AGARDograph 8. 1958. -pp.159, Butterworths.

44. Horton M. D. Acoustic admittance of a burning solid propellant surface // ARS Journal., April 1962. -Vol. 32. -pp. 644.

45. Price E. W. Experimental solid rocket combustion instability // Tenth Symposium (International) on Combustion, The Combustion Institute, 1965. - pp. 1067-1082.

46. Hart R. W., Farrell R.A., Cantrell R.H. Theoretical study of a solid propellant having a heterogeneous surface reaction I—acoustic response, low and intermediate frequencies // Comb. and Flame, 1966. -Vol. 10. - pp. 367-380.

47. Culick F. E. C. A review of calculations for unsteady burning of a solid propellant // AIAA J., 1968. - Vol. 6, No. 12. – p. 2241.

48. Zenin A. A., Novozhilov B. V. Single-valued dependence of the surface temperature of ballistite on the burning rate // Combustion, Explosion & Shock Waves, 1973. - Vol. 9, No. 2. - pp. 209-212.

49. Renie J. P., Osborn J.R. Combustion modeling of aluminized propellants // AFRPL-TR-79-21, 1979. *See also* AIAA Paper, 1979, No. 1131.

50. Condon J. A., Osborn J.R., Glick R.L. Statistical Analysis of Polydisperse Solid Propellants // 13th JANNAF Combustion Meeting, 1976, II, 209.

51. King M. K. Modeling of pressure-coupled response functions of solid propellants // Nineteenth Symposium (International) on Combustion, Pittsburgh, Pa, 1982. - pp. 707-715.

52. Zarko V. E., Simonenko V.N., Kiskin A.B. Nonstationary combustion of condensed substances subjected to radiation // 1987. - Vol. 23, No. 5. - pp. 521-530.

53. Beckstead M. W. Combustion Calculations for Composite Solid Propellants // 13th JANNAF Combustion Meeting, CPIA #281, 1976. – Vol.II. – p. 299.

54. Butcher A. G., Beckstead M.W. The Effect of Propellant Type on Combustion Response Functions // 16th JANNAF Combustion Meeting, 1979. - Vol. III, CPIA #308. - pp. 527-558.

55. Cohen N.S. Combustion Response Functions of Homogeneous Propellants // 21st Joint Propulsion Conference, 1985, AIAA Paper 85-1114.

56. Beckstead M.W. Potential Combustion and Combustion Instability Characteristics of CL-20 Propellants // 28th JANNAF Combustion Meeting, 1991, III, CPIA #573, 369.

57. Cohen N. S., Bowyer J.M., et al. Combustion response modeling for composite solid propellants // 14th JANNAF Combustion Meeting, CPIA # 292,1977. – Vol. 1. – p. 55. *See also* Jet Propulsion Laboratory, Pasadena, Calif., June 1978. - AFRPL-TR-78-39.

58. Cohen N. S., Strand L.D. An Improved Model for the Combustion of AP Composite Propellants // AIAA J., Vol. 20, No. 12. - pp. 1739-1246.

59. Beckstead M.W., Boggs T. L. Failure of existing theories to correlate experimental nonacoustic combustion instability data // AIAA J., 1970. - Vol. 8, No. 4. - pp. 626-631.

60. Ilyukhin V.S., Margolin A.D., et al. Role of heterogeneity of composite solid fuels in the mechanism of pulsation burning // Combustion, Explosion & Shock Waves, 1975. - Vol. 11, No. 3. - pp. 421-423.

61. Cohen N. S. Response Function Theories That Account for Size Distribution Effects - A Review // AIAA J., 1981. - Vol. 19, No. 7. - pp. 907-912.

62. Cohen N. S., Strand L.D. Combustion response to compositional fluctuations // AIAA J., 1985. - Vol. 23, No. 5. - pp. 760-767.

63. Cohen N. S., Effects of formulation on the combustion of solid propellants // AFRPL TR-86-048, Edwards Air Force Base, Calif., 1987

64. Simonenko V.N., Chertishchev V.V. The effect of particle size and component concentration on the nonstationary combustion characteristics of heterogeneous propeplants // Combustion, Explosion & Shock Waves, 1993. - Vol. 29, No. 3. - pp. 304-305.

65. Margolis S.B., Armstrong R.C. Asymptotic models for solid propellant combustion and the onset of intrinsic instability // 23rd JANNAF Combustion Meeting, , CPIA #457, 1986. – Vol. 1. - pp. 65-80.

66. Margolis S.B., Williams F.A. New Instability Phenomena in Solid Propellant Combustion // 24th JANNAF Combustion Meeting, 1987. - Vol. 1, CPIA #476, 61-68.

67. Margolis S.B., Williams F.A. Diffusional thermal coupling and intrinsic instability of solid propellant combustion, Combust. Sci. and Tech,. 1988. – Vol. 59. – p. 27.

68. Deur J.M., Price E.W. A Simple Model for Dynamic Flame Response // 23rd Joint Propulsion Conference, 1987, AIAA Paper 87-1875.

69. Deur J.M., Price E.W. A surface coupled flamelet approach to dynamic response in heterogeneous propellant combustion // 24th Joint Propulsion Conference, 1988, AIAA Paper 88-2938.

70. Clavin P., Lazimi D. Theoretical-analysis of oscillatory burning of homogeneous solid-propellant including nonsteady gas-phase effects // Combust. Sci. and Tech., 1992. - Vol. 83. - pp. 1-32.

71. Huang I.T., Micci M.M. Unsteady gas phase analysis of homogeneous solid propellant combustion // Combust. Sci. and Tech., 1991.- Vol. No. 1-3. - pp. 73-78.

72. Tseng I.S., Yang V. Combustion of a double-base homogeneous propellant in a rocket motor // Comb. Flame, 1994. - Vol. 96, No. 4. - pp. 325-342.

73.Williams F.A., Combustion Theory. 2nd Ed // Princeton Univ., Princeton, 1984.

74. Zeldovich Ya.B., Barenblatt G.I., et al. The Mathematical Theory of Combustion and Explosions // Moscow. Nauka.1980 (English Translation: New York, Consultants Bureau, 1985).

75. Vilyunov V.N., Sidonskii O.B. Ignition of condensed systems by radiant energy // Combustion, Explosions, and Shock Waves, 1965. - Vol. 1, No. 4. - pp. 24-26.

76. Baklan S.I., Vilyunov V.N., Dik I.G. Transition to the combustion of a condensed substance with the action of a light pulse // Combustion, Explosions, and Shock Waves, 1986. - Vol. 22, No. 6. - pp. 722-726.

77. Vilyunov V.N., Zarko V.E., Ignition of Solids // Amsterdam, Elsevier, 1989.

78. Armstrong R.S., Koszykowski M.L. A theoretical and numerical study of radiative ignition and deradiative extinction in solid propellants // Comb. Flame, 1988. - Vol. 72, No. 1. - pp. 13-26.

79. Dik I.G., Sazhenova E.A., Selikhovkin A.M. Role of the gas phase in the transition of condensed material to combustion on ignition by a radiation flux // Combustion, Explosions, and Shock Waves, 1991. - Vol. 27, No.4. - pp. 396-401.

80. Price C.F., Boggs T.L. Transient combustion of solid propellants: an important aspect of deflagration-to-detonation transition // Progress in Astronautics and Aeronautics (De Luca L., Price E. W., Summerfield M., Eds.) 1992. – Vol. 143, Ch. 12. - pp. 441-464.

81. Knyazeva A.G., Zarko V.E. Numerical simulation of transients in the ignition of two-component propellants by intense heat fluxes // Combustion, Explosions, and Shock Waves, 1993. - Vol. 29, No. 3. - pp. 266-269.

82. Zarko V.E. Stability of ignition of condensed substances // Combustion, Explosions, and Shock Waves, 1990. - Vol. 26, No. 6. - pp. 623-633.

83. Mikheev V.F., Levashev Yu.V. Experimental study of critical conditions during the ignition and combustion of powders // Combustion, Explosions, and Shock Waves, 1973. - Vol. 9, No. 4. - pp. 438- 441. (R)

84. Ohlemiller T.J., Caveny L.H., et al. Dynamic effects on ignitability limits of solid propellants subjected to radiative heating // XIV Symposium (International) on Combustion, 1972. - pp. 1297-1307.

85. Gusachenko L. K., Zarko V. E. On the Stability of the Self-Sustained Combustion of Energetic Materials with Intense Subsurface Heat Release // Russian Journal of Physical Chemistry B (Khimicheskaya Fizika) 2008. - V. 27, No.1. – pp. 91-99.

86. Parr T., Hanson-Parr D. Nonintrusive diagnostic techniques for research on nonsteady burning of solid propellants // Progress in Astronautics and Aeronautics (De Luca L, Price E.W., Summerfield M., Eds.) 1992. – Vol. 143, Ch. 8. – pp. 261-324.

87. Novozhilov B.V. Effect of gas phase inertness on the combustion stability for volatile condensed systems // Khimicheskaya Phisika ,1988. - Vol. 7, No. 3. - pp. 388-396. (in Russian)

88. Zarko V.E., Kiskin A.B. Numerical modeling of nonsteady powder combustion under the action of a light flux // Combustion, Explosion, and Shock Waves, 1980. - Vol. 16, No. 6. - pp. 650-654.

89 Assovskii I.G., Istratov A.G. Propellants combustion under light flux // Zhurnal Priklad. Mekhaniki i Teoret. Fiziki (Journal of Applied Mechanics and Theoretical Physics), 1971. - No. 5. - pp. 70-71 (in Russian).

90. Margolin A.D., Fogelsang A.E. Combustion of tetryl // Combustion, Explosion, and Shock Waves, 1966. - No. 2. - pp. 6-11.

91. Zenin A.A. The processes in combustion zones of double-based propellants combustion // In: Physical processes with combustion and explosion, Atomizdat, Moscow, 1980. - pp.69-105 (in Russian).

92. Novozhilov B.V. Combustion of volatile condensed systems under harmonic oscillations of pressure // Khim.phisika. 1989. - Vol.8, No.1. - pp. 102-111 (in Russian).

93. Vilyunov B.N., Rudnev A.P. The effect of reactions in condensed phase

of solid propellant on the steady-state combustion regime stability // Zhurnal priklad. mekhaniki i teoret. fiziki (Journal of Apply Mechanic and Theoretical Physics), 1973. - No. 5. - pp. 102-112. (in Russian)

94. Romanov O.Ya. The nonstationary combustion rate of gunpowder // Combustion, Explosion, and Shock Waves, 1975. - Vol. 11, No. 2. - pp. 163-171.

95. Romanov O.Ya. Integral equations in the theory of unsteady combustion of powder //Combustion, Explosion, and Shock Waves, 1975. - Vol. 11, No. 3. -pp. 319-326.

96. Buldakov B.F., Romanov O.Ya., Tarchov V.C. Inert c-phase model for nonstationary combustion of two-component condensed substances // Combustion, Explosion, and Shock Waves, 1980. - Vol. 16, No. 3. - pp. 281-286.

97. Vilyunov B.N., Sabdenov K.O. About phenomenological theory of unsteady burning / Chim. phisika (Chemical Physics), 1992. - Vol.11, No. 3. - pp. 415-423 (in Russian).

98. Romanov O.Ya. Unsteady burning of the two-component propellant // Combustion, Explosion, and Shock Waves, 1976. - Vol. 12, No. 3. - pp. 303-313.

99. T'ien J.S. Oscillatory burning of solid propellants including gas phase time lag // Combustion Sci. and Tech., 1972. - Vol.5. - pp. 47 -54.

100. Allison C.B., Faeth G.M. Open-loop response of a burning liquid monopropellant // AIAA J.,1975. - Vol. 13, No.10. -pp. 1287-1294

101. Novozhilov B.V. Theory of unsteady condensed systems burning taking into account delay time // Khimicheskaya Fizika, 1988. - Vol. 7, No. 5. - pp. 674-687 (in Russian).

102. Belous V.L., Novozhilov B.V. The effect of gas phase inertness on combustion stability for condensed systems with exothermic reaction on gas-liquid board // Proceedings of IX Russian symposium on combustion and explosion, Condensed systems combustion, 1989. - pp. 44-47, Chernogolovka, 1989 (in Russian).

103. Bukharov V.N., Gusachenko L.K. Nonstationary combustion in the subsurface gasification of volatiles // Combustion, Explosion, and Shock

Waves, 1989. - Vol. 25, No. 2. - pp. 171-175.

104. Konev E.V., Khlevnoi S.S. Burning of a powder in the presence of luminous radiation // Combustion, Explosion, and Shock Waves, 1966. - Vol. 2, No. 4. - pp. 21-25.

105. Zarko V.E., Gusachenko L.K., Rychkov A.D. Modeling of transient combustion regimes of energetic materials with surface evaporation // in: Challenges in Propellants and Combustion - 100 Years after Nobel, Kenneth K. Kuo, Ed. Begell house, inc. New York, Wallingford (U.K.), 1997. – pp. 1014-1025.

106. Zarko V.E., Gusachenko L.K., Rychkov A.D. Simulation of combustion of melting energetic materials // Defence Science Journal (India), 1996. - Vol. 46, No. 5. - pp. 425-433.

107. V. E. Zarko, L. K. Gusachenko, A. D. Rychkov. Effect of melting on dynamic combustion behavior of energetic materials // Journal of Propulsion and Power, 1999. - No. 6. *See also* Gusachenko L.K. Effect of melting on the combustion stability of quasihomogeneous compositions. The Zel'dovich-Novozhilov method // Combustion, Explosion, and Shock Waves, 1998. -Vol. 34, No. 4. - pp. 390-393.

108. Cozzi F., De Luca L., and Novozhilov B.V. Linear stability and pressure-driven response function of energetic solid materials with phase transition // Journal of Propulsion and Power, 1999. -No. 6. - pp. 806-815.

109. Bizot A., and Beckstead M.W. Role of carbon/carbonageous matter formation in the combustion of double base rocket propellants", Flame Structure (Proc. of the III Int. Seminar on Flame Structure). Novosibirsk, Nauka, 1991. -Vol.1. - pp. 230-235.

110. Kuo K.K., and Lu Y.-C. Modeling of physicochemical processes of RDX monopropellant with detailed treatments for surface reaction zone // Challenges in Propellants and Combustion 100 Years after Nobel, edited by K.K. Kuo, et al, Bergel House, 1997. - pp. 583-600.

111. Rogers R.N. and Daub G.W. Scanning calorimetric determination of vapor phase kinetic data. (1973), Anal. Chem., 1973. - Vol. 45. - pp. 596-600.

112. Melius C.F., Thermochemical Modeling, II. Application to Ignition and Combustion of Energetic Materials // Chemistry and Physics of

Energetic Materials, edited by Bulusu S.N., NATO ASI Series, Kluwer Academic Publishers, 1990. - pp.51-78.

113. Liau Y.C., and Yang V. Analysis of RDX monopropellant combustion with two-phase subsurface reactions // Journal of Propulsion and Power, 1995. - Vol.11, No.4. - pp. 729-739.

114. Davidson J. and Beckstead M. Improvements to RDX combustion modeling // AIAA Paper, 96-0885 (34th Aerospace Sciences Meeting, Reno, 1996).

115. Ermolin N.E., and Zarko V.E. Investigation of the Properties of a Kinetic Mechanism Describing the Chemical Structure of RDX Flames. II. Construction of a Reduced Kinetic Scheme // Combustion, Explosion, and Shock Waves, 2001. - Vol. 37, No. 3. - pp. 247-254.

116. Margolin A.D., Pokhil P.F. Effect of pressure on the processes velocity in reactions layer of condensed phase of burning solid propellants // Doklady Akademii Nauk SSSR, 1963. -Vol. 150, No. 6. - pp. 1304-1306.

117. Yakusheva O.B., Maksimov E.I. Merzhanov A.G. Effect of solubility of gaseous decomposition products on laws of combustion of condensed substances // Combustion, Explosion, and Shock Waves, 1966. - No. 3. - pp. 76-78.

118. Maksimov E.I., Merzhanov A.G. Theory of combustion of condensed substances // Combustion, Explosion, and Shock Waves, 1966. - No. 1. - pp. 25-31.

119. Margolis S.B., Williams F.A., Armstrong R.C. Influences of two-phase flow in the deflagration of homogeneous solids // Combustion and Flame, 1987. - Vol. 67, No. 3. - pp. 249 - 258.

120. Li S.C., Williams F.A., Margolis S.B. Effects of two-phase flow in a model for nitramine deflagration // Combustion and Flame, 1990. -Vol. 80, No. 3. - pp. 329 - 349.

121. Margolis S.B., and Williams F.A. Effect of two-phase flow on the deflagration of porous energetic materials // Journal of Propulsion and Power, 1995. - Vol. 11, No. 4. - pp. 759-768.

122. Zarko V.E., Zyryanov V.Ya., Chertischev V.V. Dispersion of the

Surface Layer during Combustion of Homogeneous Propellants // AIAA Paper 96-0814 (34th Aerospace Sciences Meeting, Reno, 1996)

123. Ben-Reuven M., Caveny L.H. Nitramine flame chemistry and deflagration interpreted in terms of a flame model // AIAA Journal, 1981. - Vol. 19. - pp. 1276-1285.

124. Brill T.B. Multiphase Chemistry Considerations at the Surface of Burning Nitramine Monopropellants // Journal of Propulsion and Power, 1995. -Vol. 11, No. 4. - pp.740-751.

125. Gusachenko L.K., Zarko V.E. Rychkov A.D. Instability of a combustion model with surface vaporization and overheat in the condensed phase // Combustion, Explosion, and Shock Waves, 1997. - Vol. 33, No. 1.- pp. 34-40.

126. N. N. Bakhman. Limit cases of mixed systems combustion // Dokl. Akad. Nauk SSSR, 1959. -Vol. 129, No. 5. - pp. 1079-1082 (in Russian).

127. S. S. Novikov, P. F. Pokhil, Yu. S. Ryazantsev, et al. The "permanent instability" in combustion zone of mixed solid propellants // Zh. Prikl. Mekh. Tekh. Fiz. (Journal of Applied Mechanics and Theoretical Physics), 1968. - No. 3. - pp. 128-133 (in Russian).

128. S. S. Novikov, V. Yu. Potulov, S. V. Chuiko, On interaction of the combustion front of the condensed system with heterogeneous inclusions // in: Combustion of Condensed Systems [in Russian], Chernogolovka 1977. - pp. 56-58 (in Russian).

129. I. Ya. Vishnevetskii, A. P. Denisyuk, E. A. Fogelzang. Critical conditions of ballistic powder combustion // Combustion, Explosion, and Shock Waves, 1979. - Vol. 15, No. 1. - pp. 8-14.

130. A. D. Baer, N. D. Ryan, E. B. Shultz. Spectra and temperature of propellant flames during depressurization // AIAA J., 1971. - Vol. 9, No. 5.- pp. 869-875.

131. N. N. Bakhman, A. F. Belyaev, Combustion of Heterogeneous Condensed Systems // Moscow, Nauka, 1967. (in Russian).

132. M. W. Beckstead, K. P. McCarty, Modeling calculations for HMX composite propellants // AIAA Journal, 1982. - Vol. 20, No. 1. - pp. 106-115.

133. N. Kubota, T. Masamoto. Flame structures and burning rate characteristics of CMDB propellants // 16th Symp. (Int.) on Combustion, 1976. - pp. 1201-1209.

134. M. W. Beckstead. A model for solid propellant combustion // 18th Symp. (Int.) on Combustion, 1981. - pp. 175-185.

135. D. Seetharamacharyulu, V. P. Pai Verneker, K. M. Mailya, et al., Combustion and thermal decomposition of ammonium perchlorate-aluminium composite pellets: mechanism for aluminium participation // Combust. Sci. Technol., 25, 1981. - No. 1. - pp. 147-151.

136. M. K. King. Erosive Burning of Composite Solid Propellants // AIAA Paper 78-216 (1978).

137. E. H. Blum and R. H. Wilhelm, AIChE-IChE Symp. Series A, 1965. - No.4. - pp. 4-21.

138. L.K. Gusachenko. Nonsteady-state combustion of metalless heterogeneous compounds // Combustion, Explosion, and Shock Wave, 1988. - Vol. 24, No. 4. - pp. 424- 431.

139. L. K. Gusachenko. The possibility of very low frequency during oscillations in "semi closed" volume // in: Combustion and Explosion [in Russian], Nauka, Moscow, 1972. - pp. 100-103.

140. M. W. Beckstead, R. L. Derr, C. F. Price. A model of composite solid-propellant combustion based on multiple flames // AIAA Journal, 1970. - Vol. 8, No 12. - pp. 2200-2207.

141. Novozhilov B.V. Combustion of Energetic Materials in an Acoustic Field (Review) // Combustion, Explosion, and Shock Waves, 2005.- Vol.41, No. 6.- pp. 709-726.

142. Yu. I. Medvedev, L. N. Revyagin. Unsteady-state erosion of a powder // Combustion, Explosion, and Shock Waves, 1974. - Vol. 10, No. 3. -pp. 297-300.

143. I.G. Assovskiy. Physics of Combustion and Interior Ballistics. Moscow, Nauka, 2005. – 358 pp.

144. E. W. Price, G. A. Flandro. Status and prospects for future developments // Nonsteady Burning and Combustion Stability of Solid

Propellants, Progress in Astronautics and Aeronautics, Washington, 1992. - Vol. 143. - pp. 849-873.

145. L. K. Gusachenko and I. F. Sadykov. Nonsteady combustion of a laminar system // Combustion, Explosion, and Shock Waves, 1991. - Vol.27, No. 5. - pp. 588-591.

146. L. K. Gusachenko, Phenomenological model of unsteady burning of solid fuel with accumulation of a component on the surface // Combustion, Explosion, and Shock Waves, 1989. - Vol. 25, No. 2. - pp. 167-170.

147. L. K. Gusachenko, V. E. Zarko, Possible mechanism of nonsteady-state erosion combustion of composite solid propellants // Combustion, Explosion, and Shock Waves, 1995. - Vol. 31, No. 4. - pp.437-440.

148. V.N. Simonenko, V.E. Zarko, A.B. Kiskin. Characterization of self-sustaining combustion of cyclic nitramines // 29th International Annual Conference of ICT, Karlsruhe, FRG, 1998. - P.169. – 14 pp.

149. Zenin A.A. HMX and RDX: Combustion Mechanism and Influence on Modern Double-Base Propellant Combustion // Journal of Propulsion and Power, 1995. - Vol. 11, No.4. - pp.752-758.

150. Zenin A.A., Puchkov V.M., Finyakov S.V. Characteristics of HMX combustion waves at various pressures and initial temperatures // Combustion, Explosion, and Shock Waves, 1998. - Vol. 34, No.2. - pp. 170-176.

151. Baranov A.A., Besedovskii V.F., Markovin A.V., et al. Investigation of structure of low-temperature compositions in relation with the peculiarities of the combustion mechanism // Book of abstracts, International Conference on Ballistics – 2006, Vol. 1, S.-Petersburg, 2006, ISBN5-85546-205-6, pp.18-21.

152. Baranov A.A., Besedovskii V.F., Romanov O.Ya. On determination of structure of basic ballistite-like compositions // Book of abstracts, International Conference on Ballistics – 2006, Vol. 1, S.-Petersburg, 2006, ISBN5-85546-205-6, pp.21-24.

153. V.E. Zarko K., L.K. Gusachenko. Critical review of phenomenological models for studying transient combustion of solid propellants // International journal of spray and combustion dynamics, 2010. - Vol.2, No. 2. - pp. 151-167.

结　论

含能材料燃烧数值建模的目的是可靠地预测各种外部条件下含能材料的燃烧特性,这将减少试验费用和危险性试验次数,而使用不同类型的气体发生器来进行模拟。事实上,含能材料燃烧建模成为成熟的科学学科起源于 Zeldovich 在 20 世纪 40 年代的开创性工作。目前,在求解燃烧问题方面,详细化学反应动力学机制和复杂的数值计算方法取得了巨大的进展。然而,正如前言提到的,这些方法的重要性不应被过高估计,简单地比较理论计算结果与有限的试验数据并不能充分证明理论模型的有效性。这种思想已经在很多工作中进行了阐述,如 M. Miller 的优秀论文[1],随后出版 F. A. Williams[2] 的论文对其进行了详尽的评述。后者如此表述,这么多的现象包括在典型计算结果里,而计算结果与试验一致,带来的后果是计算不再试图去解释试验结果。

这意味着,分析方法和实际物理理论需要用来解释试验结果和计算结果。同时,为现有和新建立的燃烧模型提供背景,需要去发展新的研究技术,这可能会从燃烧波中获得空间和时间分辨率更高的信息。事实上,通常验证理论模型的正确性,不但需要稳态燃速和温度分布情况而且需要瞬态燃速和组分分布信息。另外,这些数据可以依赖各种光谱技术以及后座力和超声技术在气相中的测量获得。然而,在高压及高频波动等外部条件下数据仍然很难获得。

当前最困难的仍然是获得过程的详细信息和含能材料凝聚相表面层以下的信息。很显然,热分解数据在相对缓慢的加热速率下并不能直接用于模拟燃烧波运行过程。更合适的是使用来自点火或高温高速热解试验数据,用于模拟更接近实际状态,即燃烧过程中相对较高温度和固有的薄预热层。近年来,凝聚态物质的动态热分析技术由 lvanov 小组[3] 进行了报道。该技术已经应用于在非常快的加热速率下 RDX 和 CL-20 的热分析,实验获得了一些有趣的现象,如爆炸性材料的纳米晶体行为。但在研究一些蒸发性材料时也暴露了技术上的限制和困难。

另一个问题是如何描述含能材料燃烧的表面层下的物理状态。众所周知,主要的新型氧化剂 ADN 和 HNF,以及典型的 AP、HMX 和 RDX 会在表面形成熔化层,这可能会导致泡沫产生以及分解产物出现两相流。现有的理论模型[4-7] 主要基于泡沫的产生和生长的任意假设,因此,这类模型建立需要可靠的实验观测。应该指出的是,当前仍缺乏在快速加热条件下典型的以及新开发黏合剂的行为信息。

此外,需要注意的是,现有的模型在处理凝聚相时主要基于全局化学反应动力学,因此存在许多不确定性。例如,结晶化合物的反应特性,熔化层中复杂的物理化学过程中的相互作用。主要的受限于对化学反应路径的了解以及凝聚相关联的速率参数较难获得。在分析气相反应时,尤其是从推进剂表面出现的大分子的初始分解,使用实验和理论方法进一步详细研究是必须的。

最后,现有模型的主要缺陷是一维燃烧波结构假设忽略了表面反应非均匀性、火焰膨胀及颗粒尺寸等因素的影响。因此,由于现有的理论方法的困难和不足,Beckstead 等认为[8],针对当前的燃烧研究现状,燃烧模拟研究是一个有用的指导,而不是一个预测工具。然而,理论方法结合新的试验观测结果,将会建立含能材料的综合燃烧模型,最终满足工程设计需求。

参考文献

1. M.C. Miller, In search of idealized combustion model for homogeneous solid propellant // Comb. Flame, 1982. – Vol. 46. - pp. 51-73.
2. F.A. Williams. The role of theory in combustion science // Proc. 24th Symposium (Intern.) on Combustion, The Combustion Institute, 1992, pp. 1-17.
3. N. Piazzon, A. Bondar, D. Anokhin, D. Hassler, D. Spitzer, D.A. Ivanov. Thermal signatures of explosives studied by nanocalorimetry //42nd International Annual Conference, Institute of Chemical Technology, Karlsruhe, Germany, 2011. - V7. – 8 pp.
4. E.I. Maksimov, A.G. Merzhanov. To the theory of the combustion of condensed substances // Combustion, Explosion, and Shock Waves, 1966. - Vol. 2. – pp. 47-58.
5. K.K. Kuo, Y.C. Ling. Modeling of physicochemical processes of burning RDX monopropellants // Proc. 20th Int. Pyrotechnics Seminar, 1994. - pp. 583-600.
6. Y.C. Liau, V. Yang. Analysis of RDX monopropellant combustion with two-phase subsurface reactions // J. Prop. Power, 1995. – Vol. 18, No 4.
7. M.W. Beckstead. Recent progress in modeling solid propellant combustion // Combustion, Explosion, and Shock Waves, 2006. - Vol. 42, No. 6. - pp. 623–641.
8. M.W. Beckstead, K. Puduppakkam, P. Thakre, V. Yang. Modeling of combustion and ignition of solid-propellant ingredients // Progress in Energy and Combustion Science, 2007. -Vol.33. – pp. 497–551.